"十二五"职业教育国家规划教材
经全国职业教育教材审定委员会审定

高等职业教育教材

焦炉煤气制甲醇技术

第四版

李建锁　刘　毅　主编
杨庆斌　主审

化学工业出版社

·北京·

内容简介

本书以焦炉煤气制甲醇的工艺流程为主线编写,详细介绍了从甲醇原料气的制备到甲醇质量检验与生产监控的全过程。书中涵盖了原料气的精脱硫、甲烷的转化、甲醇的合成以及粗甲醇的精制等重要环节,充分反映了中国焦炉煤气制甲醇工业技术的新进展和成就。

本书兼具职业教育和职业培训的特点,注重理论与实践的结合,以提高学生的实践能力和技能为目的。书中内容通俗易懂,易教易学,同时配套了二维码数字资源,以便读者能够轻松掌握焦炉煤气制甲醇的核心技术和知识。

本书可作为高等职业教育本科、高等职业教育专科应用化工技术、煤化工技术等相关专业的教材,也可作为从事甲醇合成生产、管理的一线技术人员和工人培训参考用书。

图书在版编目(CIP)数据

焦炉煤气制甲醇技术 / 李建锁,刘毅主编. -- 4 版. -- 北京:化学工业出版社,2024.9. -- ISBN 978-7-122-46187-2

Ⅰ.TQ223.12

中国国家版本馆 CIP 数据核字第 202486CJ88 号

责任编辑:王海燕　　　　　装帧设计:刘丽华
责任校对:刘　一

出版发行:化学工业出版社
　　　　(北京市东城区青年湖南街 13 号　邮政编码 100011)
印　　刷:北京云浩印刷有限责任公司
装　　订:三河市振勇印装有限公司
787mm×1092mm　1/16　印张 14　字数 332 千字
2024 年 10 月北京第 4 版第 1 次印刷

购书咨询:010-64518888　　　　售后服务:010-64518899
网　　址:http://www.cip.com.cn
凡购买本书,如有缺损质量问题,本社销售中心负责调换。

定　　价:42.00 元　　　　　　　　版权所有　违者必究

前言

焦炉煤气制甲醇技术是一门涉及化学、化工、能源、环境等多学科的综合性技术，其发展历史悠久。随着科学技术的不断进步，焦炉煤气制甲醇技术得到了不断地改进和完善。目前，该技术已经成为了化工行业中的一项重要技术，被广泛应用于工业生产和科研领域。

2019年1月国务院颁布了《国家职业教育改革实施方案》，2019年9月教育部颁布了《职业教育提质培优行动计划（2020-2023年）》，2023年教育部发布了《关于深化现代职业教育体系建设改革的意见》，将教材作为"三教"改革的重要方面之一。在此背景下，《焦炉煤气制甲醇技术》教材编写团队积极探索教材的编写体例、数字化资源建设方法，持续推进教材建设。本教材曾被评为"十二五"职业教育国家规划教材。本次修订在保留前版编写内容的系统性、逻辑性、科学性、先进性、新颖性和实用性的基础上，更新了二维码数字资源中的课件、动画和微课内容，更新了与生活、生产关联度更高的知识拓展阅读内容，可以让教师和学生随时随地调用"乐学、善学、活学"的课程资源。修改后的教材主要具有以下特点：

（1）全面系统：系统地介绍了焦炉煤气制甲醇技术的原理、工艺、设备、安全环保等方面，内容全面；

（2）理论与实践相结合：不仅介绍了焦炉煤气制甲醇技术的理论知识，还介绍了实际案例和生产数据，以达到高等职业教育教改教材的要求，过程清楚，可实现"做中学、学中做"；

（3）有机融入课程思政：有机融入党的二十大精神内容，并突出和强化与生产、生活关联度高的知识点，注重职业安全、生态环境，崇尚劳动光荣、工匠精神；

（4）图文并茂：本书采用了大量的表格和图片，形象地展示了焦炉煤气制甲醇工艺的过程和设备，便于读者理解和掌握；

（5）配套资源丰富：读者可用手机扫描教材上的二维码，随时随地学习相关内容的课件、微课和动画，便于全面透彻地理解相关知识。

本书的读者为从事焦炉煤气制甲醇技术研究和应用的科研人员、工程技术人员、高校师生以及相关企业的管理人员。

本书由河北工业职业技术大学李建锁、刘毅主编，河北工业职业技术大学王兵、左晓冉、杨翠杰、郑锐副主编，河北工业职业技术大学姚洁、汲智如、陈翠娜、胡朝帅、李岩鹏、吴鹏飞、温自强参编，首钢京唐西山焦化公司杨庆斌主审。具体编写分工如下：课程导入由刘毅编写；模块一由姚洁编写；模块二由汲智如编写；模块三由杨翠杰编写；模块四由胡朝帅编写；模块五由李建锁和左晓冉共同编写；模块六由王兵和郑锐共同编写；模块七由郑锐、左晓冉、杨翠杰和陈翠娜共同编写；模块八由陈翠娜编写。李建锁、刘毅、左晓冉及郑锐负责整本书的策划、编排和统稿；刘毅、李岩鹏、吴鹏飞、温自强和郑锐负责本书课件、微课及动画的整理和编排。本书在编写过程中得到了唐山中润煤化工有限公司、河北华丰能源科技发展有限公司、河北旭阳能源有限公司、华北理工大学、河北石油职业技术大学、山西吕梁学院的大力支持，在此一并表示感谢。

由于作者水平有限，书中难免有不妥之处，恳请读者批评指正。

编者

2024 年 4 月

第三版前言

本教材是根据高职高专教育专业人才的培养目标，为了满足高职院校和企业技术人员需要，由校企合作编写的。第一版自2009年出版以来深受广大读者好评，被评为教育部高职高专规划教材；第二版被评为"十二五"职业教育国家规划教材。

经过广大教师多年教学实践表明，本书的章节体系能够满足教学需要，为了在内容上与时俱进，能够反映甲醇生产技术的最新进展，并考虑读者的不同侧重，本次修订对部分内容进行了修改，配备了现场生产教学视频和微课视频，教学内容与生产一线无缝对接，更加注重应用性和实践性，读者可以扫码观看，配套的教学课件可以联系编者获取。

本次修订由河北工业职业技术学院李建锁任主编，温自强、王兵任副主编，陈学伟主审。教学课件、微课视频由柳领君、朱红宇、尹明华、王亚、逯明玉、杨翠杰、左晓冉、吴鹏飞制作。本次修订得到了许多甲醇生产企业参与并提出了宝贵意见，在此表示衷心的谢意。

由于编者水平和能力所限，本书不妥之处恳请读者批评指正。

编者
2021年6月

目录

课程导入 // 001

单元1　课程简介 …………………………………………………………… 001
单元2　甲醇工业发展现状 ………………………………………………… 002
单元3　甲醇工业在煤化工的地位 ………………………………………… 003

模块一
焦炉煤气制甲醇技术认知　//　006

单元1　甲醇的性质和用途 ………………………………………………… 006
知识点1　甲醇的物理性质 ………………………………………………… 006
知识点2　甲醇的化学性质 ………………………………………………… 008
知识点3　甲醇的用途 ……………………………………………………… 009

单元2　国内外甲醇合成技术的发展 ……………………………………… 011
知识点1　甲醇合成工艺的发展历程 ……………………………………… 011
知识点2　国外甲醇合成工艺的进展 ……………………………………… 011
知识点3　我国甲醇合成工艺的进展 ……………………………………… 012
知识点4　甲醇合成的典型工艺流程与选择分析 ………………………… 013

单元3　焦炉煤气制甲醇的发展前景 ……………………………………… 016
【知识拓展】"四三方案"与我国制甲醇工业的起步 …………………… 017
综合练习题 …………………………………………………………………… 018

模块二 甲醇原料气的制备 // 020

单元 1　煤气的冷凝与冷却 ··· 023
　知识点 1　煤气在集气管内的冷却 ··· 023
　知识点 2　煤气在横管式初冷器的冷却 ··· 024

单元 2　煤气的输送和焦油雾的清除 ·· 026
　知识点 1　煤气输送设备和管路 ·· 027
　知识点 2　煤气中焦油雾的清除 ·· 028
　【知识拓展】罗茨鼓风机 ··· 030

单元 3　煤气中氨的回收 ·· 031
　知识点 1　喷淋式饱和器生产硫酸铵的工艺 ·· 031
　知识点 2　水洗氨-蒸氨-氨分解工艺 ·· 035
　【知识拓展】邯郸钢铁焦化厂酚氰污水处理站工艺升级改造的实践 ······················ 038

单元 4　煤气中硫化氢的脱除 ·· 039
　知识点 1　栲胶法脱硫 ·· 039
　知识点 2　HPF法脱硫 ·· 041
　【知识拓展】焦炉煤气干法脱硫技术 ·· 045
　【知识拓展】"真空碳酸钾法煤气脱硫——克劳斯炉制硫黄"工艺
　　　　　　　在邯钢焦化厂的应用 ·· 045

单元 5　煤气中粗苯的回收 ·· 046
　【知识拓展】固体吸附法回收苯族烃 ·· 049

综合练习题 ·· 050

模块三 原料气的精脱硫 // 052

单元 1　原料气精脱硫的原理和方法 ·· 052
　知识点 1　活性炭法 ··· 053

知识点 2	氧化铁法	053
知识点 3	铁（钴）钼加氢-氧化锌法	054
知识点 4	氧化锌脱硫	057
知识点 5	铁锰脱硫剂脱硫	058
知识点 6	焦炉煤气各种脱硫方法的比较	059
知识点 7	NHD法脱硫的工艺流程	059

单元 2	原料气精脱硫的工艺流程	060
单元 3	原料气精脱硫操作参数及调节	062
知识点 1	原料气精脱硫主要操作指标	062
知识点 2	原料气精脱硫事故原因及处理	062

| 单元 4 | 原料气精脱硫的主要设备 | 063 |

单元 5	原料气精脱硫岗位操作法	065
知识点 1	岗位职责	065
知识点 2	岗位操作技术规程	065

【知识拓展】原料气精脱硫工艺优化措施 ········ 069

综合练习题 ········ 069

模块四 甲烷的转化 // 071

单元 1	甲烷转化的原理	075
知识点 1	甲烷转化的原理	075
知识点 2	甲烷转化的主要反应	076
知识点 3	甲烷部分氧化转化制合成气反应的平衡常数	078

| 单元 2 | 甲烷转化的工艺流程 | 078 |

单元 3	甲烷转化的操作及调节	080
知识点 1	甲烷转化的主要操作指标	080
知识点 2	甲烷转化的工艺控制及调节	081
知识点 3	事故原因及处理方法	082

| 单元 4 | 甲烷转化的影响因素 | 083 |
| 知识点 1 | 甲烷转化反应的特点 | 083 |

|知识点 2　影响甲烷转化的因素 ……………………………………………… 083

单元 5　甲烷转化的催化剂 ……………………………………………………… 085
|知识点 1　催化剂的组成 ………………………………………………………… 085
|知识点 2　催化剂的装填 ………………………………………………………… 085
|知识点 3　催化剂的还原（活化）与钝化 ………………………………………… 086
|知识点 4　催化剂的中毒 ………………………………………………………… 087
|知识点 5　催化剂的升温与还原工艺流程 ……………………………………… 088

单元 6　甲烷转化的主要设备 …………………………………………………… 089

单元 7　甲烷转化的岗位操作 …………………………………………………… 093
|知识点 1　岗位职责 ……………………………………………………………… 093
|知识点 2　岗位操作规程 ………………………………………………………… 093

综合练习题 ……………………………………………………………………… 097

模块五　甲醇的合成　// 099

单元 1　甲醇合成的原理和方法 ………………………………………………… 099
|知识点 1　甲醇合成反应机理 …………………………………………………… 099
|知识点 2　甲醇合成主要化学反应 ……………………………………………… 100
|知识点 3　甲醇合成反应的化学平衡 …………………………………………… 100
|知识点 4　甲醇合成补碳 ………………………………………………………… 101
|知识点 5　甲醇合成的方法 ……………………………………………………… 102

单元 2　甲醇合成的工艺流程及计算 …………………………………………… 103
|知识点 1　甲醇合成的工艺流程 ………………………………………………… 103
|知识点 2　甲醇合成的工艺计算 ………………………………………………… 103
【知识拓展】焦炉气制甲醇中弛放气回收利用工艺的探讨 ……………………… 111

单元 3　甲醇合成的操作及影响因素 …………………………………………… 112
|知识点 1　甲醇合成的主要操作指标 …………………………………………… 112
|知识点 2　甲醇合成影响因素 …………………………………………………… 113
|知识点 3　甲醇合成的事故及处理 ……………………………………………… 116
【知识拓展】合成工段工艺优化及应用 …………………………………………… 116

单元 4	甲醇合成的催化剂	117
知识点 1	甲醇合成催化剂的种类和特性	117
知识点 2	催化剂的装填	119
知识点 3	催化剂活化（还原）和使用注意事项	120
知识点 4	催化剂的钝化	121
知识点 5	催化剂的活化	121
知识点 6	影响催化剂使用寿命的因素	123

【知识拓展】 NC310 型甲醇合成催化剂在 180 万 t/a 甲醇装置上的应用 123

单元 5	甲醇合成的主要设备	124
知识点 1	Lurgi 低压甲醇合成塔	124
知识点 2	管壳外冷-绝热复合型甲醇合成塔	125
知识点 3	甲醇生产方法的比较	125
知识点 4	国外甲醇合成反应器	126

单元 6	甲醇合成的岗位操作法	126
知识点 1	岗位职责	126
知识点 2	岗位操作规程	127

综合练习题 129

模块六 粗甲醇的精制 // 132

单元 1	粗甲醇精馏的原理和方法	132
知识点 1	粗甲醇的组成	132
知识点 2	粗甲醇精馏的原理	133
知识点 3	粗甲醇精馏方法	136
知识点 4	精甲醇质量标准	136

单元 2	粗甲醇精馏的工艺流程	137
知识点 1	双塔粗甲醇精馏工艺流程	137
知识点 2	三塔粗甲醇精馏工艺流程	139
知识点 3	四塔粗甲醇精馏工艺流程	139

单元 3	粗甲醇精馏操作与工艺调节	141
知识点 1	粗甲醇精馏的主要操作参数	141

| 知识点 2 | 影响甲醇精馏的因素及其控制 | 142 |
| 知识点 3 | 生产事故及处理 | 143 |

单元 4　粗甲醇精馏的设备 … 145
知识点 1　精馏塔 … 145
知识点 2　板式塔 … 145
知识点 3　填料塔 … 147
知识点 4　换热器 … 147

单元 5　粗甲醇精馏的岗位操作要点 … 149
知识点 1　岗位职责 … 149
知识点 2　岗位操作技术规程 … 149

【知识拓展】粗甲醇精馏工艺优化措施 … 152

综合练习题 … 153

模块七　甲醇质量检验与生产监控　// 156

单元 1　甲醇成品分析 … 156
知识点 1　色度的测定 … 156
知识点 2　密度的测定 … 157
知识点 3　沸程的测定 … 158
知识点 4　高锰酸钾试验 … 160
知识点 5　水溶性试验 … 161
知识点 6　水分的测定 … 161
知识点 7　酸度或碱度的测定 … 163
知识点 8　羰基化合物含量的测定 … 164
知识点 9　甲醇中乙醇含量的测定 … 165

【知识拓展】常见的甲醇检测方法 … 166

单元 2　甲醇生产中的控制分析 … 167
知识点 1　粗甲醇中甲醇的分析（气相色谱法） … 167
知识点 2　粗甲醇中水分的测定 … 167
知识点 3　pH 测定（适用于预精馏塔、闪蒸槽、粗甲醇槽） … 168

单元 3　气体中微量总硫和形态硫的测定 … 169

知识点 1　测定微量硫的方法 ·· 169
　　知识点 2　色谱法微量硫的测定 ·· 169
　单元 4　甲醇生产分析室中的安全规则 ·· 170
　综合练习题 ·· 172

模块八　甲醇清洁生产与安全　// 175

　单元 1　甲醇清洁生产 ·· 175
　　知识点 1　甲醇清洁生产的途径 ·· 175
　　知识点 2　甲醇生产的"三废"排放及噪声 ································ 176
　　知识点 3　生产运行中的清洁生产 ··· 177
　单元 2　甲醇安全生产 ·· 179
　　知识点 1　甲醇的危险性及预防措施 ·· 179
　　知识点 2　甲醇生产过程中的危险性及防范措施 ························· 181
　【知识拓展】甲醇、煤气、一氧化碳和硫酸的安全技术说明 ·············· 186
　综合练习题 ·· 190

附录　// 191

　附录 1　焦炉煤气压缩机岗位操作法 ··· 191
　附录 2　合成气压缩机岗位操作法 ··· 196

参考文献　// 208

二维码配套资源目录

序号	编码	名称	页码
1	M1-1	甲醇的性质和用途	006
2	M1-2	国内外甲醇合成技术的发展	011
3	M1-3	焦炉煤气制甲醇的发展前景	016
4	M2-1	煤气的初步冷却	023
5	M2-2	煤气中焦油雾的清除	028
6	M2-3	硫酸铵的性质	031
7	M2-4	栲胶法脱硫	040
8	M2-5	煤气中粗苯的回收	046
9	M3-1	原料气精脱硫的原理和方法	052
10	M3-2	工业催化剂的基础知识	053
11	M3-3	工业催化剂的使用	053
12	M3-4	原料气精脱硫的工艺流程	060
13	M3-5	原料气精脱硫操作参数及调节	062
14	M3-6	原料气精脱硫的主要设备	063
15	M3-7	原料气精脱硫岗位操作要点	065
16	M4-1	甲烷转化的原理	075
17	M4-2	甲烷转化的主要反应	076
18	M4-3	甲烷转化的工艺流程	079
19	M4-4	甲烷转化的操作与调节	081
20	M4-5	甲烷转化的影响因素	083
21	M4-6	催化剂还原工艺流程	088
22	M4-7	甲烷转化的主要设备	089
23	M4-8	甲烷转化岗位的操作要点	093
24	M5-1	甲醇合成的原理和方法	099
25	M5-2	甲醇合成的工艺流程	103
26	M5-3	甲醇合成工艺仿真	105
27	M5-4	甲醇合成的催化剂	117

续表

序号	编码	名称	页码
28	M5-5	甲醇合成的主要设备	124
29	M5-6	甲醇合成的岗位操作要点	127
30	M6-1	粗甲醇精馏的原理和方法	132
31	M6-2	粗甲醇精馏的工艺流程	137
32	M6-3	甲醇精馏工艺仿真	140
33	M6-4	粗甲醇精馏操作与工艺调节	141
34	M6-5	粗甲醇精馏的设备	145
35	M6-6	粗甲醇精馏岗位开车操作要点	151
36	M7-1	甲醇成品分析	156
37	M7-2	甲醇中间品的控制分析	167
38	M7-3	气体中微量总硫和形态硫的测定	169
39	M7-4	甲醇生产分析室中的安全规则	170
40	M8-1	甲醇清洁生产	175
41	M8-2	甲醇安全生产（一）	179
42	M8-3	甲醇安全生产（二）	181

课程导入

单元 1　课程简介

1. 为什么要学习本课程？

甲醇（methyl alcohol）作为重要的基础化工原料，应用十分广泛，以甲醇为原料的一次加工品有近 30 种，深加工产品则超过 100 种。甲醇也作为燃料应用，加工后的 MTBE（甲基叔丁基醚）可作为高辛烷值无铅汽油添加剂，还可以直接用作车用燃料。另外，甲醇还可以用作直接甲醇燃料电池（DMFC）和储氢载体。近年来，全球碳达峰碳中和快速推进，甲醇作为低碳替代燃料受到更多关注。

我国除了甲醇产能、产量和消费量的增长外，甲醇生产技术也有较大的进步，炼焦工业采用的洁净工艺和煤气的综合利用，使得焦炉煤气成为甲醇合成新原料。焦炉煤气作为炼焦工业的副产品，其高效利用对于节能减排、资源循环利用具有重要意义。掌握焦炉煤气制甲醇技术，不仅有助于提升我国化工产业的竞争力，也是推动工业可持续发展的重要途径。

2. 课程内容及特色

本教材以生产工艺流程为主线，从焦炉煤气制甲醇技术认知入手，详细阐述了甲醇原料气的制备、原料气的精脱硫、甲烷的转化、甲醇的合成、粗甲醇的精制、甲醇质量检验与生产监控以及甲醇清洁生产与安全等内容，对各工序的操作要点、生产中经常出现的问题及事故处理作了介绍，并引入中国焦炉煤气制甲醇工业技术的新进展和取得的新成就。

3. 学习方法

理论学习：阅读教材和相关文献，理解甲醇原料气的制备、原料气的精脱硫、甲烷的转化、甲醇的合成以及粗甲醇精制的基本原理和工艺流程。

课堂参与：积极参与课堂讨论，与老师和同学交流想法和问题，以加深理解。

案例研究：分析实际的甲醇生产案例，了解工艺流程、设备选择、成本控制等实际问题。

小组合作：与同学组成学习小组，共同完成课程项目或研究任务，培养团队协作能力。

模拟软件：使用化工仿真模拟软件进行工艺设计和模拟，以加深对生产过程的理解。
实地考察：如有可能，参观甲醇生产工厂，了解实际生产环境和操作流程。
自主学习：利用在线资源和图书馆资料，进行自主学习和深入研究。
研究前沿：关注甲醇生产领域的最新研究和技术进展，了解行业发展趋势。
教师指导：积极向教师寻求指导和建议，及时解决学习中遇到的问题。
考试准备：针对课程考试，制订复习计划，系统地准备考试内容。

4. 学习目标

职业素养：培养职业素养，包括团队合作、项目管理和沟通能力。
技术创新能力：激发创新思维，探索提高甲醇生产效率和降低成本的新方法。
基础知识掌握：理解焦炉煤气的来源、特性以及甲醇的化学性质和应用。
工艺流程理解：熟悉从焦炉煤气到甲醇生产的整个工艺流程，包括预处理、合成、精馏等关键步骤。
设备操作：掌握相关化工设备的操作知识，如反应器、换热器、精馏塔等。
工程设计：培养进行甲醇生产过程的工程设计能力，包括工艺流程设计、设备选型和规模计算。

本教材主要包含有甲醇生产原料制备、净化、转化、合成、精制等内容，对接现行焦炉煤气制甲醇工艺、理论与实践深度融合，以使读者具备分析和解决生产中出现的各种技术问题能力，从而培养一线的生产和管理人才。

单元 2　甲醇工业发展现状

近年来，我国的甲醇工业有了突飞猛进的发展，在原料路线、生产规模、节能降耗、过程控制与优化、产品市场与其他化工产品联合生产等方面都有了新的突破与进展。

1. 基本情况

甲醇的制备工艺主要包括天然气制甲醇、煤制甲醇和焦炉煤气制甲醇，目前国外主要采用天然气为材料制备甲醇，占比达 95% 以上，而我国一次能源结构具有"富煤贫油少气"特征，由于缺少廉价的天然气资源，以及随着石油资源的紧缺和油价的持续上涨，当前并且今后较长一段时间内煤炭仍是我国甲醇生产最重要的原料。

作为煤炭生产和消费大国，我国除了用煤直接气化生产甲醇外，由于炼焦工业采用洁净工艺、强化综合利用，部分企业采用焦炉煤气为原料生产甲醇。焦炉煤气是一种富氢气体，含有 55%~69% H_2、23%~27% CH_4、5%~8% CO。

焦炉煤气制取甲醇的关键技术是将焦炉煤气中的甲烷及少量多碳烃转化为一氧化碳和氢。目前，世界上只有中国拥有焦炉煤气制取甲醇的技术，其产能占比为 16%，装置主要集中在华北地区的焦化生产企业。甲醇合成工艺及产品应用见图 0-1。

2. 产能和产量

甲醇是一种重要的基础有机化工原料，也是一种新型清洁能源，其用途十分广泛，随着新增产能的陆续投产以及装置开工水平的提升，甲醇产量稳步增加，区域性紧张局势逐步缓解。2022 年我国甲醇产量约为 8956.5 万吨，同比增长 12.56%。

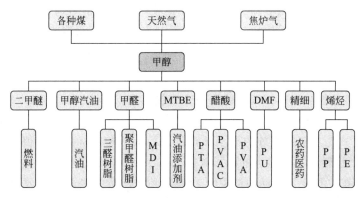

图 0-1　甲醇合成工艺及产品应用

中国煤制甲醇行业的发展是中国"富煤贫油少气"的资源结构决定的。我国煤炭资源储量巨大，为了能够让甲醇生产符合我国国情，为了能够有效降低我国对国外能源的依赖，从而保障我国能源安全，煤制甲醇不断得到政策扶持，相关企业不断新建煤制甲醇工厂，2022年我国煤制甲醇产量为6794.1万吨，同比增长2.2%，占甲醇总产量的75.86%。

3. 甲醇产业存在的主要问题

我国甲醇装置生产技术已经处于世界领先水平，但仍旧还有很多建设生产项目比较落后，平均生产规模较低，由于高能耗生产装置在行业中所占比例较大，严重阻碍了我国甲醇生产效率。

我国的甲醇产业中，西部和华北地区的产能占我国总产能的一半以上，由于地区分布的不均衡，在运输、安全等因素的影响下，形成了区域性的供求不平衡，对甲醇工业的发展产生了不利的影响。

虽然我国在生产甲醇的装置方面处于世界领先的位置，但是这些装置的核心技术仍然属于国外技术，例如GE、GSP等技术，都需要从国外引进，部分关键设备的生产和研发，与国外的水平仍然有很大的差距。这些技术的不成熟，造成高能耗低效率，对环境影响较大，今后需要对这些方面进行加强。

单元3　甲醇工业在煤化工的地位

1. 产业链节点

甲醇是煤化工产业链的重要节点，其上游可以由天然气、煤炭等一次能源直接制得，也可以从煤焦化产生的焦炉煤气中制得。由于生产成本较低，天然气制甲醇工艺是目前国际上的主导工艺，约占国外甲醇总产量的70%。在国内，由于我国富煤贫油少气的资源特点和煤化工产业发达，煤制甲醇生产工艺是主导工艺，其甲醇产量占国内产量的80%左右，其他为天然气制甲醇和焦炉煤气制甲醇。

甲醇的主要消费领域包括传统消费领域和新兴领域，近年来新兴消费领域占据主导地位。甲醇的传统消费端为甲醛、二甲醚、甲基叔丁基醚（MTBE，高辛烷值汽油添加剂）、醋酸、甲烷氯化物等，其中甲醛消费量最大，主要用作生产酚醛树脂与黏合剂及其他有机化学晶体。近年来，甲醇主要用于新兴下游消费领域，占甲醇消费总量的70%以上，主要包括甲醇制烯烃、甲醇燃料、甲醇燃料电池、甲醇制氢等领域。隆众资讯数据显示，其中甲醇制烯烃占甲醇消费总量的56%左右，其次是甲醇燃料，占比18%左右。

2. 清洁高效利用

煤制甲醇生产过程释放的二氧化碳量小于直接燃烧，可起到碳减排的效果，从转化单位煤炭的碳排放量看，煤化工方式的CO_2排放值范围为2.1～2.5t/tce（tce指1吨标准煤当量）。燃煤发电方式除灰渣残炭外的碳全部转化为CO_2，按吨标煤含碳值0.855t、灰渣残炭率2%计，理论上折转化单位煤炭的碳排放值为3.1t/tce，所以煤制甲醇比煤直接燃烧碳排放减少约30%。在"双碳"目标的约束下，煤炭必须向清洁高效利用发展，甲醇工业作为煤炭清洁转化的一种形式，有助于实现这一目标。

3. 政策支持

国家针对煤制甲醇等工业重点领域的能效问题，致力于提高能源利用效率、减少碳排放，推动行业的绿色转型。为此，国家发展改革委等部门联合发布了《工业重点领域能效标杆水平和基准水平（2023年版）》，旨在明确能效标准，引导企业进行技术改造或淘汰退出。相关政策见表0-1和表0-2。

表0-1 近期煤炭清洁高效利用政策梳理

时间	发布	主要内容
2021年9月	习近平总书记陕西榆林考察	煤炭作为我国主体能源，要按照绿色低碳的发展方向，推进煤炭消费转型升级。煤化工产业潜力巨大、大有前途，要提高煤炭作为化工原料的综合利用效能，促进煤化工产业高端化、多元化、低碳化发展
2021年11月	李克强总理主持国务院常务会议	设立2000亿元支持煤炭清洁高效利用专项再贷款，并指出我国能源资源禀赋以煤为主，要从国情实际出发，着力提升煤炭清洁高效利用水平，加快推广成熟技术商业化运用
2021年12月	中央经济工作会议	要立足以煤为主的基本国情，抓好煤炭清洁高效利用，增加新能源消纳能力，推动煤炭和新能源优化组合。原料用能不纳入能源消费总量控制
2021年12月	煤炭清洁高效利用工作会议	深刻认识新形势下保障国家能源安全的极端重要性，坚持从国情实际出发推进煤炭清洁高效利用，切实发挥煤炭的兜底保障作用，确保国家能源电力安全保供。要深刻认识推进煤炭清洁高效利用是实现"碳达峰""碳中和"目标的重要途径，统筹做好煤炭清洁高效利用这篇大文章，科学有序推动能源绿色碳转型，为实现高质量发展提供坚实能源保障
2022年3月	中国人民银行、发改委、能源局联合印发通知	增加1000亿元支持煤炭清洁高效利用专项再贷款额度，专门用于支持煤炭开发使用和增强煤炭储备能力。至此，支持煤炭清洁高效利用专项再贷款总额度达到3000亿元

表0-2 煤制甲醇行业相关政策

时间	政策名称	主要内容
2022年4月	《关于"十四五"推动石化化工行业高质量发展的指导意见》	规划到2025年，石化、煤化工等重点领域企业的主要生产装置自控率将达到95%以上，计划建成30个左右的智能制造示范工厂。规划到2025年，将建成50家左右的智慧化工示范园区
2023年6月	《工业重点领域能效标杆水平和基准水平（2023年版）》	提出煤制甲醇原则上应在2025年底前完成技术改造或淘汰退出。明确煤制甲醇改造升级和淘汰时限，制定年度改造和淘汰计划

续表

时间	政策名称	主要内容
2023年6月	《关于推动现代煤化工产业健康发展的通知》	新建年产超过100万吨的煤制甲醇项目,由省级政府核准。新建煤制甲醇等项目重点向煤水资源相对丰富、环境容量较好地区集中,促进产业集聚化、园区化发展。聚焦大型高效煤气化、新二代高效甲醇制烯烃等技术装备及关键原材料、零部件,推动关键技术首批(次)材料、首台(套)装备、首版(次)软件产业化应用
2023年8月	《石化化工行业稳增长工作方案》	实施重点行业能效、污染物排放限额标准,瞄准能效标杆和环保绩效分级A级水平,推进炼油、乙烯、对二甲苯、甲醇等行业加大节能、减污、降碳改造力度
2023年12月	《产业结构调整指导目录(2024年本)》	鼓励电解水制氢和二氧化碳催化合成绿色甲醇、甲醇燃料

4. 行业发展趋势

绿色化发展:随着环保意识的提高,绿色甲醇的发展将成为行业的重要趋势。绿色甲醇通过生物质气化重整、可再生电力等清洁能源合成,其碳排放量更低,环保效益显著。预计随着技术的进步和成本的下降,绿色甲醇的市场份额将逐渐增大。

技术创新:技术创新是推动甲醇行业发展的关键。未来,甲醇生产将更加注重节能减排、资源综合利用等方面的技术创新,以提高生产效率、降低成本、改善产品质量,并增强市场竞争力。

产能扩张与兼并重组:中国甲醇行业产能增速虽有所放缓,但企业间的兼并重组、集团化、大型化发展趋势明显。这将有助于优化资源配置,提高行业整体竞争力。

5. 行业发展前景

甲醇作为一种(碳、氢)能量的载体,常温常压为液态,便于储存、运输和使用。甲醇来源广泛、产业规模体量巨大、全产业链可持续发展。甲醇燃料优良的环保性更令人瞩目,已逐步被全球业界公认为一种理想的新型清洁可再生燃料。据中国科学院报告,甲醇燃料等热值替代燃煤、燃油,可减少80%以上的$PM_{2.5}$、95%以上的SO_2、90%以上的NO_x、50%以上的CO_2,减排效果显著。甲醇工业在新能源时代彰显优越性,市场前景广阔,随着技术进步和市场需求的增长,甲醇工业有望继续发展和扩张。随着全球经济的复苏和国际贸易的加强,中国甲醇行业将面临更多的国际化发展机遇。企业可以积极拓展海外市场,提升国际竞争力。

模块一

焦炉煤气制甲醇技术认知

当今社会，甲醇已成为最重要、应用十分广泛的大宗基本有机化工原料之一。目前甲醇的深加工产品已达 120 种，我国以甲醇为原料的一次加工产品已有近 30 种，其中甲醛、醋酸、二甲醚、甲烷氯化物、聚乙烯醇、甲胺、甲酸甲酯、甲基叔丁基醚、对苯二甲酸二甲酯、二甲基甲酰胺、碳酸二酯、甲醇燃料等都是甲醇的主要深加工产品。近年来，随着全球碳达峰碳中和的快速推进，甲醇作为低碳替代燃料受到更多关注。

单元 1　甲醇的性质和用途

知识点 1　甲醇的物理性质

M1-1　甲醇的性质和用途

甲醇是最简单的饱和脂肪醇，分子式为 CH_3OH，分子量为 32.04，常温常压下，甲醇是易挥发和易燃的无色液体，具有类似酒精的气味。甲醇的物理常数见表 1-1，热力学常数见表 1-2，甲醇在不同压力下的沸点见表 1-3，甲醇的蒸气压见表 1-4。甲醇能和水以任意比例互溶，但不与水形成共沸物，因此可用精馏方法来分离甲醇和水。甲醇蒸气和空气能形成爆炸性混合物，爆炸极限为 6.0%～36.5%。甲醇具有很强的毒性，误饮能使眼睛失明，甚至死亡，甲醇也可以通过呼吸道和皮肤等途径导致人体中毒，在空气中甲醇蒸气的最高允许浓度为 $0.05mg/m^3$。

表 1-1　甲醇的物理常数

性　质	数　据	性　质	数　据
沸点(101.3kPa)/℃	64.5～64.7	蒸气压(20℃)/Pa	12879
熔点/℃	−97.8	黏度(20℃)/Pa·s	$5.945×10^{-4}$
闪点/℃		热导率/[J/(cm·s·K)]	$2.09×10^{-3}$
闭口杯法	12	表面张力(20℃)/(N/cm)	$22.55×10^{-5}$
开口杯法	16	折射率(20℃)	1.3287
相对密度(20℃)	0.7915	膨胀系数(20℃)	0.00119
自燃点/℃	473(空气中)	腐蚀性	常温无腐蚀性,铅、铝例外
	461(氧气中)	空气中爆炸极限(体积分数)/%	6.0～36.5

表1-2 甲醇的热力学常数

性　　质	数　　据	性　　质	数　　据
临界压力/Pa	769.85×10⁴	燃烧热/(kJ/mol)	
临界温度/℃	240	25℃液体	727.038
液体比热容(20~25℃)/[J/(g·℃)]	2.51~2.53	25℃气体	742.738
气体比热容(77℃)/[J/(g·℃)]	1.63	生成热/(kJ/mol)	
蒸发潜热(64.7℃)/(kJ/mol)	35.295	25℃液体	238.798
熔融热/(kJ/mol)	3.169	25℃气体	201.385

表1-3 甲醇在不同压力下的沸点

压力/MPa	温度/℃	压力/MPa	温度/℃	压力/MPa	温度/℃	压力/MPa	温度/℃
0.1	64.20	0.5	111.51	1	136.81	1.5	153.33
2	165.92	2.5	176.21	3	184.99	3.5	192.67

甲醇属强极性有机化合物，具有很强的溶解能力，能和多种有机溶液互溶，并形成共沸物，共沸物的生成影响甲醇中有机杂质的消除和以甲醇为原料合成其他下游产品的精制，表1-5为甲醇和部分有机化合物形成共沸物的组成和共沸物的沸点。甲醇对气体（如CO_2、H_2S）的溶解力也很强，但不能与脂肪烃类化合物互溶。

表1-4 甲醇的蒸气压

温度/℃	蒸气压/MPa	温度/℃	蒸气压/MPa
−0.8	0.004	82	0.203
8	0.007	94.5	0.304
13.5	0.009	103	0.405
20	0.013	111	0.507
33.5	0.027	117	0.608
42	0.040	127	0.811
48.5	0.053	136	1.013
53.5	0.067	165	2.026
58	0.080	185	3.040
64	0.101	200	4.053

表1-5 甲醇和部分有机化合物形成共沸物的组成和共沸物的沸点

化合物	沸点/℃	共沸混合物	
		沸点/℃	甲醇含量/%
丙酮	56.4	55.7	12.0
乙酸甲酯	57.0	54.0	19.0
甲酸乙酯	54.1	50.9	16.0
甲酸丙酯	80.9	61.9	50.2
二甲醚	38.9	38.8	10.0
双甲氧基甲烷	42.3	41.8	8.2

知识点 2　甲醇的化学性质

甲醇分子中含有一个甲基与一个羟基，化学性质较活泼，既具有醇类的典型反应，又能进行甲基化反应。因此甲醇可以与一系列物质反应，在工业上有十分广泛的应用。

1. 氧化反应

甲醇在电解银催化剂上，在 600~650℃可被空气氧化成甲醛，是工业制备甲醛的重要方法。

$$CH_3OH + \frac{1}{2}O_2 \longrightarrow HCHO + H_2O$$

甲醛被进一步氧化为甲酸：

$$HCHO + \frac{1}{2}O_2 \longrightarrow HCOOH$$

甲醇在 $Cu\text{-}ZnAl_2O_3$ 催化剂存在下，发生部分氧化：

$$CH_3OH + \frac{1}{2}O_2 \longrightarrow 2H_2 + CO_2$$

甲醇被完全氧化成 CO_2 和 H_2O，并放出大量热：

$$CH_3OH + \frac{3}{2}O_2 \longrightarrow CO_2 + 2H_2O$$

2. 氨化反应

将甲醇与氨以一定比例混合，在 370~420℃、5~20MPa 条件下，以活性氧化铝为催化剂进行反应，可得到甲胺（一甲胺、二甲胺、三甲胺混合物）。

$$CH_3OH + NH_3 \longrightarrow CH_3NH_2 + H_2O$$
$$2CH_3OH + NH_3 \longrightarrow (CH_3)_2NH + 2H_2O$$
$$3CH_3OH + NH_3 \longrightarrow (CH_3)_3N + 3H_2O$$

3. 酯化反应

甲醇可与多种无机酸和有机酸发生酯化反应。甲醇和硫酸发生酯化反应生成硫酸氢甲酯，硫酸氢甲酯经减压蒸馏生成重要的甲基化试剂硫酸二甲酯：

$$CH_3OH + H_2SO_4 \longrightarrow CH_3OSO_3H + H_2O$$
$$2CH_3OSO_3H \longrightarrow (CH_3)_2SO_4 + H_2SO_4$$

甲醇和甲酸反应生成甲酸甲酯：

$$HCOOH + CH_3OH \longrightarrow HCOOCH_3 + H_2O$$

4. 羰基化反应

在压力为 65MPa、温度为 250℃条件下，以碘化钴作催化剂，甲醇和 CO 发生羰基化反应生成乙酸或乙酐：

$$CH_3OH + CO \longrightarrow CH_3COOH$$
$$2CH_3OH + 2CO \longrightarrow (CH_3CO)_2O + H_2O$$

在压力为 3MPa、温度为 130℃条件下，以 CuCl 作催化剂，甲醇和 CO、O_2 发生氧化羰基化反应生成碳酸二甲酯：

$$2CH_3OH + CO + \frac{1}{2}O_2 \longrightarrow (CH_3O)_2CO + H_2O$$

在碱催化剂作用下，甲醇和 CO_2 发生羰基化反应生成碳酸二甲酯：
$$2CH_3OH + CO_2 \longrightarrow (CH_3O)_2CO + H_2O$$

5. 脱水反应

甲醇在高温和酸性催化剂如 ZSM-5、γ-Al_2O_3 作用下，分子间脱水生成甲醚：
$$2CH_3OH \longrightarrow CH_3OCH_3 + H_2O$$

6. 裂解反应

在铜催化剂上，甲醇可裂解为 CO 和 H_2：
$$CH_3OH \longrightarrow CO + 2H_2$$

7. 氯化反应

甲醇和氯化氢在 ZnO/ZrO 催化剂上发生氯化反应生成一氯甲烷：
$$CH_3OH + HCl \longrightarrow CH_3Cl + H_2O$$

8. 其他反应

甲醇和异丁烯在酸性离子交换树脂的催化作用下生成甲基叔丁基醚（MTBE）：
$$CH_3OH + CH_2 \rightarrow C(CH_3)_2 \longrightarrow CH_3OC(CH_3)_3$$

220℃、20MPa 下，甲醇在钴催化剂的作用下，发生同系化反应，生成乙醇：
$$CH_3OH + CO + 2H_2 \longrightarrow CH_3CH_2OH + H_2O$$

240~300℃、1.8MPa 下，甲醇和乙醇在 Cu/Zn/Al/Zr 催化作用下生成，生成乙酸甲酯：
$$CH_3OH + C_2H_5OH \longrightarrow CH_3COOCH_3 + H_2$$

750℃下，甲醇在 Ag/ZSM-5 催化剂作用下生成芳烃：
$$6CH_3OH \longrightarrow C_6H_6 + 6H_2O + 3H_2$$

甲醇和 CS_2 在 γ-Al_2O_3 催化剂作用下生成二甲基硫醚，进一步氧化成二甲基亚砜：
$$4CH_3OH + CS_2 \longrightarrow 2(CH_3)_2S + CO_2 + 2H_2O$$
$$3(CH_3)_2S + 2HNO_3 \longrightarrow 3(CH_3)_2SO + 2NO + H_2O$$

知识点 3　甲醇的用途

目前，甲醇的其他消费已超过其传统的用途，潜在的耗用量远远超过其在化工中的用量，渗透到国民经济的各个部门。甲醇的传统用途为生产甲醛、二甲醚、甲基叔丁基醚（MTBE，高辛烷值汽油添加剂）、醋酸、甲烷氯化物等，其中甲醛消费量最大，主要用作生产酚醛树脂与黏合剂及其他有机化学品，用于木材加工业和模塑料、涂料、纺织物及纸张等的处理剂；二甲醚主要用途是替代液化天然气（LPG）、气雾推进剂及作为柴油汽车替代燃料，也用作化工原料、清洗剂等；醋酸主要用于生产醋酸乙烯/醋酐、对苯二甲酸、聚乙烯醇、醋酸酯、氯乙酸、醋酸纤维素等。甲醇还是人工合成蛋白的主要原料，生产的甲醇蛋白具有转化率高、发酵速度快、无毒性、价格便宜等优点。近年来，随着能源结构的改变，甲醇主要用于新兴下游消费领域，主要包括甲醇制烯烃、甲醇燃料、甲醇燃料电池、甲醇制氢等领域，甲醇的综合利用及衍生物见图 1-1。

2020 年，我国公布了"双碳"目标，甲醇作为理想的新型清洁可再生燃料，在能源燃料方面的用途引起了广泛关注。与此同时，甲醇作为新一代汽车能源，得到了国家政策的广

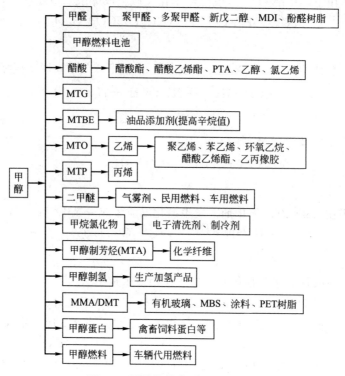

图1-1 甲醇的综合利用及衍生物

泛支持,我国有关部门相继发布了《"十四五"工业绿色发展规划》《工业重点领域能效标杆水平和基准水平》《关于在部分地区开展甲醇汽车应用的指导意见》等政策,并制定了甲醇汽车燃料标准(如 GB/T 42416—2023),在贵州、甘肃、山西、陕西等煤炭资源丰富地区推出了加快推广应用甲醇汽车的措施。《"十四五"工业绿色发展规划》提到,把"促进甲醇汽车等替代燃料汽车推广"纳入"绿色产品和节能环保装备供给工程",这意味着,工信部明确把甲醇汽车作为"绿色产品",也意味着未来几年,甲醇在汽车行业将得到更多应用。

据中国科学院报告,甲醇燃料等热值替代燃煤、燃油,可减少80%以上的PM2.5、95%以上的SO_2、90%以上的NO_x、50%以上的CO_2,减排效果显著。在电力、氢能、甲醇、天然气、氨等新能源、清洁能源中,甲醇还是唯一的常温常压下为液态的能源,储、运、用较其他能源更加安全、清洁、高效。以能量密度为例,通过对比可以看出,甲醇的能量密度介于汽油和三元锂电池之间,比汽油的排放小,是理想的汽油与锂电池之间的过渡期燃料。汽油、甲醇燃料、三元锂电池的能量密度对比见表1-6。

表1-6 汽油、甲醇燃料、三元锂电池的能量密度对比

序号	燃料名称	热值(MJ/L)	能量密度(W·h/kg)
1	汽油	46	12778
2	甲醇	20	5556
3	三元锂电池	—	240~300

目前,随着甲醇汽车全产业链技术日趋成熟,我国吉利、陕重汽、宇通汽车等一批汽车和发动机制造企业也加入了甲醇汽车赛道。拥有了甲醇汽车专有技术,具备了甲醇汽车自主开发能力,甲醇作为燃料在我国汽车领域的应用前景将更加广阔。

单元 2 国内外甲醇合成技术的发展

知识点 1 甲醇合成工艺的发展历程

1. 木材干馏法(17 世纪至 20 世纪初)

1661 年,英国化学家波义耳(Boyle)首先在木材干馏的液体产品中发现了甲醇,木材干馏成为工业上制取甲醇最古老的方法。20 世纪 20 年代以前,木材是人们获取甲醇的最主要来源。随着工业革命的发展,全球木材资源越来越匮乏,而甲醇的需求量却大幅增长,各国科学家都在寻求制造甲醇的新方法和新原料。

1834 年,法国化学家杜马(Dumas)和佩利戈特(Peligot)制得了甲醇纯品。到了 1857 年的时候,法国化学家伯特格(Berthelot)用一氯甲烷水解的方法制得了甲醇。在 1905 年,法国化学家保罗·萨巴蒂尔(Paul Sabatier)提出了由 CO_2 和 H_2 反应生产甲醇的路线。

M1-2 国内外甲醇合成技术的发展

2. 以高压合成技术(20 世纪初至中叶)

1913 年德国巴登苯胺纯碱(BASF,简称巴斯夫)公司申请了以锌-氧化铬为催化剂利用合成气合成甲醇工艺的专利,合成甲醇的工业生产始于 1923 年。德国巴登苯胺纯碱(BASF)公司首先建成以一氧化碳和氢为原料、年产 300t 甲醇的高压合成法装置,从 20 世纪 20 年代至 60 年代中期,所有甲醇生产装置均采用高压法,即操作压力为 30~35MPa,采用锌铬催化剂。

3. 低压合成技术为主(20 世纪中叶至今)

1966 年,英国帝国化学工业(ICI)公司研制成功铜基催化剂,并开发了低压合成甲醇工艺,即 ICI 工艺。20 世纪 70 年代中期以后,世界上新建和扩建的甲醇装置几乎都采用低压法。

知识点 2 国外甲醇合成工艺的进展

目前,世界甲醇合成技术可以归纳为气相法合成工艺的改进、液相法合成工艺的研究开发和新的原料路线的开发研究等几个方面。

① 在一氧化碳加氢合成甲醇的放热特性研究方面取得了重大成果。这些成果主要体现在甲醇合成反应器不断完善,并朝着生产规模大型化、能耗低、CO 和 CO_2 单程转化率高、碳综合转化率高、热利用率高、催化剂的温差小、塔压降小、操作稳定可靠、结构简单、催化剂装卸方便等方向发展,使反应尽量沿着最佳动力学和热力学曲线进行,从而降低甲醇生产的成本。

② 甲醇的液相合成工艺取得一定进展。甲醇的液相合成方法是 Sherwin 和 Blum 等于

1975年首先提出的，目前又分为浆态床法和滴流床法，浆态床法是通过控制碳氢比例来控制反应进度，而滴流床法是使原料和催化剂充分混合，通过增加接触面积来加速反应过程，从而降低成本和获得更高的收率。此外，甲醇的气相法合成工艺的单反应温度高，可能造成催化剂烧结、副产物增多、爆炸危险性增大等问题，而液相合成由于使用了热容高、热导率大的石蜡类长链烃类化合物，可以使甲醇的合成反应在等温条件下进行，反应温度较低而且较易控制，可减少上述问题的发生。

③ 甲烷直接氧化合成甲醇技术被广泛研究。目前的一氧化碳加氢合成甲醇工艺能耗高，单程转化率低。较为理想的制甲醇方法是由甲烷直接氧化合成甲醇，它是一种很有潜力和发展前景的技术。催化剂的选择性是该工艺的关键，许多学者做了大量的工作。有报道称，国外开发过甲醇收率60%的甲烷选择氧化合成甲醇的方法，用铱作催化剂，在2MPa和140℃左右，以环辛烷作溶剂，甲烷氧化反应得到甲醇；日本筑波大学（University of Tsukuba）针对甲烷氧化选择性地转化为甲醇，开发了一种新的铁络合物催化剂，这种络合物可以通过内部捕获，将甲烷高效地氧化，同时可防止形成的甲醇再次氧化。此外，美国、德国的一些高校和企业也在抓紧进行相关研究，一旦选择性高的催化剂和相适合的反应器开发成功，甲烷直接氧化合成甲醇工艺将获得突破与发展。

知识点3 我国甲醇合成工艺的进展

我国甲醇合成工艺的进展主要体现在多样性和先进性。多样性指工艺上有单产、联产，原料路线由石油产品、天然气向煤炭、煤层气、焦炉煤气等方向拓展；先进性指工艺上更加合理、催化剂更加先进、规模趋向大型化、操作实现计算机控制、能源消耗和生产成本大幅下降。

1. 进展历程

（1）高压合成工艺　1957年，我国甲醇生产装置基本上都采用传统高压法合成工艺。在30～32MPa压力下，使用锌铬催化剂合成甲醇，反应器出口气甲醇含量为3%左右。我国自主开发在25～27MPa压力下，使用铜系合成甲醇催化剂的技术，反应温度230～290℃，反应器出口气甲醇含量为4%左右。

（2）中压"联醇"工艺　20世纪60年代末，我国开发了合成氨联产甲醇新工艺，充分利用氨生产中需脱除的CO和CO_2，借用合成系统的压力设备，在11～15MPa下联产甲醇。这是我国自主开发创新的甲醇生产工艺。

（3）引进低压合成工艺　20世纪70年代末期，四川维尼纶厂引进美国ICI公司低压合成甲醇装置，规模为9.5万吨/年，用天然气、乙炔尾气制合成气生产甲醇，采用多段冷激式反应器，于1997年年底投产。

（4）锌铬催化剂改用铜系催化剂　1980年，上海吴泾化工厂为了提高甲醇产量和甲醇质量，降低能耗，率先将"联醇"铜系催化剂用于高压法甲醇装置（8万吨/年，石脑油造气）。

（5）国产化低压工艺　20世纪80年代，南化集团研究院和西南化工研究设计院分别开发成功C301型和C302型铜系低压合成甲醇催化剂，西南化工研究设计院还同时开发成功绝热等温混合型管壳式低压合成甲醇反应器及合成工艺，从而推动了我国大型化低压甲醇装置国产化的发展。

(6) 生产装置大型化　20世纪90年代前后,随着合成氨工业的发展,我国"联醇"生产企业大多数选择的是氨醇联产技术路线。氨醇联产技术路线具有投资小、见效快的特点,当时产能低的小型合成氨企业众多,大多也选择了联醇工艺生产副产品甲醇。由于这些小型合成氨企业使用的装置陈旧,技术路线过长,受化肥行业影响开工率波动较大,因此小型合成氨企业联醇装置逐渐被淘汰。随着技术的进步和市场需求的增加,我国甲醇生产装置趋向大型化和集约化,企业则对如气化炉、合成反应塔、精馏系统等生产装置进行了改进,生产工艺更适应甲醇生产大型化的趋势。

2. 进展成果

(1) "联醇"工艺　自20世纪90年代以来,我国的研究者从"联醇"工艺操作中发现,甲醇化后再进行甲烷化是解决合成气净化的有效方法。

(2) 新型甲醇合成反应器

① 均温(JW)型甲醇反应器。均温型甲醇合成塔(反应器)是我国拥有自主知识产权的气-气换热型甲醇反应器。

② GC型轴径向低压甲醇合成塔。南京国昌化工科技有限公司研发的GC型轴径向低压甲醇合成塔技术,通过了中国石油和化学工业协会的鉴定。

③ 绝热-管壳复合型低压甲醇合成反应器。该研究成果开发了新型甲醇合成反应器形式与模拟计算方法,形成了我国专有的甲醇合成反应器技术,达到了国际先进水平。

(3) 焦炉煤气制甲醇　如果说20世纪90年代我国甲醇工业进入以联醇工艺生产为主的第一个快速发展期,而"十一五"(2006—2010年)期间,随着市场需求增加和对新兴下游应用的预期,以及大型甲醇装置设计和制造技术的日臻完善,出现了甲醇的第二个快速发展期,在原料路线、生产规模、节能降耗、过程控制与优化、产品市场与其他化工产品联合生产等方面都有了新的突破与进展。进入21世纪后,党和国家相继提出如"新型工业化"(2002)、"循环经济"(2003)、"两型社会"(2005)、"低碳发展"(2009)等一系列发展理念,而我国是煤炭生产和消费大国,大型焦化企业的低碳循环发展,尤其是焦炉煤气的治理与利用成为人们面临的问题。焦炉煤气制甲醇工艺符合国家对焦化企业绿色、低碳、环保的要求,成为我国甲醇生产的主要原料之一。我国第一套年产8万吨甲醇的焦炉煤气制甲醇装置,于2003年12月在云南曲靖市大为焦化制供气有限公司开工建设。2004年12月28日生产出合格的甲醇。该装置的投产成功,标志着中国焦炉煤气制甲醇技术已经成熟,完成了工业化过程。

知识点4　甲醇合成的典型工艺流程与选择分析

1. 甲醇合成的典型工艺流程

(1) 焦炉煤气制甲醇生产工艺流程　焦炉煤气制甲醇生产工艺流程见图1-2。

由焦化厂送来的焦炉煤气,首先进入焦炉煤气储气罐内进行缓冲稳压,焦炉煤气压缩机从气柜抽气并增压至2.5MPa后进入精脱硫装置,将气体中的总硫脱至$0.1cm^3/m^3$以下。

焦炉煤气中甲烷含量达26%~28%,采用纯氧催化部分氧化转化工艺将气体中的甲烷及少量多碳烃转化为合成甲醇的有用成分CO和H_2,转化后的气体成分满足甲醇合成原料

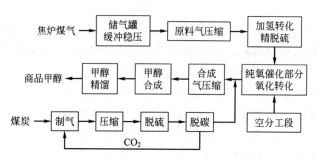

图 1-2　焦炉煤气制甲醇生产工艺流程

气的基本要求。

转化后的气体经合成气压缩机加压至 6.0MPa，进入甲醇合成装置。甲醇合成采用 6.0MPa 低压合成技术。精馏采用三塔流程。

甲醇合成的弛放气一部分用作转化装置预热炉的燃料气，剩余的部分送出界区作燃料气。甲醇精馏送出的产品精甲醇在成品罐区储存。

目前焦炉煤气制甲醇均采用甲烷催化转化合成甲醇。典型的流程包括原料气的制造、原料气的净化、甲醇的合成、粗甲醇精馏等工序。

（2）ICI 低中压法甲醇合成　ICI 低中压法甲醇合成工艺流程见图 1-3。

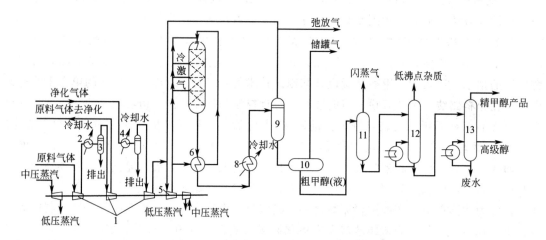

图 1-3　ICI 低中压法甲醇合成工艺流程

1—原料气压缩机；2,4—冷却器；3—分离器；5—循环压缩机；6—热交换器；7—甲醇合成反应器；
8—甲醇冷凝器；9—甲醇分离器；10—中间槽；11—闪蒸槽；12—轻分馏塔；13—精馏塔

（3）Lurgi 低中压法甲醇合成　Lurgi 低中压法甲醇合成工艺流程见图 1-4。

（4）高压法合成甲醇　高压法合成甲醇工艺流程见图 1-5。

（5）联醇生产甲醇　联醇生产甲醇工艺流程见图 1-6。

2. 我国合成甲醇工艺的选择分析

通过对我国特定地区相同规模的焦炉煤气、天然气、煤为原料制甲醇的消耗、成本、投资比较可以发现，焦炉煤气制甲醇具有明显优势。以年产 20 万吨甲醇为例，焦炉煤气、天然气、煤三种不同原料制甲醇的消耗、成本比较见表 1-7。

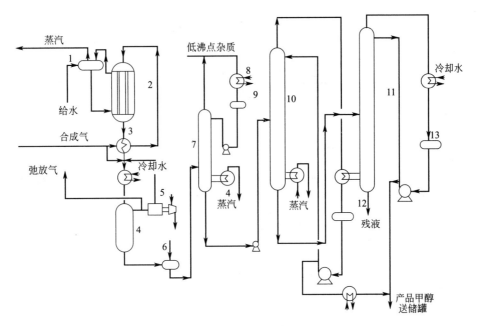

图 1-4 Lurgi 低中压法甲醇合成工艺流程
1—汽包；2—合成反应器；3—废热锅炉；4—分离器；5—循环透平压缩机；6—闪蒸槽；7—初馏塔；
8—回流冷凝器；9，12，13—回流槽；10—第一精馏塔；11—第二精馏塔

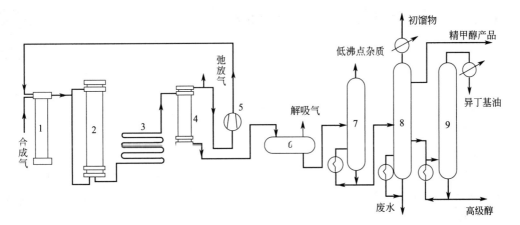

图 1-5 高压法合成甲醇工艺流程
1—过滤分离器；2—合成塔；3—水冷器；4—甲醇分离器；5—循环机；
6—粗甲醇储槽；7—脱醚塔；8—精馏塔；9—油水塔

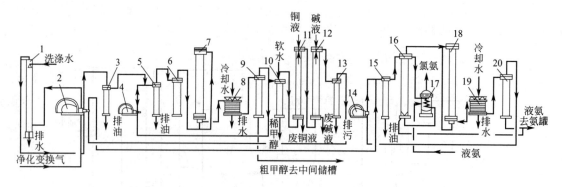

图 1-6 联醇生产甲醇工艺流程

1—水洗塔；2—压缩机；3—油分离器；4—甲醇循环压缩机；5—滤油器；6—碳过滤器；7—甲醇合成塔；8—甲醇水冷却器；9—甲醇分离器；10—醇后气分离器；11—铜洗塔；12—碱洗塔；13—碱液分离器；14—氨循环压缩机；15—合成氨滤油器；16—冷凝器；17—氨冷器；18—氨合成塔；19—合成氨水冷却器；20—氨分离器

表 1-7 不同原料合成甲醇的比较

原料类别	煤	天然气	焦炉煤气	焦炉煤气与煤比	焦炉煤气与天然气比
消耗	1.5t/t	1050m³/t	2100m³/t	−32.67%	50.00%
单价	1500元/t	3元/m³	0.85元/m³	−99.97%	−71.69%
原料成本	2280元/t	2100元/t	1785元/t	−21.71%	−15.00%
完全成本	3300元/t	3000元/t	2400元/t	−27.27%	−20.00%

以上比较说明，焦炉煤气制甲醇投资较低，原料成本和完全成本也较低，焦炉煤气制甲醇具有较强的市场竞争力和抗风险能力。

单元3 焦炉煤气制甲醇的发展前景

如何最大限度地把企业资源变成社会需要的产品，开发资源的潜能，生产高附加值的产品，成为炼焦企业的关注重点。当前实现焦炉煤气资源化利用则理所当然地成为焦化企业的必然选择，同时，炼焦生产技术的发展也为焦炉煤气资源化利用提供了广阔的市场空间。

M1-3 焦炉煤气制甲醇的发展前景

1. 国家政策支持

我国是一个煤炭资源相对丰富而又具有巨大开发潜力与市场空间的国家，快速发展煤化工，有效开发与利用煤炭资源是符合国家能源发展战略（大力发展石油替代品），解决我国石油储备与需求巨大矛盾的重要举措。尤其是在碳中和、碳达峰目标的背景下，我国亟须统筹产业结构调整、推进工业等领域清洁低碳转型，国务院、工业和信息化部相继推出了《"十四五"工业绿色发展规划》《工业重点领域能效标杆水平和基准水平》等政策，促使我国一些炼焦企业积极投产回收炼焦化工产品、优化利用焦炉煤气装置。

2. 产品市场竞争力强

对利用天然气、焦炉煤气生产甲醇进行成本对比，以天然气价格3元/m³，耗气

$1050m^3$ 计算,生产吨甲醇成本为 4236 元左右;焦炉煤气价格 0.85 元/m^3,耗气量 $2100m^3$ 计算,大约成本为 2400 元。成本价差约 1800 元/m^3。资源充足保障条件好,生产成本低,产品市场竞争力强,利用焦炉煤气生产甲醇具有一定优势。

3. 经济效益较高

焦炉煤气最基本的功能是作为燃气,广泛地应用在民用煤气、工业燃气等方面。而对于独立炼焦企业的大量剩余煤气,做好焦炉煤气的有效综合利用,如焦炉煤气发电、制氢、制甲醇和生产合成氨等都是可以选择的工艺。

据有关研究单位对年产 200 万吨焦炭的独立焦化企业进行发电、生产化肥(合成氨-尿素)与生产甲醇情况比较,生产甲醇利润最高,生产合成氨、尿素的利润居中,发电利润最低,而且发电方案根据所采用工艺的不同,有可能出现负利润。尤其是在目前石油价格很高的情况下,拉高了甲醇等一大批涉油产品价格,目前甲醇售价已达 3000 元/吨。更显出利用焦炉煤气生产甲醇的效益优势。

4. 技术开发多样

中国有关科研院所和技术工作者进行了卓有成效的探索,在中国炼焦和相关化工工程技术设计研究机构工程设计人员的不懈努力下,从 2004 年 12 月云南曲靖大为焦化制供气有限公司世界上第 1 套焦炉煤气催化氧化法制甲醇装置投产,我国已有 100 多套焦炉煤气制甲醇装置投入使用,还有多套装置在建设中,进一步推进了中国焦炉煤气生产甲醇事业的发展。

焦炉煤气的转化技术是甲醇生产的关键,在转化技术的研究中,世界各国与我国都做出巨大努力,转化技术开发的多样性,促进了焦炉煤气制甲醇技术的发展。

5. 配套技术装备充足

我国化学工业尤其是合成工业的发展,已形成了完整的装备制造体系,焦炉煤气制甲醇生产需要的转化设备、合成设备、精馏设备、大型压缩机、制氧机以及煤气脱硫装置等完全可以国产化。在双碳背景下,国家鼓励设备先进、环保效果好的焦炉煤气制甲醇装置投产,众多科研部门结合焦炉煤气生产甲醇的特点开发出更合适的工艺技术与装备,设备制造企业抓住商机加大设备生产力度,有力地保障了生产装置上线需求,这些都将推进中国利用焦炉煤气生产甲醇事业的发展。

【知识拓展】 "四三方案"与我国制甲醇工业的起步

20 世纪 70 年代,我国正处于经济发展的关键时期,为了有效解决人民群众的吃饭穿衣问题,国家决定向国外引进相关技术设备,以推动国内基础工业的发展。其中,制甲醇工业也在这一时代背景下迎来了起步。

1972 年至 1973 年间,国家计委先后向国务院提交了《关于进口成套化纤、化肥设备的报告》《关于进口一米七连续式轧板机问题的报告》《关于请示进口成套化工设备的请示报告》和《关于增加设备进口、扩大经济交流的请示报告》等四个重要报告,后来被统称为"四三方案"。该方案旨在建议国家在未来 3 至 5 年内引进价值 43 亿美元的成套设备,以推动国内基础工业的发展。"四三方案"得到了毛泽东主席和周恩来总理的大力支持,具体引进工作由国务院、国资委和轻工业部等相关部门共同负责。

在"四三方案"的推动下,我国不仅实现了外贸的突破性发展,还促进了冶金、化工等多个行业的快速进步。其中,当时的四川维尼纶厂作为"四三方案"的重要组成部分,承担了包括从美国 ICI 公司引进的年产 9.5 万吨的低压合成甲醇装置等一系列化工装置投产的重任。这套装置不仅是我国引进的第一套制甲醇装置,更是标志着我国制甲醇工业的正式起步。

根据国家计委的项目计划,1973 年 8 月,四川维尼纶厂在四川省万维县破土动工。由于地处山城区,建设过程异常艰苦。据统计,约有 3 万人参与了厂区的建设,全体建设者凭借着坚定的信念和不懈的努力,克服了重重困难,完成了建设任务。之后,四川省调集了全省 205 名登记在册的化工专业毕业人员进厂工作,部分人员被派往国外学习先进技术,部分则留在厂里担任技术人员。此外,还招募了 3000 多名下乡知识青年,他们从零开始,通过学习和实践,逐渐成长为一线工人,并在后来的工作中成为车间的基层骨干。

经过数年的辛勤努力,1979 年,年产 9.5 万吨的低压合成甲醇装置在四川维尼纶厂试车成功,这一重大突破不仅标志着我国制甲醇工业迈入了新的发展阶段,更展现了我国工业化进程的坚定步伐和辉煌成就。

回顾这段历史,我们不禁为那些为国家工业化付出辛勤努力的先辈们感到由衷的敬佩和感激。正是他们的不懈努力和无私奉献,为我国制甲醇工业的发展奠定了坚实的基础,也为后来的发展积累了宝贵的经验。

内容来源:百度百科和纪录片《我爱中国造》第三集举国之力

综合练习题

一、判断题

1. 甲醇既能进行醇类反应,又能进行甲基化反应。(   )
2. 甲醇完全氧化生成 CO_2 和 H_2O。(   )
3. 德国巴斯夫公司开发的甲醇高压法合成工艺使用的是铜基催化剂。(   )
4. 绝热-管壳复合型低压甲醇合成反应器开发了新型甲醇合成反应器形式与模拟计算方法,形成了我国专有的甲醇合成反应器技术。(   )
5. 为了支持新型燃料的发展,我国正在准备制定《甲醇汽车燃料》的国家标准。(   )
6. 甲醇燃料属于清洁能源。(   )

二、填空题

1. 甲醇是_____饱和脂肪醇,分子式为_____。
2. 甲醇是易挥发和_____的无色液体,具有类似_____的气味。
3. 甲醇是人工合成_____的主要原料,具有转化率高、发酵速度快等优点。
4. 英国 ICI 公司开发了_____工艺。
5. 与煤制甲醇、天然气制甲醇相比,焦炉煤气制甲醇的原料成本_____。
6. 焦炉煤气制甲醇典型的流程包括_____、_____、_____、_____等工序。

三、选择题

1. 甲醇与水(   )。
   A. 不能互溶　　　　　　B. 在一定比例下互溶　　　　　　C. 以任意比例互溶
2. 甲醇有类似酒精的气味,被一些不法分子用来制作假酒,一旦饮用这类假酒可能造成严重反应，比如（　　）。
　　A. 失明、中毒甚至死亡　　B. 失明、被精神控制　　C. 中毒、皮肤溃烂
3. 我国自主开发甲醇生产工艺是（　　）。
　　A. 高压合成甲醇工艺　　B. 中压"联醇"工艺　　C. 低压合成甲醇工艺
4. 20 世纪 40 年代主流的甲醇合成技术为（　　）。
　　A. 低压合成甲醇技术　　B. 中压合成甲醇技术　　C. 高压合成甲醇技术
5. 我国拥有自主知识产权的气-气换热型甲醇反应器是（　　）。
　　A. 均温（JW）型甲醇反应器
　　B. GC 型轴径向低压甲醇合成塔
　　C. 绝热-管壳复合型压甲醇合成反应器

四、简答题

1. 列举至少 5 个甲醇可以进行的化学反应。
2. 简述我国甲醇合成工艺的进展？
3. 影响甲醇发展的因素有哪些？

五、论述题

我国"双碳"目标下，甲醇将发挥怎样的作用，谈谈你的看法。

模块二

甲醇原料气的制备

煤在隔绝空气条件下，受热分解生成固体、液体、气体产品的过程，称为煤的干馏。按照加热最终温度的不同，煤的干馏可大致分为三种：500~600℃为低温干馏；600~900℃为中温干馏；900~1100℃为高温干馏。甲醇原料气的制备是以煤高温干馏制取的焦炉煤气为原料。

1. 炼焦化学产品的组成

煤料在焦炉炭化室内进行高温干馏时，发生了一系列的物理化学变化。最终形成焦炭，产生一定组成的荒煤气。炭化室逸出的荒煤气组成随各自炭化室不同的炭化时间而变化。由于炼焦炉操作是连续的，所以整个炼焦炉组产生的煤气组成基本是均一稳定的。

装入煤在200℃以下蒸出表面水分，同时析出吸附在煤中的二氧化碳、甲烷等气体；温度升高至250~300℃，煤的大分子端部含氧化合物开始分解，生成二氧化碳、水和酚类，这些酚主要是高级酚；至约500℃时，煤的大分子芳香族稠环化合物侧链断裂和分解，产生气体和液体，煤质软化熔融，形成气、固、液三相共存黏稠状的胶质体，并生成脂肪烃，同时释放出氢。

在600℃前的胶质体形成阶段，从胶质层析出的和部分从半焦中析出的蒸汽和气体称为初次分解产物，主要含有甲烷、二氧化碳、一氧化碳、化合水及初焦油，氢含量很低。

炼焦过程析出的初次分解产物中约85%的产物是通过赤热的半焦及焦炭层和温度约为1000℃的炉墙到达炭化室顶部空间的，其余约15%的产物则通过温度一般不超过400℃处在两侧胶质层之间的煤料层逸出。

通过赤热的焦炭和沿炭化室炉墙向上流动的气体和蒸汽，因受高温而发生环烷烃和烷烃的芳构化过程（生成芳香烃）并析出氢气，从而生成二次热裂解产物。与此相反，由煤饼中心通过的挥发性产物，在炭化室顶部空间因受高温发生芳构化过程，因此，炭化室顶部空间温度具有特殊意义，此温度在炭化过程的大部分时间里维持在800℃左右，大量的芳烃是在700~800℃的范围内生成的。

通过许多复杂反应，煤气中的甲烷和重烃（主要为乙烯）的含量降低，氢的含量增高，煤气的密度变小，并形成一定量的氨、苯族烃、萘和蒽等，在炭化室顶部空间最终形成一定组成的焦炉煤气。

煤料高温干馏时各种产物的产率（对干煤的质量）/%：

焦炭	70～78	苯族烃	0.8～1.4
净焦炉煤气	15～19	氨	0.25～0.35
焦油	3～4.5	硫化物	0.1～0.5
化合水	2～4		

经回收化学产品和净化后的煤气，称为净焦炉煤气，也称回炉煤气。其组成如表 2-1 所示。

表 2-1 净焦炉煤气组成

名称	H_2	CH_4	CO	N_2	CO_2	C_nH_m	O_2
组成/%	54～59	24～28	5.5～7	3～5	1～3	2～3	0.3～0.7

荒煤气中除净焦炉煤气外的主要组成/(g/m³)：

水蒸气	250～450	氨	8～16
焦油气	80～120	萘	8～12
硫化氢	6～30	氰化氢等氰化物	1.0～2.5
其他硫化物	2～2.5	吡啶盐基	0.4～0.6
苯族烃	30～45		

煤气中氢、甲烷、一氧化碳、不饱和烃是可燃成分，氮气、二氧化碳、氧气是惰性组分。净焦炉煤气的低热值为 17580～18420kJ/m³，密度为 0.45～0.48kg/m³。

2. 影响炼焦化学产品产率和组成的因素

炼焦化学产品的产率取决于炼焦配煤的性质和炼焦过程的技术操作条件。一般情况下，炼焦煤的性质和组成对初次分解产物组成影响较大，而炼焦的操作条件对最终分解产物组成影响较大。

（1）配煤性质和组成的影响 焦油产率取决于配煤的挥发分和煤的变质程度。在配煤的干燥无灰基（daf）挥发分 $V_{daf}=20\%～30\%$ 的范围内，可由下式求得焦油产率 X（%）：

$$X = -18.36 + 1.53V_{daf} - 0.026V_{daf}^2$$

苯族烃的产率随配煤中的氢碳比的增加而增加。且配煤挥发分含量越高，所得粗苯中甲苯的含量就越少。在上述配煤的干燥无灰基挥发分范围内，可由下式求得苯族烃的产率 Y（%）：

$$Y = -1.6 + 0.144V_{daf} - 0.0016V_{daf}^2$$

氨来源于煤中的氮。一般配煤约含氮 2%，其中约 60% 存在于焦炭中，15%～20% 的氮与氢化合生成氨，其余生成氰化氢、吡啶盐基或其他含氮化合物。这些产物分别存在于煤气和焦油中。

煤气中硫化物的产率主要取决于煤中的硫含量。一般干煤含全硫 0.5%～1.2%，其中 20%～45% 转入荒煤气中。配煤挥发分和炉温愈高，则转入煤气中的硫就愈多。

化合水的产率同配煤的含氧量有关。配煤中的氧有 55%～60% 在干馏时转变为水，且此值随配煤挥发分的减少而增加。经过氧化的煤料能生成较大量的化合水。由于配煤中的氢与氧化合生成水，将使化学产品产率减少。

煤气的成分同干馏煤的变质程度有关。变质年代轻的煤干馏时产生的煤气中，CO、C_nH_m 及 CH_4 的含量高，氢的含量低。随着变质年代的增加，前三者的含量越来越少，而氢含量越来越高。因此，配煤成分对煤气的组成有很大的影响。

煤气的产率 Q（%）同配煤挥发分有关，可由下式求得：

$$Q = a\sqrt{V_{daf}}$$

式中　a——系数（对气煤气 $a=3$，对焦煤 $a=3.3$）；
　　　V_{daf}——配煤的干燥无灰基挥发分，%。

由于湿煤的含水量不稳定，不易作基准，所以上述产率均是对干煤的质量。

（2）焦炉操作条件的影响　炼焦温度、操作压力、挥发物在炉顶空间停留时间、焦炉内生成的石墨、焦炭或焦炭灰分中某些成分的催化作用都影响炼焦化学产品的产率及组成，最主要的影响因素是炉墙温度（与结焦时间相关）和炭化室顶部空间温度（也称炉顶空间温度）。

炭化室顶部空间温度在炼焦过程中是有变化的。为了防止苯族烃产率降低，特别是防止甲苯分解，炉顶部空间温度不宜超过 800℃。如果过高，则由于热解作用，焦油和粗苯的产率均将降低，化合水产率将增加，氨在高温作用下，由于进行逆反应而部分分解，并在赤热焦炭作用下生成氰化氢，氨的产率降低。高温会使煤气中甲烷及不饱和烃类化合物含量减少，氢含量增加，因而煤气体积产量增加，热值降低。

化学产品的产率和组成还受焦炉操作压力的影响，炭化室内压力高时，煤气会漏入燃烧系统而损失；当炭化室内形成负压时，空气被吸入，部分化学产品燃烧，氮气和二氧化碳含量增加，煤气热值降低。因此规定焦炉集气管必须保持一定压力。

3. 焦炉煤气生产工艺流程

焦炉煤气生产工艺流程见图 2-1。

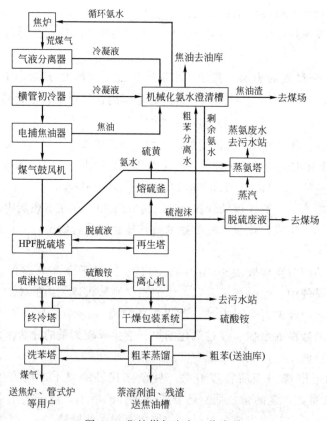

图 2-1　焦炉煤气生产工艺流程

单元 1　煤气的冷凝与冷却

焦炉煤气从炭化室经上升管逸出时的温度为 650～750℃。此时煤气中含有焦油气、苯族烃、水汽、氨、硫化氢、氰化氢、萘及其他化合物，为回收和处理这些化合物，首先应将煤气冷却，这是因为：

① 防止荒煤气中的化学产品发生裂解；

② 从煤气中回收化学产品和净化煤气时，在较低的温度（25～35℃）下才能保证较高的回收率；

③ 含有大量水汽的高温煤气体积大，所需输送煤气管道直径、鼓风机的输送能力和功率均增大；

④ 在煤气冷却过程中，不但有水汽冷凝，且大部分焦油和萘也被分离出来，部分硫化物、氰化物等腐蚀性介质溶于冷凝液中，从而可减少回收设备及管道的堵塞和腐蚀。

煤气的初步冷却分两步进行：第一步是在集气管及桥管中用大量循环氨水喷洒，使煤气冷却到 80～90℃，第二步是在煤气初冷器中被冷却到 21～22℃。

知识点 1　煤气在集气管内的冷却

1. 煤气在集气管内的冷却机理

煤气在桥管和集气管内的冷却，是用表压为 150～200kPa 的循环氨水通过喷头强烈喷洒进行的（如图 2-2 所示）。当细雾状的氨水与煤气充分接触时，由于煤气温度很高而湿度又很低，故煤气放出大量显热，氨水大量蒸发，快速进行着传热和传质过程。

传热过程推动力是煤气与氨水的温度差，所传递的热量为显热，是高温的煤气将热量传给低温的循环氨水。

传质过程的推动力是循环氨水液面上的水汽分压与煤气中水汽分压之差，氨水部分蒸发，煤气温度急剧降低。

煤气冷却和焦油冷凝释放出的热量分布如下：

氨水蒸发所需的潜热	75%～80%
氨水的升温	10%～15%
集气管表面散失	10%

通过上述冷却过程，煤气温度由 650～750℃降至 80～85℃，同时有 60%左右的焦油气冷凝下来，含在煤气中的粉尘也被冲洗下来，被冲洗下来的煤粉与焦粉、焦油混合形成了焦油渣。在集气管冷却煤气主要是靠氨水蒸发吸收需要的相变热，使煤气显热减少，温度降低，煤气冷却温度高于其最后达到的露点温度 1～3℃。煤气的露点温度是煤

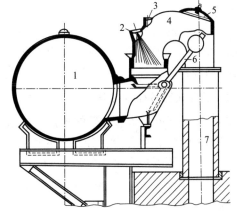

M2-1　煤气的初步冷却

图 2-2　上升管、桥管和集气管
1—集气管；2—氨水喷嘴；3—无烟装煤用蒸汽入口；
4—桥管；5—上升管盖；6—水封阀翻板；7—上升管

气被水汽饱和的温度,也是煤气在集气管中冷却的极限。

2. 荒煤气集气管冷却的操作指标

集气管前煤气温度/℃	650~750	煤气露点/℃	79~83
离开集气管的煤气温度/℃	80~85	循环氨水量/(m^3/t 干煤)	5~6
循环氨水温度/℃	72~78	蒸发的氨水量(占循环氨水量)/%	2~3
离开集气管氨水的温度/℃	74~80	冷凝焦油量(占煤气中焦油量)/%	60

3. 荒煤气在集气管内冷却影响因素

集气管在正常操作过程中不用低温水喷洒。因为低温水温度低不易蒸发,煤气冷却效果不好;所带入的矿物杂质会增加沥青的灰分;由于水温很低,集气管底部剧烈冷却、冷凝的焦油黏度增大,易使集气管堵塞。

荒煤气在集气管内冷却一般采用70℃左右的循环氨水喷洒煤气。除了克服低温水喷洒的缺点外,还由于氨水是碱性,能中和焦油酸,保护了煤气管道;氨水又有润滑性,便于焦油流动,可以防止煤气冷却过程中煤粉、焦粒、焦油混合形成的焦油渣因积聚而堵塞煤气管道。

进入集气管前的煤气露点温度主要与装入煤的水分含量有关,当装入煤水分为10%时,相应的露点温度为60~70℃。为保证氨水蒸发的推动力,进口水温应高于煤气露点温度5~10℃,所以采用72~78℃的循环氨水喷洒煤气。

不同形式的焦炉所需的循环氨水量也有所不同,对单集气管的焦炉,1t干煤需5m^{3}循环氨水,对双集气管焦炉需6m^{3}的循环氨水。

集气管冷却操作中,应经常对设备进行清扫,保持循环氨水喷洒系统畅通,氨水压力、温度、循坏量力求稳定。

知识点2　煤气在横管式初冷器的冷却

焦炉煤气在桥管、集气管用循环氨水喷洒冷却到80~90℃,沿吸煤气主管流向煤气初步冷却器,煤气在沿吸煤气主管流向初冷器过程中,吸煤气主管还起着空气冷却器的作用,煤气可降温1~3℃,但煤气中仍含有大量焦油气和水蒸气及其他物质,为了便于输送,回收其他化学产品,减少煤气体积,节省输送煤气所需动力,煤气需在初步冷却器中进一步冷却到21~22℃。

煤气冷却的流程可分为间接冷却、直接冷却和间直混合冷却三种。上述三种流程各有优缺点,可根据生产规模、工艺要求及其他条件因地制宜地选择采用。我国目前广泛采用的是半负压回收系统横管式初冷器间接冷却煤气工艺流程,如图2-3所示。

1. 横管式初冷器间接冷却工艺流程

如图2-3所示,从焦炉来的焦油、氨水与煤气的混合物约80℃进入气液分离器,煤气与焦油氨水混合物在此分离。分离出的粗煤气并联进入三台横管式初冷器。初冷器分上、下两段,在上段,用循环水将煤气冷却到45℃,然后煤气进入初冷器下段与制冷水换热,煤气被冷却到22℃,冷却后的煤气并联进入两台电捕焦油器,捕集焦油雾滴后的煤气送煤气鼓风机进行加压,煤气鼓风机一开一备,加压后煤气送往脱硫及硫回收工段。

初冷器的煤气冷凝液由初冷器上段和下段分别流出,分别进入各自的初冷器水封槽,初冷器水封槽的煤气冷凝液分别溢流至上、下段冷凝液循环槽,分别由上、下段冷凝液循环泵送至初冷器上下段,喷淋洗涤除去萘及焦油,如此循环使用,下段冷凝液循环槽多余的冷凝

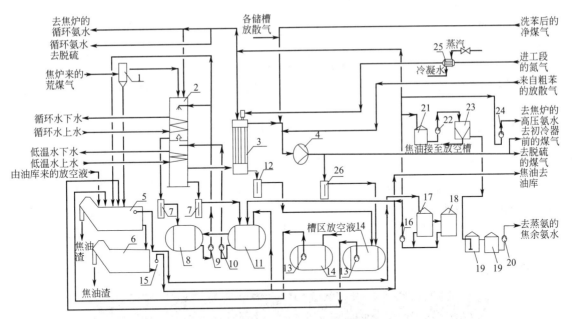

图 2-3　半负压回收系统横管式初冷器间接冷却煤气工艺流程

1—气液分离器；2—横管冷却器；3—电捕焦油器；4—鼓风机；5—机械化氨水澄清槽；6—机械化焦油澄清槽；
7—煤气水封槽；8—上段冷凝液封槽；9—上段冷凝液循环泵；10—下段冷凝液循环泵；11—下段冷凝液封槽；
12—电捕水封槽；13—液下泵；14—地下放空槽；15—焦油泵；16—循环氨水槽；17—循环氨水中间槽；
18—循环氨水事故槽；19—剩余氨水槽；20—剩余氨水泵；21—剩余氨水中间槽；22—剩余氨水中间泵；
23—除焦油器；24—高压氨水；25—氮气加热器；26—鼓风机水封槽

液溢流至上段冷凝液循环槽，上段冷凝液循环槽多余部分由泵抽送至机械化氨水澄清槽。与从气液分离器分离的焦油氨水与焦油渣并联进入三台机械化氨水澄清槽。澄清后分离成三层，上层为氨水（密度为 1.01～1.02kg/L），中层为焦油（密度为 1.17～1.20kg/L），下层为焦油渣（密度为 1.25kg/L）。分离的氨水并联进入两台循环氨水槽，然后用循环氨水泵送至焦炉冷却荒煤气及初冷器上段和电捕焦油器间断吹扫喷淋使用。多余的氨水去剩余氨水槽，用剩余氨水泵送至脱硫工段进行蒸氨。分离的焦油靠静压流入机械化焦油澄清槽，进一步进行焦油与焦油渣的沉降分离，焦油用焦油泵送至酸碱油品库区焦油槽。分离的焦油渣定期送往煤场掺混炼焦。

2. 横管初冷器操作指标

横管初冷器前煤气的温度/℃	≤0～85	循环水的温度/℃	≤32
横管初冷器二段出口煤气的温度/℃	≤40	横管初冷器后煤气的集合温度/℃	≤21～22
横管初冷器一段出口煤气的温度/℃	≤22	横管初冷器的阻力/Pa	≤1000
低温水的温度/℃	≤18		

3. 煤气冷却的主要设备

横管初冷器具有直立长方体形的外壳，冷却水管与水平面成 3°角横向配置。管板外侧管箱与冷却水管连通，构成冷却水通道，可分两段或三段供水。两段供水是供低温水和循环水，三段供水则供低温水、循环水和采暖水。煤气自上而下通过初冷器。冷却水由每段下部进入，低温水供入最下段，以提高传热温差，降低煤气出口温度。在冷却器壳程各段上部，设置喷洒装置，连续喷洒含煤焦油的氨水，以清洗管外壁沉积的焦油和萘，同时还可以从煤气中吸收一部分萘。

在横管初冷器中，煤气和冷凝液由上往下同向流动，较为合理。由于管壁上沉积的萘可被冷凝液冲洗和溶解下来，同时于冷却器上部喷洒氨水，自中部喷焦油，能更好地冲洗掉沉积的萘，从而有效地提高了传热系数。此外，还可以防止冷凝液再度蒸发。

在煤气初冷器内90%以上的冷却能力用于水汽的冷凝，从结构上看，横管式冷却器更有利于蒸汽的冷凝。

横管初冷器采用$\phi54mm \times 3mm$的钢管，管径细且管束小，因而水的流速可达$0.5\sim0.7m/s$。又由于冷却水管在冷却器断面上水平密集布设，使与之成错流的煤气产生强烈湍动，从而提高了传热系数，并能实现均匀的冷却，煤气可冷却到出口温度只比进口水温高2℃。横管冷却器虽然具有上述优点，但水管结垢较难清扫，要求使用水质好的或经过处理含萘低的冷却水。

图2-4展示了冷鼓工段的DCS图。

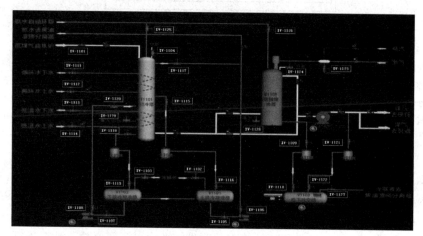

图2-4　冷鼓工段的DCS图

单元2　煤气的输送和焦油雾的清除

煤气由炭化室出来经集气管、吸气管、冷却及煤气净化、化学产品回收设备直到煤气储罐或送回焦炉，要通过很长的管路及各种设备。为了克服这些设备和管道阻力及保持足够的煤气剩余压力，将煤气压入气柜，在煤气输送系统中必须设置鼓风机。另外，鼓风机在运行时也有清除焦油的作用。鼓风机在焦化厂具有重要地位，人们把它称作焦化厂的"心脏"。

鼓风机吸入方为负压，鼓风机压出方为正压，鼓风机的机后压力与机前压力差为鼓风机的总压头。

鼓风机位置设置时应考虑：
① 负压操作下的设备和煤气管道应尽量少；
② 鼓风机吸入的煤气的体积尽可能地小。

知识点 1　煤气输送设备和管路

焦化厂中所采用的鼓风机类型有两种：离心式鼓风机和罗茨式鼓风机。大中型焦化厂一般采用离心式鼓风机。

1. 离心式鼓风机

离心式鼓风机主要由机体、转子组件、密封装置、轴承、联轴器、润滑系统及其他辅助零部件等组成。

鼓风机的输气能力及压头必须能承受焦炉所产生的最大煤气量的负荷，即按最短结焦时间下每吨干煤的最大煤气发生量进行计算，并计入焦炉装煤的不均衡系数。

焦化厂所需鼓风机的输气能力可根据煤气发生量按下式计算：

$$q_V = \frac{101.3VBT\alpha}{(p-p_{机前}-p_s)\times 273}$$

式中　q_V——鼓风机前煤气的实际体积流量，m^3/h；

　　　V——每吨干煤的煤气发生量，m^3；

　　　B——干煤装入量，t/h；

　　　T——鼓风机前煤气的热力学温度，K；

　　　p——大气压力，kPa；

　　　p_s——鼓风机前煤气中的水汽分压，kPa；

　　　$p_{机前}$——鼓风机前吸力，kPa；

　　　α——焦炉装入煤的不均衡系数，取为1.1。

煤气在鼓风机内的压缩是一个绝热压缩过程，经鼓风机后煤气的温升为20℃左右，若鼓风机后煤气的温升超过35℃则应紧急停车，查找原因。

2. 鼓风机性能的调节

焦化厂中鼓风机操作非常重要，既要输送煤气，又要保持炭化室和集气管的压力稳定。在正常生产情况下，集气管压力用压力自动调节机调节，但当调节范围不能满足生产变化的要求时，即需对鼓风机操作进行必要的调整。

① 鼓风机煤气进出口开闭器调节。此法鼓风机的功率消耗和煤气升温增大，另外也容易产生渗漏。

② "小循环"调节。当鼓风机能力较大，而输送的煤气量较小时，为保证鼓风机工作稳定，使鼓风机压出的煤气部分重新回到吸入管，这种方法称为"小循环"调节。一部分煤气经重复压缩，鼓风机的功率消耗和煤气温升也要增大。

③ "大循环"调节。当焦炉刚开工或由于特殊原因大规模延长结焦时间时，一般当煤气量为鼓风机额定能力的1/4~1/3时，就需采用"大循环"的措施。即将鼓风机压出的煤气部分送到初冷器前的煤气管道中，经过冷却后，再回到鼓风机。显然，"大循环"可解决煤气升温过高的问题，但会增加鼓风机的能量消耗和初冷器的负荷。

3. 煤气输送管路

煤气管道管径的选用和管件设置对焦化厂生产具有重要意义。煤气输送管路一般分为出炉煤气管路（炼焦车间吸气管至煤气净化的最后设备）和回炉煤气管路，其操作是否正常，对生产有很大的影响，因此必须考虑下列因素。

(1) 煤气管道的管径选择　管道的管径一般根据煤气流量及适宜流速按下列公式确定：

$$D=\sqrt{\frac{4q_V}{3600\pi v}}$$

式中　D——煤气管道管径，m；
　　　v——选用的煤气流速，m/s；
　　　q_V——实际煤气流量，m³/h。

(2) 管道的倾斜度　煤气管道应有一定的倾斜度，以保证管内的冷凝液按预定方向自流。吸气主管顺煤气流向的倾斜度为 1％；鼓风机前后煤气管道顺煤气流向的倾斜度为 0.5％，逆煤气流向为 0.7％；饱和器后至粗苯工序前煤气管道逆煤气流向的倾斜度为 0.7％～1.5％。

(3) 管路的热延伸和补偿　在焦炉煤气管道上一般采用填料函式补偿器，直径较小的煤气管道可用 U 形管自动补偿。

(4) 自动放散装置　在回炉煤气管道上，设有煤气自动放散装置，以解决煤气压力突然增大问题或生产不正常时的紧急放散使用。

(5) 其他辅助设施　由于萘能够沉积于管道中，所以在可能存积萘的部位，均设有清扫蒸汽入口。此外，管路中还设有冷凝液导出口，以便将管内冷凝液放入水封槽；煤气管道上还应在适当部位设有测温孔、测压孔、取样孔等。

知识点 2　煤气中焦油雾的清除

1. 煤气中焦油雾清除的目的

M2-2　煤气中焦油雾的清除

煤气中的焦油雾是在煤气冷却过程中形成的。荒煤气中所含焦油蒸气 80～120g/m³，在初冷过程中，除有绝大部分冷凝下来形成焦油液体外，还会形成焦油雾，以内充煤气的焦油气泡状态或极细小的焦油滴（ϕ17μm 以内）存在于煤气中。由于焦油雾滴又轻又小，其沉降速度小于煤气运行速度，因而悬浮于煤气中并被煤气带走。

初冷器后煤气中焦油雾的含量一般为 1.0～2.5g/m³。煤气中焦油雾必须彻底地清除，否则会对化产回收操作产生严重影响。焦油雾在饱和器凝结下来，会使硫酸铵质量变坏，酸焦油增多，并可能使母液起泡沫，降低母液密度，而使煤气有从饱和器满流槽中冲出的危险；焦油雾进入洗苯塔内，会使洗油质量变坏，影响粗苯的回收；当煤气进行脱除硫化氢时，焦油雾会使脱硫塔脱硫效率降低，对水洗氨系统，焦油雾会造成煤气脱萘效果差和洗氨塔的堵塞。因此，必须采用专门的设备予以清除，化产回收工艺要求煤气中所含焦油量低于 0.02g/m³。从焦油雾滴的大小及所要求的净化程度来看，采用电捕焦油器最为经济可靠。

2. 电捕焦油器的工作原理

在非均匀电场中，当两极间电位差增高时，电流强度并不发生急剧的变化，这是因在导线附近的电场强度很大，导线附近的离子能以较大的速度运动，使被碰撞的煤气分子离子化，而离导线中心较远处，电场强度小，离子的速度和动能不能使相遇的分子离子化，因而绝缘电阻只在导线附近电场强度最大处发生击穿，即形成局部电离放电现象，这种现象称为电晕现象。导线周围产生电晕现象的空间称为电晕区，导线称为电晕极。

由于在电晕区内发生急剧的碰撞电离，形成了大量正、负离子。负离子的速度比正离子大（为正离子的 1.37 倍），所以电晕极常取为负极，圆管或环形金属板则取为正极，因而速度大的负离子即向管壁或金属板移动,正离子则移向电晕极。在电晕区内存在两种离子,而电晕区外只有负离子,因而在电捕焦油器的大部分空间内,焦油雾滴只能成为带有负电荷的质点而向管壁或板壁移动,由于圆管或金属板是接地的,荷电焦油质点到达管壁或板壁时,放电而沉淀于板壁上,故正极也称为沉淀极。

绝大部分焦油雾均在沉淀极沉积下来,煤气从电捕焦油器中逸出。在电捕焦油器正常操作情况下,煤气中焦油雾可被除去99%左右。

3. 电捕焦油器的构造

在大型焦化厂中均采用管式电捕焦油器,其构造如图2-5所示。其外壳为圆柱形,底部为凹形或锥形并带有蒸汽夹套,沉淀管管径为250mm、长3500mm,在每根沉淀管的中心

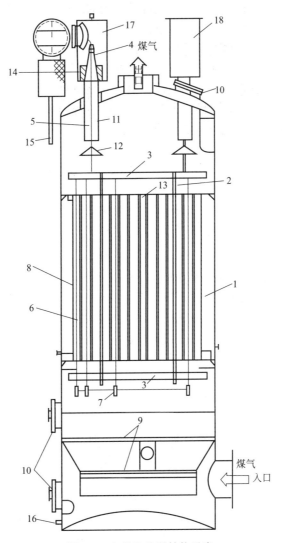

图 2-5 电捕焦油器结构示意

1—壳体;2—下吊杆;3—上、下吊架;4—支承绝缘子;5—上吊杆;6—电晕线;7—重锤;8—沉降极管;
9—气体分布板;10—人孔;11—保护管;12—阻气罩;13—管板;14—蒸汽加热器;15—高压电缆;
16—焦油氨水出口;17—馈电箱;18—绝缘箱

悬挂着电晕极导线，由上部框架及下部框架拉紧，并保持偏离中心度小于 3mm。电晕极可采用强度高的 $\phi 3.5\sim 4mm$ 的碳素钢丝或 $\phi 2mm$ 的镍铬钢丝制作。煤气自底部进入，通过气体分布板均匀分布到各沉淀管中去，净化后的煤气从顶部煤气出口逸出，从沉淀管捕集下来的焦油集于器底排出，因焦油黏度大，故底部设有蒸汽夹套，以利于排放。

管式电捕焦油器的工作电压为 50000～60000V，工作电流依型号不同分别为 200mA 和 300mA。

引入高压电源的绝缘子（高压电瓷瓶）常会受到渗漏入绝缘箱内的煤气中的焦油、萘及水汽的沉积污染，绝缘性能降低，易在高压下发生表面放电而被击穿，导致绝缘箱爆炸和着火，还会因受机械振动和绝缘箱温度的急剧变化而碎裂，甚至造成电捕焦油器停工。

为了防止煤气中焦油、萘及水汽等在绝缘子上冷凝沉积，一是将压力略高于煤气压力的氮气充入绝缘箱底部作为保护气；二是在绝缘箱内设有蛇管蒸汽加热器，保持绝缘箱温度在 90～110℃范围，并在绝缘箱顶部设调节温度用的排气阀，在绝缘箱底设有与大气相通的气孔，这样既能防止结露，又能调节绝缘箱的温度。煤气在管式电捕焦油器沉淀管内的适宜流速为 1.5m/s，电量消耗约为 $1kW \cdot h/1000m^3$（煤气）。

电捕焦油器的安装位置，可在鼓风机前，也可在鼓风机后。安装在鼓风机后的电捕焦油器处于正压下操作，较为安全，且因焦油雾滴在运动过程中聚集变大，有利于净化。但由于电捕焦油器内煤气压力较大，绝缘子的维护更要严格注意。新建厂电捕焦油器一般设在鼓风机前。

为了保证电捕焦油器的正常工作，除对设备本身及其操作严格要求外，主要是要维护好绝缘装置，控制好绝缘箱温度，保证氮气的压力及通入量，定期擦拭清扫绝缘子。此外，还要经常检查煤气含氧量，目前有些厂增加了煤气含氧量自动检测装置用以控制电捕焦油器的运行，并将煤气含氧量控制在 1.5%以下。

4. 电捕焦油器的操作

① 经常观察电捕焦油器绝缘箱温度并保持在 90～110℃。
② 经常检查疏水器工作是否正常，防止系统积水影响绝缘箱温度。
③ 经常观察电捕焦油器煤气进出口吸力，判断电捕焦油器阻力。
④ 经常检查和清扫下液管，保证电捕焦油器排液畅通。
⑤ 经常观察电捕焦油器二次电流和电压，保证电捕焦油器正常工作状态。

【知识拓展】 罗茨鼓风机

罗茨鼓风机是一种常用的空气动力机械，它通过将气流从一个低压室转移到另一个高压室来达到扬升的目的。

1. 罗茨鼓风机的结构

罗茨鼓风机主要由罗茨叶轮、机壳、进气阀门和出气阀门等部分组成。

罗茨叶轮由两个相互啮合的叶轮组成，叶轮之间的间隙非常小，可以达到很高的气密性。机壳主要由进气口、出气口、内部腔体和支撑结构等构成。进气阀门和出气阀门分别控制气体的进出。

2. 罗茨鼓风机的工作原理

它的原理可以归结为三个步骤：进气、压缩和排气。

(1) 进气　罗茨鼓风机的进气部分是由一个转子、一个定子和一个旋转壁组成的，转子的轴心上有一个旋转的叶片，定子上有一个固定的叶片，当转子转动时，叶片就会改变气流的流向，把来自外部的空气吸入，这就是进气阶段。

(2) 压缩　当空气进入转子时，叶片会使空气变窄，从而增加空气的压强，使空气发生压缩，这就是压缩阶段。

(3) 排气　当空气被压缩到一定程度时，它就会从另一端排出，这就是排气阶段。

罗茨鼓风机的工作原理是一直循环的，它以一种高效率的方式将低压的空气转换成高压的空气，从而达到扬升的目的。

3. 罗茨鼓风机的应用

罗茨鼓风机广泛应用于化工、制药、水处理、环保等领域。在化工领域，罗茨鼓风机主要用于气体的压缩和输送，例如合成氨气体、氢气、氯气等。在制药领域，罗茨鼓风机主要用于制造药品和输送原料。在水处理领域，罗茨鼓风机主要用于水的曝气和搅拌。在环保领域，罗茨鼓风机主要用于废气的处理和输送。

单元3　煤气中氨的回收

在高温炼焦过程中，炼焦煤中所含的氮有10%~12%变为氮气，约60%残留于焦炭中，有15%~20%生成氨，有1.2%~1.5%转变为吡啶基盐。所生成的氨与赤热的焦炭反应则生成氰化氢。

氨存在煤气和剩余氨水中。初冷器后煤气含氨$4\sim6g/m^3$，焦炉煤气中的氨必须回收，因为焦炉煤气中含有水蒸气，冷凝液中必含氨，为保护大气和水体，含氨的水溶液不能随便排放；焦炉煤气中的氨与氰化氢、硫化氢化合，加剧了腐蚀作用；煤气中氨在燃烧时会生成氧化氮；氨在粗苯回收中能使洗油和水形成乳化物，影响油水分离；氨还可以使甲烷转化的催化剂催化性能降低。为此，焦炉煤气中的氨含量不允许大于$0.03g/m^3$。

目前国内比较普遍采用的脱氨工艺是生产硫酸铵和氨分解工艺，而生产硫酸铵普遍采用的是喷淋式饱和器生产硫酸铵工艺。

知识点1　喷淋式饱和器生产硫酸铵的工艺

纯态的硫酸铵为无色长菱形结晶体，焦化厂生产的硫酸铵，因混有杂质而呈现浅的绿色、蓝色、灰色，多为片状、针状甚至粉末状结晶；硫酸铵晶体的密度为$1766kg/m^3$，含一定水分的硫酸铵的堆积密度取决于晶体颗粒的大小，一般波动在$720\sim800kg/m^3$范围内；硫酸铵的结晶热为$10.87kJ/mol$；硫酸铵易吸潮结块；硫酸铵易溶于水，硫酸铵的水溶液呈弱酸性。

M2-3　硫酸铵的性质

1. 硫酸铵生成的化学原理

氨与硫酸发生的中和反应为

$$2NH_3 + H_2SO_4 =\!=\!= (NH_4)_2SO_4 \quad \Delta H = -275kJ/mol$$

用适量的硫酸和氨进行反应时，生成的是中式盐$(NH_4)_2SO_4$，当硫酸过量时，则生成酸式盐NH_4HSO_4，其反应为

$$NH_3 + H_2SO_4 \rightleftharpoons NH_4HSO_4 \quad \Delta H = -165 \text{kJ/mol}$$

随溶液被氨饱和的程度，酸式盐又可转变为中式盐：

$$NH_4HSO_4 + NH_3 \rightleftharpoons (NH_4)_2SO_4$$

溶液中酸式盐和中式盐的比例取决于母液中游离硫酸的浓度，这种浓度以质量分数表示，称为酸度。当酸度为1%～2%时，主要生成中式盐。酸度升高时，酸式盐的含量也随之提高。

饱和器中同时存在两种盐时，由于酸式盐较中式盐易溶于水或稀硫酸中，故在酸度不大的情况下，从饱和溶液中析出的只有硫酸铵结晶。

2. 生产硫酸铵的原料

焦化厂生产硫酸铵不用纯硫酸，通常采用浓度为75%～76%的硫酸，或浓度为90%～93%的硫酸。此外，也可使用少量精苯车间经过净化的浓度约为40%的再生酸。

饱和器中被硫酸铵和硫酸氢铵所饱和的硫酸溶液称为母液。正常生产情况下母液的大致规格为：

密度/(kg/L)	1.275～1.30	$(NH_4)_2SO_4$ 含量/%	40～60
游离硫酸含量/%	4～6	NH_4HSO_4 含量/%	10～15
NH_3 含量/(g/L)	150～180		

母液的密度是随母液的酸度增加而增大的。

3. 硫酸铵的结晶原理

在饱和器内硫酸铵形成晶体需经过两个阶段：第一阶段是母液中细小的结晶中心——晶核的形成；第二阶段是晶核（或小晶体）的长大。通常晶核的形成和长大是同时进行的。在一定的结晶条件下，若晶核形成速率大于晶体成长速率，当达到固液平衡时，得到的硫酸铵晶体粒度较小；反之，则可得到大颗粒结晶体。显然，如能控制这两种速率，便可控制产品硫酸铵的粒度。

4. 影响硫酸铵结晶的因素及其控制

优质硫酸铵要求结晶颗粒大、色泽好、强度高，这主要取决于硫酸铵在母液中成长的速率及形成的结晶形状，对硫酸铵结晶有影响的因素很多，主要有母液酸度和浓度、母液中的杂质、母液的搅拌等。

(1) 母液酸度和加酸制度　喷淋式饱和器正常操作时酸度保持在3%～4%是较合适的。饱和器采用连续加酸制度保证母液适宜的酸度，正常生产加入的硫酸量为中和煤气带入饱和器的氨量。定期进行大加酸和深度加酸，用水和蒸汽冲洗，以消除器内沉积的结晶，大加酸一般将母液酸度提高到12%～14%，深度加酸一般将母液酸度提高到20%～25%。

(2) 母液的温度　饱和器的温度制度是为了维持饱和器内的水平衡而制定的。一般饱和器内母液温度控制在50～55℃。

(3) 母液的搅拌对硫酸铵结晶的影响　搅拌的目的在于使母液酸度、浓度、温度均匀，使硫酸铵结晶在母液中呈悬浮状态，延长在母液中的停留时间，这样有利于硫酸铵分子向结晶表面扩散，对生产大颗粒硫酸铵是有利的，另外也起到减轻氨吸收设备堵塞的作用。

(4) 晶比对硫酸铵结晶的影响　悬浮于母液中的硫酸铵结晶的体积对母液与结晶总体积的百分数，称为晶比。饱和器中晶比的大小对硫酸铵粒度、母液中氨饱和量和氨损失量都有直接影响，喷淋式饱和器晶比保持30%～40%。

（5）杂质对硫酸铵结晶的影响　母液中含有可溶性和不溶性杂质。硫酸铵母液内杂质的种类和含量，取决于硫酸铵生产工艺流程、硫酸质量、工业用水质量、设备腐蚀情况及操作条件等。

在硫酸铵生产中，必须采取有效措施，减少母液中杂质，才能得到色泽和晶型较好、粒度较大的硫酸铵产品。

5. 硫酸铵生产工艺流程

喷淋式饱和器分为上段和下段，上段为吸收室，下段为结晶室。硫酸铵生产工艺流程见图 2-6，硫酸铵生产工段的 DCS 图见图 2-7。

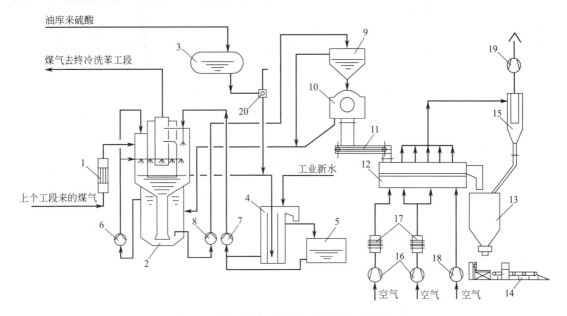

图 2-6　喷淋式饱和器生产硫酸铵的工艺流程
1—煤气预热器；2—喷淋式饱和器；3—硫酸高置槽；4—满流槽；5—母液储槽；6—母液循环泵；7—小母液泵；
8—结晶泵；9—结晶槽；10—离心机；11—输送机；12—振动干燥机；13—硫酸铵储斗；14—称量包装机；
15—旋风分离器；16—热风机；17—空气加热器；18—冷风机；19—抽风机；20—视镜

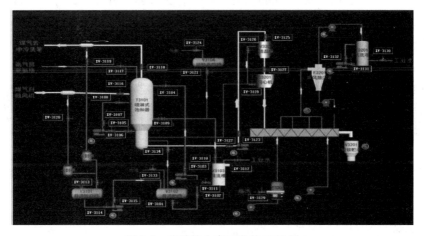

图 2-7　硫酸铵生产工段的 DCS 图

来自脱硫工段的煤气，经煤气预热器，加热至 80~90℃，进入硫酸铵饱和器上段的喷淋室。在此，煤气分成两股沿饱和器内壁与内除酸器外壁的环形空间流动，并与喷洒的循环母液逆向接触，煤气与母液充分接触，使其中的氨被母液中的硫酸所吸收，生成硫酸铵，然后煤气合并成一股，沿原切线方向进入饱和器内的除酸器，分离煤气中夹带的酸雾后被送往洗脱苯工段。

在饱和器下部取结晶室上部的母液，用母液循环泵连续抽至上段喷淋室。饱和器母液中不断有硫酸铵晶核生成，且沿饱和器内的中心管道进入下段的结晶室，在此，大循环量母液的搅动，晶核逐渐长大成大颗粒结晶，沉积在结晶室底部。用结晶泵将其连同一部分母液送至结晶槽，在此分离的硫酸铵结晶及少量母液排放到离心机内，进行离心分离，滤除母液，并用热水洗涤结晶，离心分离出的母液与结晶槽溢流出来的母液一同自流回硫酸铵饱和器。从饱和器满流口引出的母液，经加酸后，由水封槽溢流流入满流槽。满流槽内母液通过小母液泵，抽送至饱和器喷淋管，经喷嘴喷洒吸收煤气中的氨，母液落至喷淋室下部的母液中，经满流口循环使用，母液储槽的母液通过小母液泵补入饱和器。

从离心机分离出来的硫酸铵结晶，由螺旋输送机送至沸腾干燥器，经热空气干燥后，进入硫酸铵储斗，然后称量包装进入成品库。

沸腾干燥器用的热空气是由送风机从室外吸入，空气经热风器，用低压蒸汽加热后送入，沸腾干燥器排出的热空气经旋风除尘器捕集夹带的细粒硫酸铵结晶后，由排风机抽送至湿式除尘器，进行再除尘，最后排入大气。

从罐区来的硫酸进入硫酸高位槽，经控制机构自流入饱和器的满流管，调节饱和器内溶液的酸度。硫酸高位槽溢流出的硫酸，进入硫酸储槽，当硫酸储槽内的硫酸达到一定量时，用硫酸泵送回硫酸高位槽作补充。

为了保证循环母液一定的酸度，连续从母液循环泵入口管或满流管处加入浓度为 90%~93% 的浓硫酸，维持正常母液酸度。

由油库送来的硫酸送至硫酸槽，再经硫酸泵抽出送到硫酸高置槽内，然后自流到满流槽。硫酸铵饱和器是周期性的连续操作设备，应定期加酸补水，当用水冲洗饱和器时，所形成的大量母液从饱和器满流口溢出，通过插入液封内的满流管流入满流槽，再经满流槽满流至母液储槽，暂时储存。满流槽和母液槽液面上的酸焦油可用人工捞出。而在每次大加酸后的正常生产过程中，又将所储存的母液用母液泵送回饱和器作补充。此外，母液储槽还可供饱和器检修、停工时，储存饱和器内的母液用。

6. 生产硫酸铵的主要设备

喷淋式饱和器结构如图 2-8 所示。

喷淋式饱和器法生产硫酸铵工艺，采用的喷淋式饱和器，材质为不锈钢，设备使用寿命长，集酸洗吸收、结晶、除酸、蒸发为一体，具有煤气系统阻力小，结晶颗粒较大，平均直径在 0.7mm，硫酸铵质量好，工艺流程短，易操作等特点。新建、改建焦化厂多采用此工艺回收煤气中的氨。

7. 饱和器法生产硫酸铵的操作指标

预热器后煤气温度/℃	80~90	饱和器后煤气含氨/(g/m^3)	≤0.03
饱和器母液温度/℃	50~55	母液酸度/%	4~6
饱和器的阻力/Pa	2000	干燥器入口风温/℃	130~140

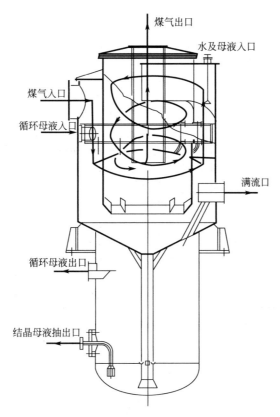

图 2-8　喷淋式饱和器结构

知识点 2　水洗氨-蒸氨-氨分解工艺

水洗氨的工艺流程见图 2-9，蒸氨和氨分解的工艺流程见图 2-10，蒸氨工段的 DCS 图见图 2-11。

由脱硫工段来的煤气首先进入 1 号洗氨塔下部煤气终冷段，利用冷却后的终冷循环水将煤气冷却到 25℃后，进入上部洗氨段。从 2 号洗氨塔来的半富氨水进入 1 号洗氨塔顶部液体分配盘，喷淋洗涤煤气，使煤气中的大部分氨在 1 号洗氨塔中除去。洗氨后的氨水进入 1 号洗氨塔下部的终冷段，塔底氨水一部分作为富氨水进入富氨水槽，与冷凝鼓风工段来的剩余氨水一起作为蒸氨的原料氨水，用富氨水泵送至蒸氨装置，其余的作为终冷循环水经冷却后送回终冷段。

从 1 号洗氨塔顶部出来的煤气进入 2 号洗氨塔下部，从蒸氨装置来的蒸氨废水经蒸氨废水二段冷却器冷却到 25℃后，进入 2 号洗氨塔顶部进一步脱除煤气中的氨。从 2 号洗氨塔底出来的半富氨水，经半富氨水泵送到半富氨水冷却器冷却后，一部分送到 1 号洗氨塔顶部，其余回到 2 号洗氨塔中部循环喷洒。从 2 号洗氨塔顶部出来的煤气进入下一个工段。

蒸氨部分设有挥发氨蒸馏塔和固定氨蒸馏塔各一台。从洗氨装置来的原料氨水（富氨水和剩余氨水混合物）分两部分：一部分与挥发氨塔下来的蒸氨废水换热；另一部分与固定氨塔下来的蒸氨废水换热，换热后的原料氨水分别进入挥发氨蒸馏塔和固定氨蒸馏塔的上部，

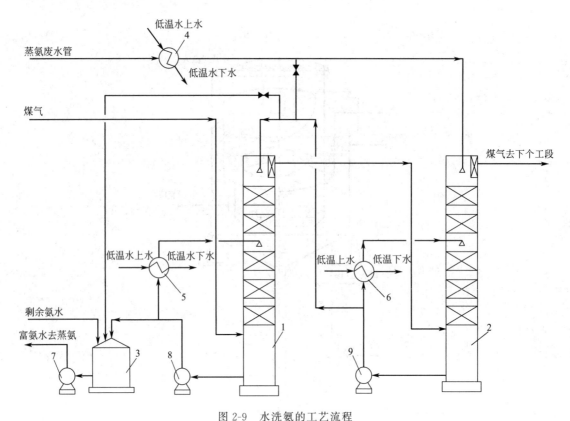

图 2-9　水洗氨的工艺流程

1,2—洗氨塔；3—富氨水槽；4—蒸氨废水冷却器；5—终冷循环水冷却器；6—半富氨水冷却器；
7—富氨水泵；8—终冷循环水泵；9—半富氨水泵

每个塔底都通入直接蒸汽进行蒸馏，同时将碱液用计量泵（或者从终冷洗苯来的经深度脱除煤气中硫化氢的碱液）送入固定氨蒸馏塔上部，以分解剩余氨水中固定氨。固定氨以 NH_4Cl 为例，分解反应方程式为

$$NH_4Cl + NaOH \Longleftrightarrow NaCl + NH_3 + H_2O$$

脱硫碱液分解固定氨的反应方程式为

$$2NH_4Cl + Na_2S \Longleftrightarrow 2NaCl + 2NH_3 + H_2S$$

挥发氨塔底的蒸氨废水经换热后进入蒸氨废水冷却器（一段）冷却至 40℃ 后，送到氨洗涤工段，固定氨塔底的蒸氨废水经换热后进入蒸氨废水冷却器（一段）冷却至 40℃ 后，送至酚氰废水处理站。蒸氨塔顶出来的氨气经分缩器冷却浓缩后，送入氨分解炉。

当其中一台蒸氨塔需要检修时，全部的原料氨水则送入另一台蒸氨塔进行处理，此时不再分解固定铵。

进入氨分解炉的氨气，在催化剂和高温作用下，氨气中的氮化物进行还原分解，生成 N_2、H_2 和 CO，其主要反应如下。

$$NH_3 \Longleftrightarrow \frac{3}{2}H_2 + \frac{1}{2}N_2$$

$$HCN + H_2O \Longleftrightarrow \frac{3}{2}H_2 + CO + \frac{1}{2}N_2$$

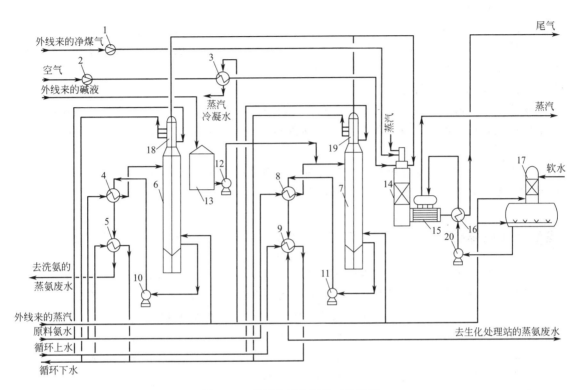

图 2-10 蒸氨和氨分解的工艺流程

1—煤气增压机；2—空气鼓风机；3—空气预热器；4—富氨水/蒸氨废水换热器；5—蒸氨废水冷却器；
6—挥发氨蒸氨塔；7—固定氨蒸氨塔；8—富氨水/蒸氨废水换热器；9—蒸氨废水冷却器；10,11—蒸氨废水泵；
12—碱液泵；13—碱液槽；14—氨分解炉；15—废热锅炉；16—锅炉供水预热器；17—锅炉供水处理槽；
18,19—氨分缩器；20—锅炉供水泵

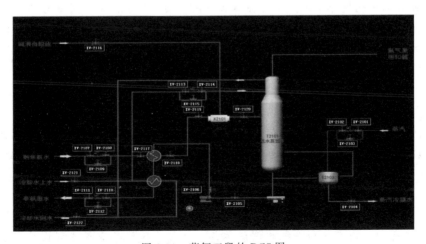

图 2-11 蒸氨工段的 DCS 图

上述反应均为吸热反应，为维持炉内高温，必须向炉内通入煤气和空气，使其燃烧放出热量，并通过控制煤气量来调节炉温。煤气经煤气增压机后进入炉内，煤气燃烧需要的空气经空气鼓风机、空气预热器预热至130℃，进入炉内。分解后产生的高温尾气约1100℃，经废热锅炉冷却到约280℃，回收的热量产生1.05MPa蒸汽。由废热锅炉出来的尾气经锅炉供水预热器冷却到约200℃，进入尾气冷却器用初冷器的煤气冷凝液进行冷却，冷却后进入气液分离器前的吸煤气管道。

废热锅炉所需软水由外部送来，首先进入锅炉供水处理槽，槽内通入直接蒸汽加热，进行蒸吹脱气，经处理后的软水用泵抽出，送到锅炉供水预热器，用氨分解尾气将其加热到128℃，进入废热锅炉。

对于小型焦化厂，氨分解后产生的高温尾气则直接进入炉气冷却塔，用循环氨水冷却，冷却后的尾气兑入吸煤气管道中，以节省投资。

 【知识拓展】 邯郸钢铁焦化厂酚氰污水处理站工艺升级改造的实践

河北钢铁集团邯郸钢铁集团有限责任公司（简称邯钢）为确保节能减排目标的完成，满足节能减排指标要求，决定对焦化厂二回收车间酚氰污水处理站进行工艺升级改造。

污水处理站升级改造工程的生物处理主体工艺采用强化的A/O工艺。整体处理工艺由预处理段、生物处理段、深度处理段和污泥处理段组成。

预处理段：由隔油沉淀池、调节池、事故池及气浮单元、预处理泵房等组成。

生物处理段：由生化提升泵房、A/O池、二沉池、鼓风机房等组成。

深度处理段：由混凝反应池、混凝沉淀池、排放水池及加药系统等组成。

污泥处理段：由污泥泵房、污泥浓缩、脱水间等组成。

工艺流程描述如下：

进站污水首先进入调节池。当污水中含有较多油类物质时，将进水切换进入隔油沉淀池，去除重油后，再自流进入调节池。各种污水在调节池内进行水质、水量的均衡，调节池出水经泵提升送入气浮系统。污水中的轻油、重油在气浮单元得以去除，气浮池出水自流进入A/O池前端的生化提升泵房。在泵房集水井内，回流混合液与气浮出水混合，一并提升进入A/O池。在A/O池中，利用微生物的新陈代谢作用去除污水中的大部分污染物，如酚、氰化物、COD、BOD_5、NH_3-N。A/O池出水经二沉池泥水分离后，上清液依次自流进入混合反应池、混凝沉淀池，在混合反应池投加混凝剂来进一步去除SS和COD，确保出水达标。混凝沉淀池上清液自流进入排放水池暂存，部分出水回用，多余部分泵送去熄焦。

污水处理系统产生的污泥主要有生化系统剩余污泥和混凝沉淀化学污泥。剩余污泥经浓缩后，通过剩余污泥泵送入压滤机进行脱水处理，泥饼外运处置；混凝沉淀池化学污泥通过混凝污泥泵送至浓缩池；气浮池浮渣排入浮渣池暂存，定期外运至焦炉焚烧。

系统主要产油点为隔油沉淀池分离出的重油，通过旋流泵送至油水分离器，分离后进入重油槽，然后由焦化厂回收处理。

通过对设备的消缺完善和系统的调试运行，目前各项参数基本达到设计要求，可减少COD的排放量87.6吨/年，实现较好的环境效益和社会效益。

单元4 煤气中硫化氢的脱除

高温炼焦原料中的硫,在炼焦过程中30%~40%以气态硫化物形式进入焦炉煤气中。煤气中的硫化物按其化合状态可分为两类:一类是硫的无机化合物,主要是硫化氢(H_2S),根据原料煤含硫量不同,H_2S一般为4~10g/m³;另一类是硫的有机化合物,如二硫化碳(CS_2)、硫氧化碳(COS)、噻吩(C_4H_4S)等。有机硫化物含量较少,在0.3g/m³左右,这些有机硫化合物,在较高温度下进行变换反应时,几乎全部转化成硫化氢,故煤气中硫化氢所含硫约占煤气中硫总量的90%以上。

硫化氢是具有刺鼻性臭味的无色气体,其密度为1.539g/m³,硫化氢及其燃烧产物二氧化硫(SO_2)对人体均有毒性,在空气中含0.1%硫化氢就能使人致命,硫化氢燃烧产生的SO_2造成大气污染,形成酸雨。

含硫化氢、氰化氢的煤气在处理输送过程中,会腐蚀设备和管道,生成的铁锈中含有$(NH_4)_4[Fe(CN)_6]$及FeS_x、硫等。

含硫化氢的焦炉煤气,若用作合成原料气,会造成催化剂中毒;用于冶炼优质钢,会降低钢的质量。

焦炉煤气中的硫化氢可以转化成硫黄。

脱除煤气中硫化氢的方法很多,按脱硫剂的物理形态不同,分为干法和湿法两大类,湿法脱硫按溶液的吸收和再生性质又分为湿法氧化法、化学吸收法、物理吸收法以及物理-化学吸收法。

(1) 湿法氧化法 湿法氧化法是借助于吸收溶液中载氧体的催化作用,将吸收的硫化氢氧化成硫黄,从而使吸收液得到再生。该法主要有改良ADA法、栲胶法、氨水催化法、PDS法和HPF法等。

(2) 化学吸收法 化学吸收法系以弱碱性溶液为吸收剂,与硫化氢进行化学反应而形成有机化合物,当吸收富液温度升高、压力降低时,该化合物即分解放出硫化氢。烷基醇胺法、碱性盐溶液法即属于这类方法。

(3) 物理吸收法 物理吸收法常用有机溶剂作吸收剂,其吸收硫化物完全是一种物理过程,当吸收富液压力降低时,则放出硫化氢。属于这类方法的有冷甲醇法、聚乙二醇二甲醚法、碳酸丙烯酯法以及早期的加压水洗法。

(4) 物理-化学吸收法 物理-化学吸收法的吸收液由物理溶剂和化学溶剂组成,因而有物理吸收和化学反应两种性质,主要有环丁砜法、常温甲醇法等。

本单元针对焦炉煤气的成分和特性,以及甲醇合成工艺气对脱硫的技术要求着重论述湿法氧化法脱硫过程。

知识点1 栲胶法脱硫

栲胶法脱硫是20世纪70年代在改良ADA法的基础上进行改进研究成功的,80年代应用于焦炉煤气的脱硫。该法的气体净化度、溶液硫容量、硫回收率等主要技术指标,均可与ADA法相媲美。它突出的优点是运行费用低、无硫黄堵塔问题,是目前焦化厂使用较多的脱硫方法之一。

1. 栲胶的化学性质

栲胶是由植物的秆、叶、皮及果的水萃取液熬制而成，其主要成分是丹宁。由于来源不同，丹宁的成分也不一样，大体上可分为水解型和缩合型两种，它们大都是具有酚式结构的多羟基化合物，有的还含有醌式结构。大多数栲胶都可用来配制脱硫液，而以橡碗栲胶最好，其主要成分是多种水解型丹宁。

M2-4 栲胶法脱硫

2. 栲胶法脱硫剂

工业生产使用的栲胶法脱硫剂溶液组分如表 2-2 所示。

表 2-2　工业生产使用的栲胶法脱硫剂溶液组分

溶液类别	总碱度/(mol/L)	Na_2CO_3 含量/(g/L)	栲胶/(g/L)	$NaVO_3$ 含量/(g/L)
稀溶液	0.4~0.5	3~4	3~4	2~3
浓溶液	0.75~0.85	6~8	8.4	7.0

焦炉煤气脱硫一般采用稀溶液，pH 值在 8.5~9。

3. 栲胶法脱硫的原理

① 在脱硫塔中脱硫液吸收焦炉煤气中的 H_2S，并生成 NaHS（或 NH_4HS）。

$$Na_2CO_3 + H_2S = NaHS + NaHCO_3$$

② 五价的钒配合物离子氧化 HS^- 析出硫黄，五价钒被还原成四价钒。

$$2V^{5+} + HS^- = 2V^{4+} + H^+ + S\downarrow$$

同时醌态栲胶氧化 HS^- 亦析出硫黄，醌态栲胶被还原成酚态栲胶。

$$TQ(醌态) + HS^- = THQ(酚态) + S\downarrow$$

③ 酚态栲胶被空气氧化成醌态，同时生成 H_2O_2，并把 V^{4+} 氧化成 V^{5+}；与此同时，由于空气的鼓泡作用，把硫微粒凝聚成硫泡沫，并在液面上富集、分离。

$$2THQ(酚态) + O_2 = 2TQ(醌态) + H_2O_2$$

$$TQ(醌态) + V^{4+} + 2H_2O = THQ(酚态) + V^{5+} + OH^-$$

④ H_2O_2 氧化 V^{4+} 和 HS^-。

$$H_2O_2 + 2V^{4+} = 2V^{5+} + 2OH^-$$

$$H_2O_2 + HS^- = H_2O + S\downarrow + OH^-$$

⑤ 如有 NaHS（或 NH_4HS）进入再生槽（塔）中，HS^- 在被氧化成单质的同时，还将被空气氧化成 $S_2O_3^{2-}$，进而氧化成 $S_2O_4^{2-}$。为尽量减少该副反应，除要求脱硫液中的栲胶和钒离子浓度较高外，还要求富液在富液槽中有足够的停留时间（硫容 200mg/L，约需半小时），以保证 HS^- 在此尽可能被氧化（又称为"熟化"）成单质硫，使生成 $S_2O_3^{2-}$、$S_2O_4^{2-}$ 的副反应生成率控制在 3% 左右。

4. 操作条件讨论

（1）碱度　溶液的总碱度与其硫容量呈线性关系，因而提高总碱度是提高硫容量的有效途径，一般处理低硫原料气时，采用溶液总碱度为 0.4~0.5mol/L，而对高硫含量的原料气则采用 0.75~0.85mol/L 的总碱度。

（2）$NaVO_3$ 含量　$NaVO_3$ 起加快反应速率的作用，其含量取决于脱硫液的操作硫容量，即与富液中的 HS^- 浓度符合化学反应计量关系。应添加的理论浓度可与液相中 HS^- 物质的量浓度相当，但在配制时往往过量，控制过量系数在 1.3～1.5。

（3）栲胶浓度　栲胶在脱硫过程中的作用与 ADA 相同均是起载氧的作用，是氧载体，栲胶浓度应与溶液中钒含量存在着化学反应计量关系，从配合作用考虑，要求栲胶浓度与钒浓度保持一定的比例，根据实践经验，比较适宜的栲胶与钒的比例为 1.1～1.3。

（4）温度　常温范围内，H_2S、CO_2 脱除率及 $Na_2S_2O_3$ 生成率与温度关系不敏感。再生温度在 45℃ 以下，$Na_2S_2O_3$ 生成率低，超过 45℃ 时则急剧升高。通常吸收与再生在同一温度下进行，为 30～40℃。

（5）CO_2 的影响　栲胶脱硫液具有相当高的选择性。在适宜的操作条件下，它能从含 99% 的 CO_2 原料气中将 200mg/m^3 的 H_2S 脱除至 45mg/m^3 以下。但由于溶液吸收 CO_2 后会使溶液的 pH 值降低，使脱硫效率稍有降低。

知识点 2　HPF 法脱硫

HPF 法脱硫选择使用 HPF（醌钴铁类）复合型催化剂，可使焦炉煤气的脱硫效率达到 99% 左右。HPF 脱硫的催化剂是由对苯二酚（H）、PDS（双核酞菁酞六磺酸铵）、硫酸亚铁（F）组成的水溶液，其中还含有少量的 ADA、硫酸锰、水杨酸等助催化剂，关于 HPF 脱硫催化剂的催化作用机理目前尚在进一步研究之中，各组分在脱硫溶液的参考浓度为：H（对苯二酚）为 0.1～0.2g/L；PDS 为 (4～10)×10^{-6}（质量分数）；F（硫酸亚铁）为 0.1～0.2g/L；ADA 为 0.3～0.4g/L，其他组分的最佳含量仍在探索中。

1. HPF 法脱硫的基本反应

① 脱硫反应。

$$NH_3 + H_2O \rightleftharpoons NH_4OH$$
$$NH_4OH + H_2S \rightleftharpoons NH_4HS + H_2O$$
$$NH_4OH + HCN \rightleftharpoons NH_4CN + H_2O$$
$$NH_4OH + CO_2 \rightleftharpoons NH_4HCO_3$$
$$NH_4OH + NH_4HCO_3 \rightleftharpoons (NH_4)_2CO_3 + H_2O$$
$$NH_4OH + NH_4HS + (x-1)S_x \rightleftharpoons (NH_4)_2S_x + H_2O$$
$$2NH_4HS + (NH_4)_2CO_3 + 2(x-1)S \rightleftharpoons 2(NH_4)_2S_x + CO_2 + H_2O$$
$$NH_4^+ + NH_4HCO_3 \rightleftharpoons NH_4HOO^- + H_2O$$
$$NH_4HS + NH_4HCO_3 + (x-1)S \rightleftharpoons (NH_4)_2S_x + CO_2 + H_2O$$
$$NH_4CN + (NH_4)_2S_x \rightleftharpoons NH_4CNS + (NH_4)_2S_{(x-1)}$$
$$(NH_4)_2S_{(x-1)} + S \rightleftharpoons (NH_4)_2S_x$$

② 再生反应。

$$NH_4HS + 1/2 O_2 \rightleftharpoons S\downarrow + NH_4OH$$
$$(NH_4)_2S_x + 1/2 O_2 + H_2O \rightleftharpoons S_x\downarrow + 2NH_4OH$$
$$NH_4CNS \rightleftharpoons H_2N-CS-NH_2 \rightleftharpoons H_2N-CHS-NH$$
$$H_2N-CS-NH_2 + 1/2 O_2 \rightleftharpoons H_2N-CO-NH_2 + S\downarrow$$
$$H_2N-CO-NH_2 + 2H_2O \rightleftharpoons (NH_4)_2CO_3$$

$$(NH_4)_2CO_3 + H_2O \rightleftharpoons 2NH_4OH + CO_2$$

③ 副反应。

$$NH_4HS + O_2 \rightleftharpoons (NH_4)_2S_2O_3 + H_2O \quad (NH_4)_2S_2O_3 + O_2 \rightleftharpoons (NH_4)_2SO_4 + S\downarrow$$

2. HPF法脱硫工艺流程

HPF法脱硫工艺流程如图2-12所示，脱硫工段的DCS图见图2-13。从鼓风冷凝工段来的煤气，温度约55℃，首先进入直接式预冷塔，与塔顶喷洒的循环冷却水逆向接触，被冷至30～35℃；然后进入脱硫塔。

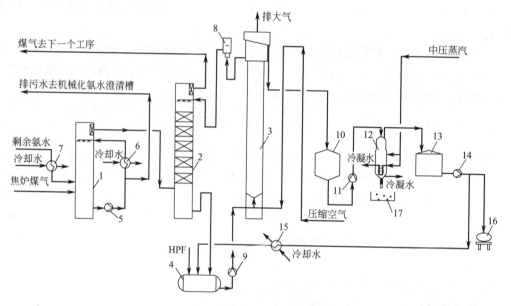

图2-12　HPF法脱硫工艺流程

1—预冷塔；2—脱硫塔；3—再生塔；4—反应槽；5—预冷塔循环泵；6—预冷循环水冷却器；7—剩余氨水冷却器；8—液位调节器；9—脱硫液循环泵；10—泡沫槽；11—泡沫泵；12—熔硫釜；13—清液槽；14—清液泵；15—清液冷却器；16—槽车；17—硫黄冷却盘

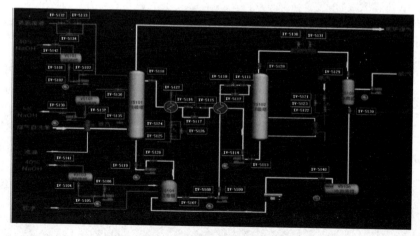

图2-13　脱硫工段的DCS图

预冷塔自成循环系统，循环冷却水从塔下部用泵抽出送至循环水冷却器，用低温水冷却至 20~25℃ 后，进入塔顶循环喷洒。采取部分剩余氨水更新循环冷却水，多余的循环水返回冷凝鼓风工段，或送往酚氰污水处理站。

预冷后的煤气进入脱硫塔，与塔顶喷淋下来的脱硫液逆流接触，以吸收煤气中的硫化氢、氰化氢（同时吸收煤气中的氨，以补充脱硫液中的碱源）。脱硫后煤气含硫化氢降至 $50mg/m^3$ 左右，送入硫酸铵工段。

吸收了 H_2S、HCN 的脱硫液从塔底流出，经液封槽进入反应槽，然后用脱硫液循环泵送入再生塔，同时自再生塔底部通入压缩空气，使溶液在塔内得以氧化再生。再生后的溶液从塔顶经液位调节器自流回脱硫塔循环吸收。

浮于再生塔顶部扩大部分的硫黄泡沫，利用位差自流入泡沫槽，经澄清分层后，清液返回反应槽，硫黄泡沫用泡沫泵送入熔硫釜，经数次加热、脱水，再进一步加热熔融，最后排出熔融硫黄，经冷却后装袋外销。系统中不凝性气体经尾气洗净塔洗涤后放空。

为避免脱硫液盐类积累影响脱硫效果，排出少量废液送往配煤。

自鼓风冷凝送来的剩余氨水，经氨水过滤器除去夹带的焦油等杂质，进入换热器与蒸氨塔底排出的蒸氨废水换热后进入蒸氨塔，用直接蒸汽将氨蒸出。同时向蒸氨塔上部加一些稀碱液以分解剩余氨水中的固定铵盐。蒸氨塔顶部的氨气经分缩器和冷凝冷却器冷凝成含氨大于 10% 的氨水送入反应槽，增加脱硫液中的碱源。

3. 主要工艺操作控制指标

入脱硫塔煤气温度/℃	30~35	游离氨/(g/L)	>5
入脱硫塔溶液温度/℃	35~40	PDS 含量/(mg/kg)	8~10
进再生塔空气压力/MPa	≥0.4	对苯二酚/(g/L)	0.15~0.2
熔硫釜内压力/MPa	≤0.41	悬浮硫/(g/L)	<1.5
釜内外压差/MPa	≤0.2	NH_4CNS 和 $(NH_4)_2S_2O_3+(NH_4)_2SO_4$ 总含量/(g/L)	<250
外排清液温度/℃	60~90		
脱硫溶液组成	pH=8~9		

4. HPF 法脱硫操作条件讨论

（1）脱硫液中盐类的积累　从反应过程可看出，脱硫过程中生成的脱硫溶液中的 $(NH_4)_2S_x$、NH_4HS，在催化再生过程中与氧反应生成 NH_4OH 后又重新参与脱硫反应，因此能降低脱硫过程中氨的消耗量。由于再生反应可控制 NH_4CNS 的生成，故脱硫液中 NH_4CNS 的增长速度较为缓慢。

（2）煤气及脱硫液温度　当脱硫液温度较高时，就会增大溶液表面上的氨气分压，使脱硫液中氨含量降低，脱硫效率随之下降。但脱硫液的温度太低也不利于再生反应的进行，因此，在生产过程中宜将煤气温度控制在 28~30℃，脱硫液温度应控制在 30~35℃。

（3）脱硫液和煤气中的含氨量　脱硫液中所含的氨由煤气供给，煤气中的含氨量对氨法 HPF 脱硫工艺操作的影响很大，当氨硫比大于 1、煤气中焦油含量不大于 $50mg/m^3$、含萘小于 $0.5g/m^3$ 时，即使单塔操作，其脱硫效率也可达 99% 左右，脱氰效率大于 80%。当氨硫比小于 1 时，即使采用双塔脱硫工艺，也必须对操作参数做适当调整后才能保证脱硫效率。当煤气含氨量小于 $3g/m^3$ 时，脱硫效率就会明显下降。

（4）液气比对脱硫效率的影响　增加液气比可使传质面迅速更新，以提高其吸收推动力，有利于脱硫效率的提高。因液气比达到一定程度后，脱硫效率的增加量并不明显，反而会增加循环泵的动力消耗，故液气比也不应太大。

（5）再生空气量与再生时间　氧化1kg硫化氢的理论空气用量不足$2m^3$，在实际再生生产中，考虑到浮选硫泡沫的需要，再生塔的鼓风强度一般控制在$100m^3/(m^2\cdot h)$。由于HPF催化剂在脱硫和再生过程中均有催化作用，故可适当降低再生空气量。但是，减少再生空气量后会影响硫黄泡沫的漂浮效果，因此在实际生产中不降低再生空气量，而是适当减少再生停留时间，再生生产操作控制在20min左右。

（6）煤气中杂质对脱硫效率的影响　生产实践表明，煤气中焦油和萘等杂质不仅对煤气的脱硫效率有较大影响，还会使硫黄颜色发黑。因此，氨法HPF脱硫工艺与其他脱硫工艺一样要求进入脱硫塔的煤气中焦油含量小于$50mg/m^3$，萘含量不大于$0.5g/m^3$。

5. 常见事故及处理

HPF法脱硫生产过程中的一些常见事故及处理措施见表2-3。

表2-3　HPF法脱硫生产过程中的一些常见事故及处理措施

事故	可能产生的原因	处理措施
脱硫效率下降（塔后H_2S含量高）	(1)液气比不当 (2)溶液成分不当 (3)再生空气量少 (4)入口H_2S含量高 (5)填料堵或有偏流现象 (6)焦油、萘含量高，将溶液污染 (7)溶液温度高或低 (8)溶液活性差副反应高，溶液黏度大，吸收不好	(1)调节循环量 (2)按分析情况具体添加 (3)增加鼓风强度 (4)调整溶液循环量，提高溶液成分 (5)用稀氨水或硫化氢溶液洗涤填料或停车检修 (6)请示上级处理，排放溶液，重新制备新液 (7)调节溶液温度合乎规定 (8)加大脱硫液的排放，提高氨含量，加大催化剂量，并补充一部分新液
再生塔跑液	(1)空压机换车未减小循环量 (2)去脱硫塔的管道半堵或堵塞 (3)再生塔硫黄泡沫管道堵塞 (4)出口溶液管上阀门坏 (5)调节不当跑液	(1)在换空压机时或开空压机时要减小循环量，空压机正常后再逐渐加大循环量 (2)停车处理 (3)降低再生塔液位检修溢流管 (4)开启调节用手动控制；停车更换 (5)加强责任心
硫黄泡沫少	(1)溶液温度过低 (2)吹风强度过小 (3)溶液成分失调 (4)煤气中杂质较多，污染溶液	(1)提高溶液温度 (2)提高空气压力，适当调节流量 (3)按分析情况添加 (4)请示上级，联系电捕焦油器岗处理
再生塔断空气	(1)仪表调节失灵 (2)空气压力不够 (3)空气管道堵或塔内盘管眼堵 (4)空气管内积水冬天冻住 (5)空压机坏	(1)改用手动调节 (2)提高空气压力 (3)查明原因处理，将空气猛开几次，降低空气压力，用溶液溶垢 (4)找到原因用蒸汽吹 (5)倒换空压机

【知识拓展】 焦炉煤气干法脱硫技术

干法脱硫工艺是利用固体吸收剂脱除煤气中的硫化氢，同时脱除氰化物及焦油雾等杂质。最早应用于煤气的干法脱硫技术是以沼铁矿为脱硫剂的氧化铁脱硫技术。之后，随着煤气脱硫活性炭的研究成功及其生产成本的相对降低，活性炭脱硫技术也开始被广泛应用。干法脱硫多用于精脱硫，对无机硫和有机硫都有较高的净化度。不同的干法脱硫剂，在不同的温区工作，由此可划分为低温（常温和低于100℃）脱硫剂、中温（100～400℃）脱硫剂和高温（>400℃）脱硫剂。我国有关院所开发成功多种型号的低温、中温脱硫剂，西北化工研究院开发成功高温脱硫剂。干法脱硫由于设备简单、操作平稳、脱硫精度高，已被各种原料气的大中小型氮肥厂、甲醇厂、城市煤气厂、石油化工厂等广泛采用，对天然气、半水煤气、变换气、炭化气、各种燃料气进行脱硫，都有良好的效果。特别是在常低温条件下使用的、易再生的脱硫剂将会有非常广泛的应用前景。但干法脱硫的缺点是由于气固吸附反应速度较慢，工艺运行所需设备一般比较庞大，且需多个设备进行切换操作，而且脱硫剂不易再生，运行费用增高，劳动强度大，不能回收成品硫，废脱硫剂、废气、废水严重污染环境；干法脱硫剂的硫容量有限，对含高浓度硫的气体不适应，需要先用湿法粗脱硫后，再用干法精脱把关。

 【知识拓展】 "真空碳酸钾法煤气脱硫——克劳斯炉制硫黄"工艺在邯钢焦化厂的应用

邯钢焦化厂煤气脱硫采用"真空碳酸钾法煤气脱硫——克劳斯炉制硫黄"工艺，该套装置设计处理煤气量为10万 m^3/h，脱除的 H_2S 采用双克劳斯炉生产纯度>99.5%的硫黄，年产硫黄5000余吨。

"真空碳酸钾法煤气脱硫——克劳斯炉制硫黄"工艺系统可以分成两部分，即煤气脱硫部分和硫黄回收部分，前一部分脱除煤气中的 H_2S 完成对洁净燃气的要求；后一部分将酸气进入克劳斯炉系统反应生产硫黄，作为产品进行销售，具有较高的经济价值，并满足节能减排的要求。

其工艺特点如下：

(1) 脱硫、脱氰效率高，H_2S 含量可由塔前的 $4\sim 6g/m^3$ 脱除到塔后 $0.20g/m^3$ 以下。

(2) 脱硫剂采用KOH成本低，操作简单。

(3) 富液再生采用真空解吸法，操作温度低，因系统中氧含量少副反应速度慢，生成的废液非常少，可进行生化处理。

(4) 富液再生的大部分热源为横管初冷器余热水，节省能源。

(5) 再生温度低，腐蚀弱，吸收塔、再生塔及大部分设备材质为碳钢，投资省。

(6) 硫回收采用酸气部分燃烧法与两段转化的克劳斯工艺流程，H_2S 的转化率达96%，所得产品固体硫黄的纯度高达99.50%。

(7) 设置废热锅炉及换热器,最大限度地利用过程气的余热,节省了能源,提高了整个装置的热效率。

(8) 可使酸气中的 NH_3、HCN、烃类化合物完全分解或燃烧,避免了铵盐和积炭对催化剂的影响。

(9) 克劳斯尾气返回吸煤气管道,不污染大气,而尾气中剩余 H_2S 还可继续回收,可燃成分也得到利用。

(10) 脱硫塔上段加入分解剩余氨水中固定铵盐所需的碱液(NaOH),进一步脱除煤气中的 H_2S,达到一种原料两种用途的目的。

根据河北省环境监测中心站验收监测报告,邯钢焦炉煤气脱硫系统在生产正常运行期间,出口硫化氢最大排放浓度为 $182mg/m^3$,平均为 $161.83mg/m^3$,达到了《清洁生产标准 炼焦行业》(HJ/T 126—2003)表3中一级标准($\leqslant 200mg/m^3$)和设计要求。按照年运行8760小时计算,脱硫工程投运后,折合年减少排放二氧化硫3227.6吨。

单元5 煤气中粗苯的回收

焦炉煤气一般含苯族烃 $30\sim 45g/m^3$,经回收苯族烃后焦炉煤气中苯族烃降到 $2\sim 4g/m^3$。

粗苯是由多种芳烃和其他化合物组成的复杂混合物。粗苯中主要含有苯、甲苯、二甲苯和三甲苯等芳香烃,此外,还含有不饱和化合物、硫化物、饱和烃、酚类和吡啶碱类。当用洗油回收煤气中的苯族烃时,粗苯中尚含有少量的洗油轻质馏分。

粗苯的组成取决于炼焦配煤的组成及炼焦产物在炭化室内热解的程度。

粗苯中各主要组分均在180℃前馏出,180℃后的馏出物称为溶剂油。在测定粗苯中各组分的含量和计算产量时,通常将180℃前馏出量当作100%来计算,故以其180℃前的馏出量作为鉴别粗苯质量的指标之一。

粗苯在180℃前的馏出量取决于粗苯工段的工艺流程和操作制度。180℃前的馏出量愈多,粗苯质量就愈好。一般要求粗苯180℃前馏出量在93%～95%。

粗苯是黄色透明的油状液体,比水轻,微溶于水。在储存时,由于低沸点不饱和化合物的氧化和聚合所形成的树脂状物质能溶解于粗苯中,使其颜色变暗。粗苯易挥发易燃,闪点为12℃,初馏点为40～60℃。粗苯蒸气在空气中的浓度达到1.4%～7.5%(体积分数)范围时,能形成爆炸性混合物。

1. 回收苯族烃的方法

从焦炉煤气中回收苯族烃采用的方法有洗油吸收法、固体吸附法和深冷凝结法。其中洗油吸收法工艺简单、经济,得到广泛应用。

(1) 洗油吸收法 洗油吸收法是用洗油在吸收塔中吸收煤气中的苯族烃,再将吸收了苯族烃的洗油送至脱苯蒸馏装置中,以提取粗苯,脱苯后的洗油经冷却后重新送至吸收塔循环使用。

M2-5 煤气中粗苯的回收

依据操作压力分为加压吸收法、常压吸收法和负压吸收法。

(2) 固体吸附法　固体吸附法采用具有大量微孔组织和很大吸收表面积的活性炭或硅胶作吸附剂,吸附剂吸收煤气中的粗苯。

(3) 深冷凝结法　深冷凝结法把煤气冷却到 $-50\sim-40℃$,从而使苯族烃冷凝冷冻成固体,将其从煤气中分离出来。该法我国尚未采用。

2. 洗油吸收煤气中苯族烃的计算

在平衡状态下 a 与 C 之间的关系式为

$$a = 0.446 \frac{C M_m p_0}{p}$$

或 $C = 2.24 \dfrac{ap}{M_m p^\ominus}$

式中　a——苯族烃在煤气中的浓度,g/m^3;
　　　p——煤气的总压力,kPa;
　　　$p^\ominus$——在回收温度下苯族烃的饱和蒸气压,kPa;
　　　M_m——洗油的分子量;
　　　C——洗油中粗苯的含量（质量分数）,%。

3. 吸收苯族烃的工艺流程

用洗油吸收煤气中的苯族烃所采用的洗苯塔虽有多种形式,但工艺流程基本相同。填料塔吸收苯族烃的工艺流程见图 2-14,洗苯工段的 DCS 图见图 2-15。

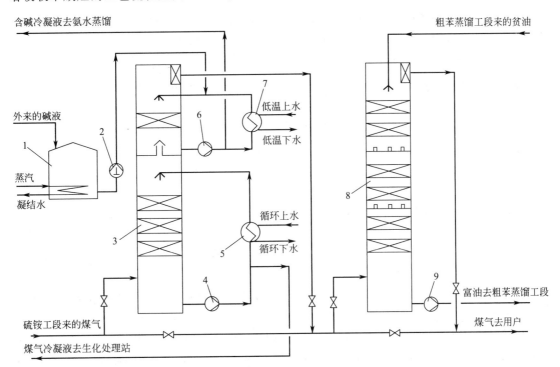

图 2-14　填料塔吸收苯族烃的工艺流程

1—碱液槽；2—碱液泵；3—终冷塔；4—下段喷洒液循环泵；5—下段循环喷洒液冷却器；6—上段喷洒液循环泵；
7—上段循环喷洒液冷却器；8—洗苯塔；9—富油泵

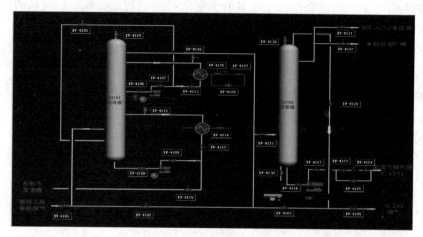

图 2-15　洗苯工段的 DCS 图

来自饱和器后的煤气经最终冷却器冷却到 25~27℃ 后（或从洗氨塔后来的 25~28℃ 煤气），依次通过两个洗苯塔，塔后煤气中苯族烃含量一般为 2~4g/m³。温度为 27~30℃ 循环洗油（贫油）用泵送至顺煤气流向最后一个洗苯塔的顶部，与煤气逆向沿着填料向下喷洒，然后经过油封管流入塔底接收槽，由此用泵送至下一个洗苯塔。按煤气流向，第一个洗苯塔底流出的含苯量约 2% 的富油送至脱苯装置。脱苯后的贫油经冷却后再回到贫油槽循环使用。

在最后一个洗苯塔喷头上部设有捕雾层，以捕集煤气夹带的油滴，减少洗油损失。洗苯塔下部设置的油封管（也叫 U 形管）起防止煤气随洗油窜出的作用。

4. 影响苯族烃吸收的因素

煤气中的苯族烃在洗苯塔内被吸收的程度称为回收率。可用下式表示：

$$\eta = 1 - \frac{a_2}{a_1}$$

式中　η——粗苯回收率，%；

a_1，a_2——洗苯塔入口煤气和出口煤气中苯族烃的含量，g/m³。

粗苯回收率，是评价洗苯操作好坏的重要指标，一般为 93%~95%。

回收率的大小取决于下列因素：吸收温度、洗油的吸收能力及循环油量、贫油含苯量、吸收表面积、煤气压力和流速等。

（1）吸收温度　吸收温度系指洗苯塔内气液两相接触面的平均温度。它取决于煤气和洗油的温度，也受大气温度的影响。

当煤气中苯族烃的含量一定时，温度愈低，洗油中与其平衡的粗苯含量愈高；温度愈高，洗油中与其平衡的粗苯含量则显著降低。

当入塔贫油含苯量一定时，洗油液面上苯族烃的蒸气压随吸收温度升高而增高，吸收推动力则随之减小，致使洗苯塔后煤气中的苯族烃含量 a_2（塔后损失）增加，粗苯的回收率 η 降低。

吸收温度不宜过高，但也不宜过低。当低于 15℃ 时，洗油的黏度将显著增加，使洗油输送及其在塔内均匀分布和自由流动都发生困难。当洗油温度低于 10℃ 时，还可能从油中析出固体沉淀物。因此适宜的吸收温度为 25℃ 左右，实际操作温度波动于 20～30℃ 之间。

为了防止煤气中的水汽冷凝而进入洗油中，操作中洗油温度应略高于煤气温度。一般规定洗油温度在夏季比煤气温度高 2℃ 左右，冬季高 4℃ 左右。

为保证适宜的吸收温度，自硫酸铵工段来的煤气进洗苯塔前，应在最终冷却器内冷却至 18～28℃，贫油应冷却至低于 30℃。

（2）洗油的吸收能力及循环油量　循环洗油量宜按 $1m^3$ 煤气 1.6～1.8L 确定，此值称为油气比。

由于石油洗油的分子量比焦油洗油大，因此当用石油洗油从煤气中吸收同一数量的苯族烃时，所需循环洗油量要比焦油洗油约大 30%。

（3）贫油含苯量　贫油含苯量是决定塔后煤气含苯族烃量的主要因素之一。当其他条件一定时，入塔贫油中粗苯含量越高，则塔后损失越大。

贫油含苯量一般控制在 0.2%～0.4%。

（4）吸收表面积　为使洗油充分吸收煤气中的苯族烃，必须使气液两相之间有足够的接触表面积（即吸收面积）和接触时间。对于填料塔，吸收面积是塔内被洗油润湿的填料表面积。接触时间是上升煤气在塔内与洗油淋湿的填料表面接触的时间。被洗油润湿的填料表面积越大，则煤气与洗油接触的时间越长，吸收过程进行得越完全。

（5）煤气压力和流速　当增大煤气压力时，扩散系数 D_g 将随之减小，因而使吸收系数有所降低。但随着压力的增加，煤气中的苯族烃分压将成比例地增加，使吸收推动力显著增加，因而吸收速率也将增大。在加压下进行粗苯的回收时，可以减少塔后苯族烃的损失、洗油耗用量、洗苯塔的面积等，所以加压回收粗苯是强化洗苯过程的有效途径之一。但加压煤气要耗用较多的电能和设备费用。而苯族烃的回收率提高的实际收效却不大。因此，通常在常压下操作。

【知识拓展】　固体吸附法回收苯族烃

固体吸附法是采用具有很多微孔组织和比表面积很大的活性炭或硅胶作固体吸附剂。每克活性炭的吸收表面积可达 200～1000m^2，每克硅胶则具有 450m^2 的吸收表面积。

煤气通过固体吸附剂时，苯族烃被吸附在它的表面，直至活性炭达到饱和状态，固体吸收剂的吸收能力不仅取决于它有极大的表面积，而且由于气体在毛细管中的冷凝作用，随着压力的增大，毛细管中充满的冷凝液体增多。

活性炭的吸收能力比液体吸收剂洗油大许多倍，由实验数据可知，如煤气中粗苯的浓度为 30g/m^2，吸收达到平衡时，洗油中粗苯含量为 2%～4%，而活性炭可达 30% 以上。这说明用活性炭作吸收剂，将可以使粗苯更完全地回收下来。

由于活性炭吸收粗苯时，其表面容易被煤气中焦油、硫化氢、萘和其他油类等沾污而降低和失去吸收能力，因此在吸收苯族烃前应将煤气净化至较高程度。另外，活性炭价格昂贵，因此该方法在工业上应用受到限制，而多用于实验室中作煤气的苯族烃含量的定量分析。

思考题

1. 煤气主要有哪些性质?
2. 煤气燃烧需要什么条件?
3. 什么叫爆炸和爆炸极限?产生爆炸的条件是什么?
4. 为什么要对焦炉煤气进行初步冷却?
5. 如何进行焦炉煤气的初步冷却?
6. 焦油是怎样被回收的?
7. 鼓风机在焦炉煤气初冷过程中在操作方面应注意什么?
8. 在煤气输送过程中,如何防止煤气着火和爆炸?
9. 电捕焦油器检修时蒸汽置换是怎样进行的?
10. 焦炉煤气的净化过程中为什么要脱除硫化氢?
11. 目前我国焦化厂焦炉煤气脱硫主要采用哪几种方法?
12. 催化剂的作用是什么?
13. 煤气中的硫化氢超标的影响因素是什么?
14. 煤气着火时应如何处理?
15. 煤气净化过程中为什么要回收氨?回收煤气中的氨有哪几种方法?
16. 饱和器后煤气含氨量有何要求?
17. 煤气终冷和除萘主要有哪几种流程?
18. 煤气含萘有何害处?
19. 从焦炉煤气中回收粗苯有几种方法?
20. 影响洗油吸收粗苯的主要因素有哪些?

综合练习题

一、填空题

1. 从焦炉煤气中回收粗苯的方法有_____。
2. 目前我国焦化厂焦炉煤气脱硫主要采用的方法有_____。
3. 回收煤气中的氨采用的方法有_____。
4. 焦炉煤气的爆炸极限为_____。
5. 焦炉煤气中含量最多的是_____。

二、选择题

1. 饱和器后煤气含氨的规定值是(　　)。
   A. $\leqslant 0.05 g/m^3$　　B. $\leqslant 0.06 g/m^3$　　C. $\leqslant 0.07 g/m^3$　　D. $\leqslant 0.08 g/m^3$
2. 粗苯对干煤的重量的理论产率为(　　)。
   A. 1.0%　　B. 1.2%　　C. 1.5%　　D. 1.8%
3. 横管式初冷器的阻力是(　　)。
   A. $\leqslant 1500Pa$　　B. $\leqslant 1600Pa$　　C. $\leqslant 1700Pa$　　D. $\leqslant 1800Pa$
4. 电捕焦油器的阻力不得超过(　　)。
   A. 500Pa　　B. 1000Pa　　C. 1200Pa　　D. 1500Pa
5. 合格品硫酸铵的含氮量为(　　)。

A. ≥20.1%　　　　　B. ≥20.2%　　　　　C. ≥20.4%　　　　　D. ≥20.5%

三、简答题

1. 煤气主要有哪些性质？
2. 为什么要对焦炉煤气进行初步冷却？
3. 鼓风机在焦炉煤气初冷过程中在操作方面应注意什么？
4. 电捕焦油器检修时蒸汽置换是怎样进行的？
5. 焦油是怎样被回收的？

模块三 原料气的精脱硫

精脱硫是指焦炉煤气的精制过程,是将气柜来的焦炉煤气中的有机硫与不饱和烃先经铁钼催化剂或镍钼催化剂加氢转化,变成 H_2S 与饱和烃,然后经氧化铁、氧化锌处理,将硫化物脱除到 0.1mg/m^3 以下的全过程。

单元1 原料气精脱硫的原理和方法

焦化厂内经过化产回收、脱硫净化后的焦炉煤气,其硫化氢含量在 20mg/m^3 以下,有机硫含量约 400mg/m^3。硫化物的组成和性质如下。

① 硫化氢(H_2S)无色,有毒,溶于水呈酸性,与碱作用生成盐脱除,能与某些金属氧化物作用,ZnO 脱硫正是基于这一点。

② 硫氧化碳(COS) 100mg/m^3,无色无味气体,微溶于水,与碱作用缓慢生成不稳定盐,高温下与水蒸气作用生成 H_2S 和 CO_2。

③ 二硫化碳(CS_2) $80\sim100\text{mg/m}^3$,常压常温下,无色液体,易挥发,难溶于水,可与碱溶液作用,可与氢作用,高温下与水蒸气作用生成 H_2S 和 CO_2。

④ 硫醚 $[(CH_3)_2S]$ 无气味的中性气体,400℃可分解为烯烃和 H_2S。

⑤ 噻吩(C_4H_4S) $20\sim50\text{mg/m}^3$,物理性质与苯相似,有苯的气味,不溶于水,性质稳定,500℃不分解,是最难脱出的硫化物。

硫化物是各种催化剂的毒物。对甲烷转化催化剂、甲醇合成催化剂活性有显著的影响。硫化物还会腐蚀设备和管道,给后续工段的生产带来许多危害。因此,对原料气中硫化物的清除是十分必要的。同时,在净化过程中还可得到副产品硫黄。

脱硫方法很多,通常按脱硫剂的形态把它们分成干法脱硫和湿法脱硫。采用固体吸收剂或吸附剂来脱除硫化氢或有机硫的方法称为干法脱硫。干法脱硫一般用于含硫量较低、净化度要求较高的场合。

目前,常用的干法脱硫有:活性炭法、氧化铁法、铁(钴)钼加氢-氧化锌法、氧化锰法、分子筛法等。

M3-1 原料气精脱硫的原理和方法

知识点 1　活性炭法

活性炭法脱硫分吸附法、催化法和氧化法。

① 吸附法是利用活性炭选择性吸附的特性脱硫，对脱出噻吩最有效，但因硫容量过小，使用受到限制。

② 催化法是在活性炭中浸渍了铜铁等重金属，使有机硫被催化转化为硫化氢，而硫化氢再被活性炭吸附。

③ 氧化法脱硫是最常用的一种方式，借助于氨的催化作用，硫化氢和氧硫化物被气体中的氧所氧化生成单体硫、水和二氧化碳。

M3-2　工业催化剂的基础知识

活性炭可通入过热蒸汽和热惰性气体进行再生，由于这些气体不与硫反应，可以用燃烧炉或电炉加热，调节温度至 350～400℃，通入活性炭脱硫器内，活性炭上的硫即升华成硫蒸气被热气体带走。

活性炭法能脱出 H_2S 及大部分的有机硫化物，具有常温操作、净化度高、空速大、可再生的特点。

M3-3　工业催化剂的使用

知识点 2　氧化铁法

氧化铁法是一种古老的脱硫方法，但近年又有许多改进，从常温扩大到中温和高温领域。氧化铁脱硫法特点见表 3-1。

表 3-1　氧化铁脱硫法特点

方　　法	脱硫剂	使用温度/℃	脱除对象	生成物
常温脱硫	$Fe_2O_3 \cdot H_2O$	25～35	H_2S,RSH	$Fe_2S_3 \cdot H_2O$
中温脱硫	Fe_3O_4	350～400	H_2S,RSH,COS,CS_2	FeS,FeS_2
中温脱硫	$Fe_2O_3 \cdot Na_2CO_3$	150～280	RSH,COS,CS_2	Na_2SO_4
高温脱硫	Fe	>500	H_2S	FeS,FeS_2

1. 化学反应原理

常温下氧化铁脱硫

吸收　　　　　$Fe_2O_3 \cdot H_2O + 3H_2S \rightleftharpoons Fe_2S_3 \cdot H_2O + 3H_2O$

再生　　　　　$Fe_2S_3 \cdot H_2O + 3/2O_2 \rightleftharpoons Fe_2O_3 \cdot H_2O + 3S$

中温下用 Fe_2O_3 脱硫时需先还原

还原　　　　　$3Fe_2O_3 + H_2 \rightleftharpoons 2Fe_3O_4 + H_2O$

吸收　　　　　$Fe_3O_4 + H_2 + 3H_2S \rightleftharpoons 3FeS + 4H_2O$

　　　　　　　$FeS + H_2S \rightleftharpoons FeS_2 + H_2$

再生　　　　　$3FeS + 4H_2O \rightleftharpoons Fe_3O_4 + H_2 + 3H_2S$

　　　　　　　$2FeS + 7/2O_2 \rightleftharpoons Fe_2O_3 + 2SO_2$

　　　　　　　$2Fe_3O_4 + 1/2O_2 \rightleftharpoons 3Fe_2O_3$

有机硫水解　　$CS_2 + 2H_2O \rightleftharpoons 2H_2S + CO_2$

高温下用活性金属铁脱硫时

　　　　　　　$Fe + H_2S \rightleftharpoons FeS + H_2$

2. 正常使用条件

国内两种类型氧化铁脱硫剂 ST-801 常温型、LA-1-1 中温型脱硫剂的使用和再生条件见表 3-2。

表 3-2　氧化铁脱硫剂使用和再生条件

类 型		常 温	中 温
使用	压力/MPa	0.1~3.0	0.1~1.0
	温度/℃	20~0	250~300
	空速/h^{-1}		1000~2000
	水汽/%	10	<5
	硫容/%	30	≥20
再生	压力/MPa	0.1	0.1
	温度/℃	30~60	450~550
	空速/h^{-1}	50~140	1000
	水汽/%	10	—

氧化铁法脱硫基本上可以除净 H_2S，当煤气中的 H_2S 含量高时，流程将变成湿法脱硫与氧化铁法脱硫串联使用。

知识点 3　铁（钴）钼加氢-氧化锌法

有机硫化物脱除一般比较困难，但将其加氢转化成硫化氢就可以容易脱除。铁（钴）钼加氢是含氢原料气中有机硫的预处理措施，特别是对含有噻吩的气体可将原料中的有机硫几乎全部转化成硫化氢，再用氧化锌脱硫剂将硫化氢脱除到 2×10^{-8}（体积分数）以下。

铁（钴）钼催化剂系以氧化铝为载体，由氧化铁（钴）和氧化钼组成，氧化态的铁（钴）钼加氢活性不大，须经硫化后才具有相当的活性。硫化就是采用高硫煤气将催化剂的金属组分的氧化态转化成相应的硫化态。

1. 硫化的主要反应

$$MoO_3 + 2H_2S + H_2 \Longrightarrow MoS_2 + 3H_2O$$
$$9FeO + 8H_2S + H_2 \Longrightarrow Fe_9S_8 + 9H_2O$$

脱硫条件如下：

① 气源。未经脱硫的焦炉高硫气（含量 5~7g/m^3）或低硫煤气+二硫化碳。
② 空速。一般控制在 300~600h^{-1}。
③ 温度。最高温度≤400℃，以湿点温度控制温度。
④ 压力。0.1~1.0MPa，放硫时降到 0.1~0.2MPa。

硫化时需注意底层的温度不要过热。

2. 硫化的准备

硫化就是利用焦炉气中高浓度 H_2S 或低浓度焦炉气加 CS_2 将催化剂的金属组分的氧化态转化为相应的硫化态，硫化的关键是要避免金属氧化态在与 H_2S 反应转化成硫化态之前被热氢还原。所以，催化剂硫化时，必须控制好温度与循环其中 H_2 的含量，在 H_2S 未穿透催化剂床层前,床层最高点温度不应超过230℃。

3. 硫化工艺流程

硫化工艺流程如图3-1。

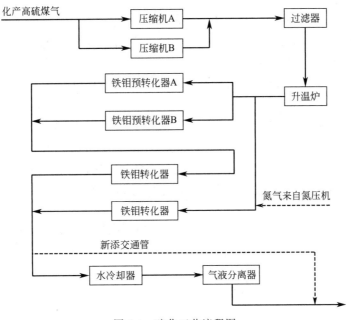

图3-1 硫化工艺流程图

4. 升温硫化及放硫

升温硫化及放硫条件如表3-3所示。

表3-3 升温硫化及放硫条件

温度/℃	升温速度/(℃/h)	压力/MPa	介质	气量/m³	H_2S/(g/m³)	时间/h	说明
常温~120	20	≤0.6	低硫焦炉气或氮气	7000~9000		6	赶吸附水
120~200	恒温	≤0.6	低硫焦炉气或氮气	7000~9000		5	赶吸附水
200	10~15	≤0.6	低硫焦炉气或氮气	7000~9000		6	放自由水
120~200	≤10	≤0.6	高硫焦炉气+CS_2	9000~11000	≤10	5	初硫化
200	恒温	<1.0	≤0.6	9000~11000	≤10	10	初硫化
200~300	恒温	<1.0	≤0.6	9000~11000	≤10	5	
300	10	<1.0	≤0.6	9000~11000	10~20	7	硫化激烈
300~370	恒温	<1.0	≤0.6	9000~11000	10~20	3	充分硫化
370~400	15	0.1~0.2	低硫煤气	9000~11000		2	放硫
400	恒温	0.1~0.2	低硫煤气			5	充分放硫

5. 硫化说明及注意事项

① 系统用氮气置换合格后(氧含量小于0.5%),引入低硫煤气进入升温炉,建立升温

流程，点燃升温炉，根据升温曲线调节燃气量，一般控制升温炉出口温度不大于床层温度50℃，床层到200℃并拉平后改入高硫煤气，控制床层最高温度≤400℃。

② 铁钼反应器床层到200℃，开始有硫化反应，为了加速硫化，系统压力可逐渐提到1.0MPa，另外开始滴加CS_2（每吨催化剂约需CS_2 65kg）。

③ 硫化时注意提温不提氢，提氢不提温的原则。

④ 硫化初期，CS_2配入后分析入口H_2S含量≤10g/m³，硫化初期，逐步增加CS_2加入量，使入口H_2S含量为10~20g/m³。

⑤ 370℃时开始有放硫反应，为了加速放硫，在370℃恒温后，压力逐步降到0.1~0.2MPa并停止加CS_2。

⑥ 硫化及放硫期间，每小时分析一次铁钼反应器进出口H_2S和H_2含量，当进出口含量基本相等时硫化结束，当出口H_2含量≤300mg/m³时，放硫结束。

⑦ 硫化结束后将压力提到0.8MPa，关闭进出口阀，使铁钼反应器保温、保压。

⑧ 床层在120℃以前主要是脱催化加吸附水的过程，故应每半小时放一次水，以后1h放一次。

⑨ 加CS_2时催化剂床层温度会有波浪形反应，应尽量拉平整个床层温度。

⑩ 催化剂床层300℃以上为主硫化期，要精心操作，切忌超温，一旦发现温升过快，应马上采取措施。停气，切气。

加CS_2时应采用氮气压入，注意密封，控制速度。

开工时如果没有硫化循环系统，则滴加CS_2进入系统时间应尽量长，使得CS_2有足够的时间分解。

升温过程中每半小时绘制一次升温曲线图。

原料气中严格控制氧含量≤0.5%。

6. 铁（钴）钼加氢转化及副反应

① 在催化剂作用下有机硫的加氢反应如下。

$$CS_2 + 4H_2 \longrightarrow 2H_2S + CH_4$$
$$COS + H_2 \longrightarrow CO + H_2S$$
$$RCH_2SH + H_2 \longrightarrow RCH_3 + H_2S$$
$$C_6H_5SH + H_2 \longrightarrow C_6H_6 + H_2S$$
$$R_4SSR_2 + 3H_2 \longrightarrow R_4H + R_2H + 2H_2S$$
$$R_4SR_2 + 2H_2 \longrightarrow R_4H + R_2H + H_2S$$
$$C_4H_8 + H_2 \longrightarrow C_4H_{10}$$
$$C_4H_4S + 4H_2 \longrightarrow C_4H_{10} + H_2S$$

② 在有机硫加氢反应的同时还有烯烃加氢生成饱和烃，有机氮化物在一定程度上转化成氨和烃的副反应。此外，当原料气中有氧存在时，发生脱氧反应；有一氧化碳和二氧化碳存在时，发生甲烷化反应。

$$CO + 3H_2 \Longleftrightarrow H_2O + CH_4$$
$$CO_2 + 4H_2 \Longleftrightarrow CH_4 + 2H_2O$$

焦炉煤气铁钼加氢催化剂的主要组分为铁和钼，外观：ϕ7mm×(5~6)mm棕褐色片状；径向抗压碎力均值≥147N/cm；堆积密度0.8~0.9kg/L。

有机硫加氢转化是一个放热反应，但因焦炉煤气中有机硫的含量较低，因此有机硫加氢转化放出的热量是微不足道的，但是其副反应都是强烈的放热反应。正常操作中主要问题是床层温度的控制，铁钼转化器采用进口冷激与床层冷激方式来控制温度。

工业上铁（钴）钼加氢转化的操作条件为：温度 350～430℃，压力 0.7～7.0MPa，空速为 500～2000h^{-1}。所需的加氢量是根据气体中含硫量多少来确定的。

知识点 4 氧化锌脱硫

氧化锌脱硫剂是一种转化吸收性固体脱硫剂，严格说，它不是催化剂而属于净化剂。能脱出硫化氢和多种有机硫（噻吩类除外），脱硫精度可达 $0.1×10^{-6}$ 以下，质量硫容可达 10%～25%。

焦炉煤气氧化锌脱硫可分为中温氧化锌脱硫和常温氧化锌脱硫两种。

① 焦炉煤气中温氧化锌脱硫剂：

外观：白色或淡灰色条状物；

堆积密度/(kg/L)：1.0～1.3；

径向抗压碎力均值/(N/cm)：≥40；

穿透硫容：≥20%（220℃）；≥30%（350℃）。

② 焦炉煤气常温氧化锌脱硫剂：

外观：蓝灰色条状物；

堆积密度/(kg/L)：0.9～1.1；

径向抗压碎力均值/(N/cm)：≥40；

操作压力/MPa：常压～3.0；

操作温度/℃：20～50；

空速/h^{-1}：500～3000。

氧化锌脱硫剂可单独使用，也可与湿法脱硫（目前有些甲醇生产厂家采用 NHD＋氧化锌法脱出煤气中的硫化物）串联使用，有时还放在对硫敏感的催化剂前面作为保护剂。其反应如下：

$$ZnO+H_2S \Longrightarrow ZnS+H_2O$$

$$ZnO+COS \Longrightarrow ZnS+CO_2$$

$$ZnO+C_2H_5SH \Longrightarrow ZnS+C_2H_4+H_2O$$

$$ZnO+C_2H_5SH+H_2 \Longrightarrow ZnS+C_2H_6+H_2O$$

$$2ZnO+CS_2 \Longrightarrow 2ZnS+CO_2$$

当脱硫剂中添加了氧化锰、氧化铜时，也会发生类似的反应，如

$$H_2S+MnO \Longrightarrow MnS+H_2O$$

$$H_2S+CuO \Longrightarrow CuS+H_2O$$

氧化锌吸硫速率很快，吸硫层一层层下移，硫饱和层逐渐由进口端移向出口端，饱和区接近出口处就会有 H_2S 漏出。一般情况下，氧化锌脱硫剂的硫含量为 18%～20%，进口端较高为 20%～30%，出口端含量较低，常将氧化锌脱硫剂分配在两个双层设备内。更换时只换入口侧的脱硫剂，而将料出口侧移作入口侧。新换入的氧化锌在出口侧起保证净化作用。氧化锌脱硫槽如图 3-2 所示。

工业生产中，氧化锌脱硫的操作温度较高，一般在 200～400℃。这主要是由于普通氧

化锌脱硫剂在常温下反应速率慢,吸收硫化氢的效果较差。

知识点5　铁锰脱硫剂脱硫

铁锰脱硫剂是以氧化铁和氧化锰为主要组分,并含有氧化锌等促进剂的转化吸收剂型双功能脱硫剂。

焦炉煤气铁锰脱硫剂(主要活性组分Mn+Fe+Zn含量≥35%)。

外观:黑褐色条形;
几何尺寸:ϕ4mm×(8~15)mm;
侧压抗破碎强度:≥40N/cm;
堆积密度:1.0~1.1kg/L;
磨耗率:≤10%;
脱硫活性:≤0.1mg/m^3;
操作工作硫容:≥18%。

铁锰脱硫剂使用前进行还原,Fe_2O_3和MnO_2分别被还原成为具有脱硫剂活性的Fe_3O_4和MnO,其反应如下:

$$3Fe_2O_3 + H_2 = 2Fe_3O_4 + H_2O$$
$$MnO_2 + H_2 = MnO + H_2O$$

在铁锰脱硫剂上,RSH、RSR、COS、CS_2等有机硫化物可进行氢解反应生成硫化氢,RSH、RSR也可发生热解反应而生成硫化氢和烯烃,氢解和热解生成的硫化氢被脱硫剂所吸收,其反应如下:

$$Fe_3O_4 + H_2 + 3H_2S = 3FeS + 4H_2O$$
$$H_2S + MnO = MnS + H_2O$$
$$H_2S + ZnO = ZnS + H_2O$$

RSH、RSR也可直接被Fe_2O_3或MnO吸收成FeS和MnS而被脱除。

铁锰脱硫剂的正常使用条件见表3-4。

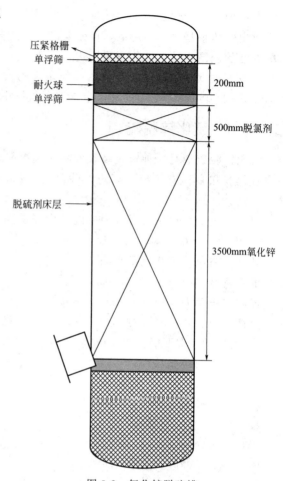

图3-2　氧化锌脱硫槽

表3-4　铁锰脱硫剂的正常使用条件

类型		常温	中温	类型		常温	中温
使用	压力/MPa	0.1~3.0	0.1~1.0	再生	压力/MPa	0.1	0.1
	温度/℃	20~40	250~300		温度/℃	30~60	450~550
	空速/h^{-1}		1000~2000		空速/h^{-1}	50~140	1000
	水汽/%	10	<5		水汽/%	10	—
	硫容/%	30	≥20				

知识点 6　焦炉煤气各种脱硫方法的比较

焦炉煤气各种脱硫方法的比较见表 3-5。

表 3-5　焦炉煤气各种脱硫方法的比较

方　　法	活性炭法	氧化铁法	铁钼加氢	氧化锌法	氧化锰法
硫化物	H_2S、COS、RSH	H_2S、CS_2、COS、RSH	C_4H_4S、CS_2、COS、RSH	H_2S、CS_2、COS、RSH	H_2S、CS_2、COS、RSH
出口总硫/(cm^3/m^3)	1	1	1	3	0.1~0.2
脱硫温度/℃	340~400	常温	350~450	400	350~400
操作压力/MPa	0~3.0	0~0.3	0.7~7.0	0~2.0	0~5.0
空速/h^{-1}		400	500~1500	1000	400
硫容量/%	2		转化为硫化氢	10~14	15~25
再生	过热蒸汽再生	硫化氢溶液或过热蒸汽再生	析炭后可再生	不再生	不再生
杂质影响	水蒸气	C_3以上烃类	CO CO_2	CO	水蒸气

当焦炉煤气中含有 CO_2、CO 浓度高时,选择加氢脱硫剂时应注意以下几点。

① 对噻吩类有机硫加氢分解性能好的加氢催化剂,会诱导碳氧化物发生对加氢工艺不利的强放热的甲烷化反应,应尽可能避免或减轻 CO 和 CO_2 在加氢催化剂上发生甲烷化反应。

② 应尽可能提高噻吩、硫醚、硫醇等有机硫的加氢转化率。

③ 应避免 CO 和不饱和烯烃在加氢转化时分解析碳而降低催化剂的活性。

知识点 7　NHD 法脱硫的工艺流程

NHD 溶剂是一种有机溶剂(聚乙二醇二甲醚),NHD 脱硫的主要目的是脱除经过转化的焦炉气和来自气化的水煤气中的 H_2S、COS 等,使混合气中 H_2S 含量<0.1cm^3/m^3,然后把富 H_2S 的酸性气体送去硫回收装置。NHD 法脱硫的工艺流程如图 3-3 所示。

来自转化工段的转化气和来自煤气压缩机的水煤气混合进入 NHD 脱硫塔气分离器分离掉气体中夹带的水后,进入脱硫塔下部,在塔内自下而上与 NHD 溶液逆流接触,NHD 吸收了混合气中几乎全部的 H_2S 气体,从塔顶出来的脱硫气中的 H_2S 含量<10cm^3/m^3,然后去压缩工段。

脱硫塔底排出的 NHD 富液约 30℃,经透平减压到 1.0MPa 回收能量后,进入脱硫高压闪蒸槽,为回收高闪蒸气中 H_2 和 CO,将气体送去原料气压缩机;从高闪槽排出的 NHD 富液与 NHD 贫液换热温度升至 125℃,减压至 0.6MPa 进入脱硫低压闪蒸槽进行二次闪蒸。闪蒸出来闪蒸气直接进入再生塔,底部排出的闪蒸液再次与从再生塔底出来的 NHD 贫液换热升温至 130℃左右,去再生塔上部进行再生。

再生塔底部设有蒸汽煮沸器一台,由低压蒸汽加热 NHD 溶液,使塔中 NHD 溶液中的气体全部解吸出来,得到约 149℃的 NHD 贫液。贫液经贫富液换热器Ⅱ冷却到 139℃,然后由贫液泵加压送入贫富液换热器Ⅰ中被冷却至 46℃,最后在贫液水冷器中被一次水冷却

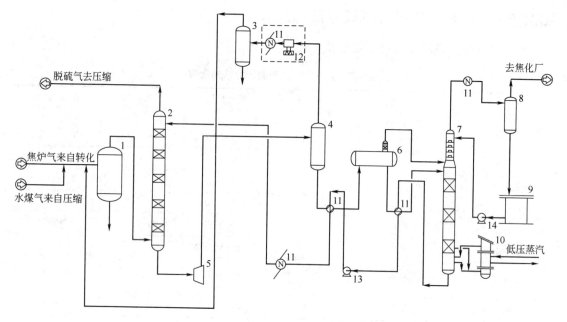

图 3-3 NHD法脱硫的工艺流程
1—进塔气分离器；2—脱硫塔；3—闪蒸气分离器；4—脱硫高压闪蒸槽；5—透平联合机组；6—闪蒸槽；
7—再生塔；8—气液分离器；9—回流水槽；10—蒸汽煮沸器；11—冷却器（换热）；12—闪蒸气压缩机；
13—贫液泵；14—回流水泵

至24℃，进入脱硫塔循环使用。

出再生塔填料段的酸性气经塔上部的旋流板，用塔顶回流的40℃的冷凝液洗涤冷却到106℃左右进入酸性气水冷器冷却到40℃，经酸性气分离器分离掉酸性气中夹带水分后，去焦化厂的硫回收装置。

NHD脱硫系统配有NHD溶液贮槽和地下槽，供NHD脱硫系统开停车和检修时排放和添加NHD溶剂。

单元2 原料气精脱硫的工艺流程

M3-4 原料气精脱硫的工艺流程

原料气精脱硫的工艺流程如图3-4所示。焦炉煤气从气柜送出约1.5kPa，经往复式焦炉煤气压缩机三段压缩后（约2.5MPa、120℃）送到精脱硫Ⅰ段。焦炉煤气先经过两台串联的焦油过滤器，将焦炉煤气中夹带的冷凝水、焦油吸附过滤除去。脱油焦炉煤气进入并联的初预热器，被高温转化气加热至300~350℃。进入铁钼预转化器使有机硫、烯烃与氢发生加氢转化反应，另外，气体中的氧气与氢反应生成水。加氢转化后的气体进入氧化铁脱硫槽，除去焦炉煤气中绝大部分的H_2S，再进入铁钼转化器，焦炉煤气中残余的有机硫和不饱和烃，再次与氢发生加氢转化反应，生成H_2S及饱和烃，铁钼转化器底部出来的焦炉煤气进入中温氧化锌脱硫槽。

从氧化锌脱硫槽出来的焦炉煤气要达到总S含量≤0.1cm^3/m^3，总C_1含量<0.1cm^3/m^3，送往转化岗位。

模块三 原料气的精脱硫

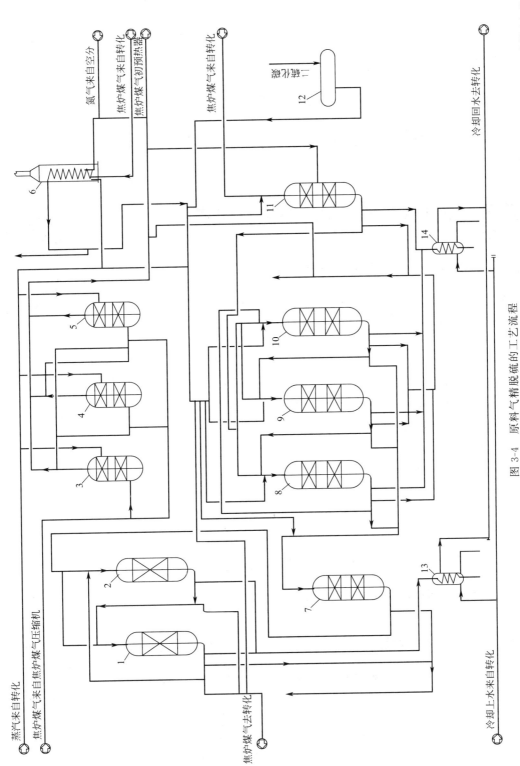

图 3-4 原料气精脱硫的工艺流程

1,2—氧化锌脱硫槽；3,4—过滤器；5—预脱硫槽；6—升温炉；7—二级加氢转化器；8~10—中温脱硫槽；11—一级加氢转化器；12—二硫化碳槽；13,14—取样冷却器

精脱硫岗位开车前温度不够时，由焦炉煤气压缩机送 N_2（后转送焦炉煤气）经升温炉提供热量，气体循环升温。

焦炉煤气精脱硫后再脱除 Cl^- 和羰基金属，焦炉煤气中含有的 Cl^- 致催化剂活性大幅度下降，其对转化与合成催化剂的危害更甚于硫，此外，Cl^- 具有很高的迁移性，其造成催化剂中毒往往是全床性的，Cl^- 还会严重腐蚀生产设备与管道。

焦炉煤气中微量的羰基金属（羰基铁、羰基镍）等杂质也会导致甲醇合成催化剂中毒失活。

因此，焦炉煤气精脱硫后必须深度净化脱除氯和羰基金属，防止其对甲醇合成催化剂的毒害。

单元 3　原料气精脱硫操作参数及调节

知识点 1　原料气精脱硫主要操作指标

指标名称	指标值
铁钼预转化器入口压力	≤2.2MPa
各设备阻力	≤0.05MPa
系统阻力	≤0.1MPa
铁钼预转化器入口温度	300～350℃
铁钼催化剂层热点温度	350～420℃
二氧化锰催化剂层热点温度	350～450℃
氧化锌脱硫剂	350～400℃
氧化锌脱硫槽出口 H_2S	≤0.1mg/m³
升温炉燃烧煤气消耗量	≤540m³/h
升温炉炉腔温度	≤650℃
升温炉管内温度	≤500℃

M3-5　原料气精脱硫操作参数及调节

知识点 2　原料气精脱硫事故原因及处理

原料气精脱硫事故原因及其处理见表 3-6。

表 3-6　原料气精脱硫事故原因及其处理

序号	不正常现象	原因	处理方法
1	发生着火爆炸	(1)设备管道煤气泄漏，并且温度高 (2)操作失误超温超压等	(1)切断气源，用蒸汽、N_2 或灭火器材进行灭火 (2)做紧急停车处理，系统卸压与生产系统隔离，同时采取积极措施进行灭火或抢救
2	升温炉熄火	(1)断燃烧煤气 (2)燃烧管内积水 (3)调节阀故障	(1)立即关闭烧嘴燃烧气阀，查明原因。重新点火前必须进行置换合格 (2)排尽管内积水 (3)联系仪表工处理

续表

序号	不正常现象	原 因	处理方法
3	出口总硫超指标	(1)干法催化剂床层温度低 (2)催化剂硫容饱和或失活 (3)负荷过大 (4)气体质量不符合工艺要求 (5)湿法脱硫出口 H_2S 含量超指标	(1)调节焦炉煤气初预热器负荷,以提高铁钼转化器入口温度。同时关闭铁钼转化器、二氧化锰脱硫槽各冷线,提高床层温度至正常范围内 (2)打开备用槽,把温度提起来后投入生产,将原槽切除降温后更换新催化剂 (3)适当减负荷生产 (4)联系调度把气体组分稳定在指标内 (5)联系调度让湿法脱硫把 H_2S 降至 $20mg/m^3$ 以下,若不能立即降下来,则应根据情况减量或停车
4	铁钼催化剂超温	(1)入口气体中 O_2 含量超过 0.5% (2)气体成分的变化,不饱和烃及 CO 增加使烯烃饱和反应加剧,致使反应热增加 (3)入口气体温度过高	(1)联系调度把气体中 O_2 降至 0.5%以下,同时打开铁钼冷线调节,温升过快可用中压蒸汽进行压温,必要时减量生产或停车 (2)处理方法同上 (3)开初预热器副线,或入口冷线,降低入口温度

单元4　原料气精脱硫的主要设备

原料气精脱硫的主要设备及技术规格见表3-7。

M3-6　原料气精脱硫的主要设备

表3-7　原料气精脱硫的主要设备及技术规格

序号	设备名称	技术规格
1	铁钼预转化器	内径:2500mm H:8304mm 内装铁钼加氢转化催化剂:单层装填 装填高度:2.7m 装填量:13.3m³ 催化剂型号:JT-8(西北化工研究院) 高铝耐火球:$\phi25mm,1.47m^3$;$\phi50mm,2.98m^3$ 操作压力:2.5MPa 操作温度:350~450℃
2	铁钼转化器	内径:2500mm H:12604mm 内装铁钼加氢转化催化剂:分两层装填 每层高度:2.7m 装填量:26.5m³ 催化剂型号:JT-8(西北化工研究院) 高铝耐火球:$\phi25mm,2.95m^3$;$\phi50mm,2.98m^3$ 操作压力:2.5MPa 操作温度:350~450℃ 操作介质:焦炉煤气

续表

序号	设备名称	技术规格
3	二氧化锰脱硫槽	内径:2900mm H:15394mm 内装铁锰脱硫剂 MF-1:分两层装填 每层高度:4m 单台装填:52.84m³ 高铝耐火球:ϕ25mm,2.64m³;ϕ50mm,4.45m³ 操作压力:2.47MPa 操作温度:350~450℃ 操作介质:焦炉煤气
4	氧化锌脱硫槽	内径:1500mm H:10934mm 内装氧化锌脱硫剂:单层 装填高度:6m 单台装填量:10.6m³ 上层装:KT-405 脱氯剂(详见装填升温方案) 脱硫剂型号:KT-3(昆山市精细化工研究所) 高铝耐火球:ϕ25mm,0.53m³;ϕ50mm,0.75m³ 操作压力:2.4MPa 操作介质:焦炉煤气
5	镍钼转化器	内径:2500mm H:12604mm 内装加氢转化催化剂:分两层装填 每层高度:2.7m 单台装填量:26.5m³ 催化剂型号:JT-1(西北化工研究院) 高铝耐火球:ϕ25mm,2.95m³;ϕ50mm,2.98m³ 操作压力:2.42MPa
6	过滤器	内径:2200mm H:11480mm 内装高效吸油剂:型号 TX-1 分两层装填单层高度:2.5m 单台装填量:19m³ 陶瓷球:ϕ50mm,0.76m³ 操作压力:2.5MPa 操作温度:130℃
7	升温炉立式圆筒管式	内径:2900mm H:2192mm 内有加热管:ϕ106mm 传热面积:73m² 操作压力:管外常压 管内:1.0MPa 管外用燃料气燃烧加热 管内操作温度:40~500℃ 操作介质:管内焦炉煤气或氮气

续表

序号	设备名称	技术规格
8	取样冷却器	$\phi 400mm$ 内有冷却盘管 $A=1.0m^2$；容积 $1.1m^3$ 设计压力： 管程 0.2MPa，壳程 0.4MPa 设计温度： 焦炉煤气：450℃ 水：50℃

单元5　原料气精脱硫岗位操作法

知识点1　岗位职责

① 严格执行本岗位操作技术规程和安全规程，不违章，不违纪，确保人身、设备安全和产品质量稳定。

② 负责对各工艺数据如实记录，定时向生产调度室报告并服从调度室的指挥及安排。

③ 负责本岗位设备及所属管道阀门控制点、电气、仪表、安全防护设施等的管理。

④ 管好岗位所配工具、用具、防护器材、消防器材，以及通信联络设施和照明。

⑤ 负责本岗位所管理设备的润滑、维护保养、环境卫生清洁，严防各种跑、冒、滴、漏事故的发生。

⑥ 发现生产异常或设备故障时应及时处理，并将发生的原因和处理经过及时向班长和生产调度室汇报，并如实记录。

⑦ 负责在《岗位操作记录报表》上填写各项工艺技术参数；在《生产作业交接班记录》中填写生产记录。

⑧ 按交接班制度认真做好交接班。

⑨ 服从班组和各部门分配工作，努力完成各项工作任务。

知识点2　岗位操作技术规程

1. 原始开车

(1) 系统检查　清理安装现场，按照流程核对设备、管道、阀门和仪表是否安装齐全完好、到位，并根据现场校对DCS室各仪表点通信是否畅通，调节阀开关是否灵活。配备防护用品，消防器材，记录报表等。

(2) 系统吹除　吹除前应将各槽设备出口阀门或法兰拆开，用压缩机三段来的压缩空气分别对过滤器、铁钼槽、氧化锰槽、钴钼槽、氧化锌槽及各管道进行吹除，吹除时应逐段进行，当确认系统无杂物、无粉尘时，再把拆开的阀门或法兰安好，继续往后序设备、管道吹除，防止将杂物带入后序设备各阀腔内造成堵塞。吹除时各压力表管口、取样口也应拆开一同吹除，防止杂物堵塞。

M3-7　原料气精脱硫岗位操作要点

吹除注意事项：严格按吹除方案执行。

(3) 气密试验　在吹除结束后，将精脱硫系统所有放空阀、导淋阀、取样点等全部关闭，用空气对系统进行 0.5MPa、1.0MPa、1.5MPa、2.1MPa 的试压查漏，在每次试压时，都要用肥皂水对设备的装卸料口及管道的阀门、法兰等进行仔细检查，若发现泄漏之处应标上记号，卸压后进行处理，处理完毕再重新提压查漏，直至 2.1MPa 查漏合格为止。

(4) 烘炉　各设备内衬 LWC-23 轻质浇注料，在装催化剂之前，需要认真地烘炉，以便除去耐火材料的吸附水和部分结晶水，防止浇注料由于温度的急剧升高而造成破裂或塌落。

① 烘炉范围。精脱硫工序需要烘炉的设备有升温炉、铁钼预转化器、二氧化锰脱硫槽、铁钼转化器及氧化锌脱硫槽。

② 烘炉条件。

a. 焦炉煤气压缩机、精脱硫工序的所有设备、管道、仪表、电气都安装完毕，设备管道的吹扫、气密试验合格，DCS、仪表、电气等都调校合格并好用。

b. 水、电、气、仪表空气、低压蒸汽、燃料煤气都具备使用条件。

c. 所有操作人员已经过培训和持证上岗。

d. 烘炉用的工具红外线测温仪、消防器材防护用具都已备好。

e. 烘炉用的记录报表、交接班记录表、烘炉曲线已准备好。

(5) 安全操作要点

① 严格按照耐火材料厂家提供的烘炉升温曲线进行，不得随意更改。

② 燃料煤气管线与外界相连的设备，管线必须加盲板断开，防止煤气窜漏。

③ 燃料煤气管线必须置换合格，O_2 含量≤0.5%，方能投入点火，严格执行。

④ 在点火前，升温炉膛内必须用蒸汽吹扫，然后取样分析炉膛内可燃气体（$CO+H_2$）含量≤0.5%才能投运，特别是每次点火失败后，重新点火前必须认真用蒸汽吹扫然后再进行第二次点火。

⑤ 点火时应严格遵守"先进明火、后开煤气"，不得颠倒。

⑥ 注意炉管内及时（点火前）通入传热介质（空气或氮气），严禁出现干烧炉管的现象。

⑦ 在烘炉过程中，应随时观察炉体表面的变化、内表面和膨胀情况，观察炉壳密封状况和钢结构，观察炉管各部分的异常变化，并做好记录。若发现问题，及时向调度室汇报，联系管理公司、监管公司、制造商等单位协商解决。

⑧ 当炉膛温度达到150℃，要每小时用红外线测温仪对炉膛不同位置进行壁温测量，对测量数据做好记录。

⑨ 联系空分送出 N_2，利用升温还原管线对系统进行置换，置换时可分段进行，分析 O_2 含量≤0.5%为合格，在置换时要相互调节、倒换各阀门开度，必须对各设备、管线的死角彻底置换干净。

2. 开车操作

(1) 升温炉点火

① 通知压缩岗位，启动焦炉煤气压缩机，向升温炉盘管内通入 N_2，压力为 0.6MPa，流量为 5000~7000m³/h，在升温炉出口放空。

② 用燃料煤气置换燃料气管线，分析 O_2 含量<0.5%为合格，并排放燃烧气管线内积

水,关闭燃气排放阀和导淋阀。

③ 打开升温炉烟道蝶阀,用蒸汽置换炉膛(或自然通风),当分析($CO+H_2$)含量<0.5%为合格。然后关小烟道蝶阀使炉内呈微负压。

④ 点燃火把将火把引入烧嘴,稍开燃料气入火嘴小阀,三个火嘴点着后逐步开大燃料气阀及风门,调节烟道蝶阀,使火苗燃烧正常。当升温炉出口温度高于催化剂层温度时,把升温气体送入待升温槽对其进行升温,根据升温曲线调节火嘴的燃烧气量。

⑤ 如果点火失败,应立即关闭燃烧气阀,查明原因,排除故障,重新点火前一定要重新置换,分析合格后再进行点火操作。

升温炉点火顺序严格遵守"先进明火、后开煤气",不得颠倒。

(2) 精脱硫系统升温

① 点燃升温炉,对精脱硫各槽用焦炉煤气或 N_2 升温,升温速率控制≤50℃/h。

② 当各槽升温至指标热点温度时,根据后工序开车进度决定切换保温保压,或是系统投运。

③ 系统投运时,铁钼预转化器一开一备,与铁钼转化器串联使用;氧化锰槽两开一备,镍钼转化器投入使用,氧化锌槽两台串联使用。

④ 精脱硫系统在投运时(转化系统未投运)焦炉煤气可从焦炉煤气管线进入升温炉提温至300℃左右后进入铁钼预转化器,来保证其入口温度。当转化系统投运后,初预热器出口焦炉煤气温度达到300℃左右后,逐渐关升温焦炉煤气管线,同时逐渐转入焦炉煤气主流程投运,稳定后停升温炉。

⑤ 系统投运期间,焦炉煤气通过中温氧化锌脱硫槽侧放空管线去放散放空,当各热点温度正常,并分析氧化锌出口总硫小于 $0.1mg/m^3$ 后,方可关闭放空,向转化系统送气。

3. 正常操作

① 每小时巡回检查一次,进行设备维护保养、排放煤气管线导淋,以保持设备处于良好状态。

② 保持设备负荷平稳,系统压力温度要维持稳定,当负荷改变时要及时调节,使工艺指标在正常范围内。

③ 控制铁钼转化器热点温度在350~420℃,氧化锰热点温度在350~450℃,用初预热器副线及各冷线进行调节,必要时可减量生产或停车。

④ 经常与分析工联系,掌握铁钼转化器出口有机硫和氧化锌脱硫槽出口总硫变化情况,当分析催化剂失效时,应及时倒换脱硫槽,确保出口总硫小于 $0.1mg/m^3$。

⑤ 铁锰脱硫槽操作要点。

a. 当铁锰脱硫槽进出口硫含量趋于一致,或进出口压差过大,可认为该槽硫穿透,需要更换脱硫剂。

b. 稍开备用槽焦炉煤气进口阀,用焦炉煤气(常温)置换合格后关闭出口阀,逐渐提至与生产系统压力相同后开出口阀,把备用槽串入生产系统。以 30℃/h 速率把床层温度提至 350~360℃。

c. 铁锰脱硫剂在升温还原过程中可能出现飞温现象,要及时打开低压蒸汽管线引入蒸汽进行降温。

d. 温度正常后,缓慢打开备用槽进口阀,关闭在用槽进出口阀,与生产系统隔离,打开其放空阀,将要倒槽压力泄掉,并在进出口阀前后加上盲板,自然降至常温(或氧化降温)后交出设备待检修。如果是正常倒槽,可保持槽内正压待用。

⑥ 铁钼转化器的操作要点。

a. 焦炉煤气中氧含量每升高0.1%,温升可达15℃;烯烃每升高1%,温升可达37℃,因此需要严格控制氧含量和烯烃含量,避免铁钼催化剂飞温。

b. 若铁钼转化器床层飞温,可迅速通过引入冷的焦炉煤气来降低下层和上层温度。

c. 铁钼转化器出口的有机硫转化率应在98%以上。若低则可能需要更换铁钼催化剂。

⑦ 中温氧化锌脱硫槽的操作要点。

a. 当氧化锌脱硫槽进出口硫含量趋于一致或进出口压差过大时可认为硫穿透,需更换脱硫剂。

b. 中温氧化锌脱硫槽设有两台,可串联操作或并联操作。串联操作可以提高H_2S的吸收效果,并联操作可以提高处理焦炉煤气量。

4. 正常停车

① 配合后序岗位进行降温,当转化岗位切除焦炉煤气后,气体可在氧化锌槽出口放空。

② 按停车计划联系压缩机岗位切除焦炉煤气。

③ 系统置换。从铁钼、镍钼和锰槽升温管线通入蒸汽对系统进行置换,当各催化剂层温度降至250℃时,切除蒸汽,然后用N_2对系统吹扫置换,分析($CO+H_2$)含量≤0.5%为合格,然后对不更换催化剂的槽子充N_2,0.5MPa后单独切除保压;对需要更换催化剂的槽子泄压后切除,在其入出口阀前后上盲板与其他设备隔离。

④ 铁钼、镍钼催化剂的钝化操作。利用蒸汽或N_2经升温炉入口配空气对铁钼、镍钼催化剂进行钝化,O_2含量由0.2%开始逐渐增加,控制铁钼、镍钼温度<500℃,当催化剂层最下一点温度上升且恢复正常后,分析出入口O_2含量相等时钝化结束,此时升温炉应逐渐退出并熄火,用空气或N_2把温度降至常温后,卸出设备催化剂。

5. 短期停车

接调度令后,通知压缩机岗位停运焦炉煤气压缩机,关闭脱硫进出口阀,系统保温保压。

6. 紧急停车

(1) 紧急停车条件 遇到下列情况之一系统应做紧急停车处理:

① 当湿法脱硫出口硫化氢含量大于$20mg/m^3$,处理无效时,立即减量,直至停车。

② 焦炉煤气管线大量泄漏。

③ 系统发生失火或爆炸。

④ 有关岗位发生紧急事故(如停电、停水等)。

⑤ 焦炉煤气氧含量超标,铁钼、镍钼超温经采取措施无效时。

(2) 紧急停车步骤

① 报告调度,通知各有关岗位。

② 若出口总硫高,应立即查明原因,采取相应的措施,进行倒槽或减量生产,必要时应切除焦炉煤气,关闭脱硫系统进出口阀,系统保温保压,待查明原因后再作进一步处理。

③ 焦炉煤气管线大量泄漏,发生着火或爆炸,应立即联系调度切除焦炉煤气,迅速关闭脱硫系统进出口阀,开氧化锌脱硫槽放空,将脱硫系统泄至常压,再进行处理。

④ 停水、停电,应立即关闭脱硫系统进出口阀,系统保温保压。

⑤ 焦炉煤气氧含量超标时，铁钼、镍钼催化剂床层超温，经采取措施无效后，切除焦炉煤气，关闭脱硫系统进出口阀，待焦炉煤气氧含量恢复正常后，再恢复生产。

【知识拓展】 原料气精脱硫工艺优化措施

近年来，我国的甲醇生产规模有了明显提高，但无论采用何种生产工艺，都不可避免地会产生一定的硫元素，而如果不借助合适的脱硫工艺，就很可能造成严重的环境污染，因此脱硫工艺是十分必要的。本模块基于传统精脱硫工艺特点，结合大多数甲醇生产企业多采用加氢转化脱硫的方式，针对该工艺中存在：①催化剂消耗过大，生产成本较高；②催化剂更换时间长，生产工作不能持续进行的问题进行工艺优化。

从传统精脱硫工艺的问题可以看出，改进工艺的根本目的在于提高效率和节能降耗，因此应从优化催化剂以及缩短催化剂更换时间两方面来进行改造。一方面，将原有的一级加氢转化器中的铁钼加氢转化器改为预加氢转化器，同时可在原有一级加氢转化器的入口管处增添一个管道用于焦炉气的导出，使焦炉气不经过一级加氢转化器直接进入原中温脱硫槽，减少因焦油等物质带来的一级加氢转化器固化现象，这样便可直接降低因固化而带来的催化剂的影响，起到延长催化剂寿命的作用；另一方面，将中温两个脱硫槽并联使用，这样当预加氢转化器中的铁钼加氢转化催化剂失效时，系统可自动断开而不必停车处理。

综上所述，优化煤炉气生产甲醇精脱硫工艺是十分必要的，不仅对于提高企业效益有着重要的价值，更直接关乎着企业的可持续发展。而除了不断改进催化剂种类，缩短催化剂更换时间外，企业自身也应加强管理，积极借鉴国内外先进甲醇生产企业的经验和教训，进而不断促进企业的发展与进步。

思考题

1. 出口总硫超标原因及处理方法？
2. 铁钼催化剂超温原因及处理方式？
3. 精脱硫系统温度如何控制？
4. 为什么要脱除煤气中的硫化物？
5. 催化剂硫化时剧烈升温的原因是什么？
6. 试简述本工序的巡检路线。

综合练习题

一、判断题

1. 催化剂的活点温度即为催化剂的活化温度。（   ）
2. 催化剂中毒是指催化剂暂时或永久失去活性。（   ）
3. 氧化锰脱硫剂的主要组分是 MnO_2。（   ）
4. 铁钼催化剂的硫化可以采用高硫煤气。（   ）
5. 精脱硫和转化工序同时开工升温。（   ）
6. 精脱硫工序的中温氧化锌槽脱氯剂主要组分是 CuO。（   ）
7. 原料气先通过焦炉煤气预热器预热后再进入铁钼转化器。（   ）
8. 铁钼催化剂的主要作用是脱除煤气中的有机硫。（   ）

9. 过滤器的作用是脱除煤气中的硫化物。（　　）
10. 精脱硫工序的中温氧化锌槽脱氯剂主要组分是CaO。（　　）
11. 铁钼催化剂超温的原因之一是焦炉气中的含氧量超标。（　　）
12. 升温炉点火失败后必须进行蒸汽吹扫，置换合格后再进行点火。（　　）
13. 镍钼催化剂的主要组分是NiS。（　　）

二、填空题

1. 脱硫方法一般分为_____。
2. 进入脱硫工序的原料气的温度为_____℃。
3. 铁钼催化剂的转化反应和副反应均为_____，因此必须控制好催化剂层的温升。
4. 出精脱硫工序原料气的压力应小于_____MPa。

三、选择题

1. 铁钼催化剂的热点温度为（　　）℃。
   A. 200～300　　　　　B. 350～420　　　　　C. 400～450
2. 氧化锰脱硫剂的热点温度为（　　）℃。
   A. 350～450　　　　　B. 270～350　　　　　C. 300～380
3. 氧化锌脱硫剂的操作温度为（　　）℃。
   A. 300～420　　　　　B. 370～420　　　　　C. 350～450
4. 精脱硫煤气出口总硫含量（　　）。
   A. <0.1cm^3/m^3　　B. <0.05cm^3/m^3　　C. <0.01cm^3/m^3
5. 进入铁钼预转化器焦炉煤气的O_2含量为（　　）%。
   A. 0.5　　　　　　　　B. 0.6　　　　　　　　C. 1.0
6. 铁锰槽的升温速率一般控制在（　　）℃/h。
   A. 30～40　　　　　　B. 50　　　　　　　　　C. 120
7. 原料煤气中有机硫的含量为（　　）mg/L。
   A. 450　　　　　　　　B. 500　　　　　　　　C. 200
8. 原料气中硫化氢的含量为（　　）mg/L。
   A. 20　　　　　　　　　B. 200　　　　　　　　C. 500
9. 进入精脱硫工序原料气的压力应大于等于（　　）MPa。
   A. 2.5　　　　　　　　B. 2.35　　　　　　　　C. 2.45
10. 转化炉出口转化气中总硫含量（　　）。
    A. <0.1cm^3/m^3　　B. <1cm^3/m^3　　　C. <0.01cm^3/m^3
11. 硫化氢对干煤的产率为（　　）%。
    A. 0.1～0.5　　　　　B. 0.5～0.7　　　　　　C. 0.05～0.2

四、简答题

1. 为什么要除去原料气中的硫化氢？
2. 活性炭脱硫有哪几种方法？
3. 铁钼催化剂还原的基本反应是什么？
4. 氧化铁脱硫剂有哪几种？基本反应是什么？
5. 氧化锌脱硫槽出口总硫超标的反应及处理方法有哪些？
6. 铁钼催化剂超温的原因及处理方法有哪些？
7. 用简图表示脱硫煤气工艺流程。
8. 简述精脱硫岗位的开工操作步骤。

模块四

甲烷的转化

焦炉煤气的组成中除 H_2、CO、CO_2 为甲醇合成所需的直接有效成分外，其余的组分可分为对甲醇合成有害的物质（如各种形态的硫、焦油、萘、氨、氧、不饱和烃类）和对甲醇合成无用的物质即惰性组分（甲烷、氮），惰性组分不仅对甲醇的合成无用，而且会增加合成气的压缩功效，降低有效成分的利用率。

降低惰性组分含量主要是采用烃类再转化的方法，使其转化为对甲醇合成有用的成分，同时达到降低合成气中惰性组分含量的目的。

气体烃类的转化有蒸汽转化法、催化氧化转化法、非催化转化法，其中催化氧化转化法又分为连续催化氧化法和间歇催化转化法两种。

焦炉煤气中含有 23%～28% 甲烷及多碳烷烃和烯烃，将烃类转化成合成甲醇的有效成分 H_2、CO、CO_2 均采用转化工艺，转化气中残余 CH_4 含量≤0.6%。

目前，焦炉煤气甲烷转化工艺常用的有以下几种。

1. 纯氧催化部分氧化转化法

纯氧催化部分氧化转化法工艺中的转化炉不需要特殊的钢材制造转化炉管，其结构类似于蒸汽转化的二段炉，结构简单、流程短、投资低；避免了蒸汽转化外部间接加热的形式，反应速率比蒸汽转化快，有利于强化生产，但最大的缺点是催化剂对硫有要求，在转化前必须脱除硫化物（目前国内常用）。

焦炉煤气催化氧化法制取甲醇合成气的流程见图 4-1。

2. 非催化部分氧化转化法

非催化部分氧化转化法最早用于重油转化，此法不需要进一步净化，直接进入转化，转化在无催化转化炉内进行，转化后的转化气再进行净化，其转化温度高达 1300～1400℃。对焦炉煤气而言，由于焦炉煤气中甲烷含量低，耗氧与纯氧转化基本持平，无须加蒸汽，利用自身的反应水即可达到转化炉出口甲烷含量小于 0.4%，还有一个优点是转化气中的二氧化碳的含量（2.5%）比纯氧催化转化的含量（8.5%）低，是甲醇合成的理想的二氧化碳的含量。该法具有以下优点和缺点：

优点：

① 原料适应性强：能处理多种组成的焦炉煤气，对于焦炉煤气中不同含量的甲烷、氢气、一氧化碳等成分以及可能存在的杂质有较好的适应性。可用于一些品质相对较差、成分

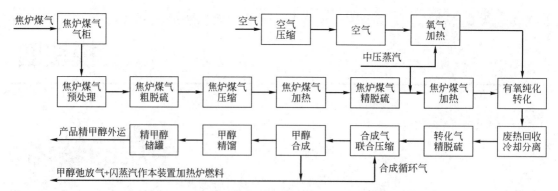

图 4-1　焦炉煤气催化氧化法制取甲醇合成气的流程

波动较大的焦炉煤气的转化利用，扩大了焦炉煤气的利用范围。

② 工艺流程简单：该工艺过程相对简洁，不需要使用催化剂，避免了催化剂的装填、再生和更换等复杂操作环节，减少了工艺流程中的设备和操作步骤，降低了操作的复杂性和维护成本。

③ 气体净化简化：在高温非催化氧化的条件下，焦炉煤气中的复杂有机硫可以分解成易于脱出的无机硫，降低了后续脱硫工艺的难度和成本，使气体净化过程得到简化。虽然非催化氧化工艺本身不直接涉及脱硫过程，但在高温下有害物质的转化有助于后续脱硫步骤的高效进行，从而提高了整体脱硫精度。

④ 无催化剂中毒问题：由于不依赖催化剂，所以不存在催化剂中毒的风险，对于焦炉煤气中的杂质和毒物不敏感，提高了工艺的稳定性和可靠性。

⑤ 能量利用效率高：部分非催化氧化反应是放热反应，反应过程中释放的热量可以得到回收利用，例如产生蒸汽等，提高了能源的利用效率。

⑥ 产物选择性较高：通过控制反应条件，可以实现较高的产物选择性，得到所需的合成气（一氧化碳和氢气）比例，满足后续生产甲醇、乙二醇、合成氨等产品的需求。

⑦ 环保性能较好：焦炉煤气中的一些高毒污染物如硫醚、酚类、苯、萘等在转化炉内的高温环境下可以分解，减少了污染物的排放，对环境更加友好。在高温条件下，焦炉煤气中的有害物质可以被完全烧掉，转化为易于处理的化合物（如 CO、H_2 和 H_2S），从而减少了环境污染的风险。此外，非催化氧化工艺还降低了对催化剂废弃物的处理需求，进一步提升了环保效益。

⑧ 装置规模灵活：可以根据不同的生产需求和焦炉煤气气量，设计和建设不同规模的装置，具有较强的灵活性和适应性。

缺点：

① 反应条件苛刻：非催化氧化反应通常需要在高温、高压的条件下进行，对设备的要求较高，需要使用耐高温、高压的材料和设备，增加了投资成本。例如，转化炉等关键设备需要采用特殊的合金材料，以承受高温和高压的工作环境。

② 能耗较高：为了维持高温、高压的反应条件，需要消耗大量的能量，导致能耗较高，增加了生产成本。例如，需要消耗大量的燃料来加热反应气体，以达到反应所需的温度。

③ 设备维护成本高：高温、高压的操作条件对设备的磨损和腐蚀较为严重，需要定期对设备进行维护和检修，增加了设备的维护成本和停车时间，影响了生产的连续性。

④ 安全风险较高：高温、高压的反应条件以及焦炉煤气本身的易燃、易爆特性，使得非催

化氧化工艺的安全风险较高，需要采取严格的安全措施和监控手段，以确保生产过程的安全。

⑤ 产物控制难度较大：反应速率快、温度高，可能导致反应过程中产物的生成难以精确控制，容易产生副产物，影响产品的质量和收率。例如，可能会生成一些不需要的碳氧化物或其他杂质，需要进一步地分离和净化。

综上所述，焦炉煤气非催化氧化工艺在简化流程、降低原料要求、提升环保效益等方面具有显著优点，但同时也存在能耗高、设备投资大、操作难度大和适用范围有限等缺点。在实际应用中，需要根据具体工艺条件和需求进行综合考虑和选择。

焦炉煤气非催化氧化法制取甲醇合成气的流程见图 4-2。

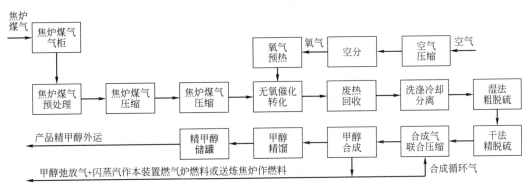

图 4-2 焦炉煤气非催化氧化法制取甲醇合成气的流程

鉴于非催化氧化工艺的特点突出，非催化氧化工艺已得到商业化使用。例如，宁夏宝丰能源集团股份有限公司与华东理工大学合作，采用焦炉气非催化部分氧化制合成气成套工艺技术，装置于 2011 年 8 月开工建设，2014 年 5 月投运。哈密广汇环保科技有限公司于 2021 年 10 月 15 日其荒煤气非催化部分氧化制合成气装置一次投料成功，该装置虽以荒煤气为原料，但也侧面反映了企业在非催化部分氧化技术方面的应用能力。宁波巨化化工科技有限公司 2023 年进行了 18000 m^3/h（标准状况）甲烷非催化氧化制合成气装置新建项目设计服务及 PSA 招标项目。

兰州兰石重型装备股份有限公司热能工程事业部在焦炉气非催化部分氧化转化等技术的应用和相关设备的研制方面取得了一定的成果。该事业部自主设计制造的非催化部分氧化废热锅炉成功应用于宁夏宝丰二期焦炉气制甲醇项目，设备自 2016 年 4 月开车运行至今，已连续稳定运行多年。目前，先后开拓了 9 个新项目 19 套非催化部分氧化废热锅炉和转化炉，原料涉及天然气、焦炉气、荒炉气，产品有甲醇、乙二醇、合成气、树脂等。

无论是催化还是非催化转化，焦炉煤气与纯氧都要在烧嘴中混合，烧嘴既要促进焦炉煤气与氧气混合，又要与炉体匹配形成适宜流场，进而形成适宜的温度分布。烧嘴是转化炉系统的关键设备，故烧嘴的设计是转化工艺的核心技术。

焦炉气非催化转化与催化转化工艺技术的比较见表 4-1。

表 4-1 焦炉气非催化转化与催化转化工艺技术比较

序号	比较项目	单位	催化转化	非催化转化	比较说明
1	操作温度	℃	980	1200	催化转化温度低；非催化温度高，不利于生产
2	操作压力	MPa(A)	常压~3.0	常压~6.0	非催化操作压力可以达 6.0 MPa(A)，范围较大

续表

序号	比较项目		单位	催化转化	非催化转化	比较说明
3	转化气主要成分（体积分数）		%			
		H_2		72.92	69.98	$CO+H_2$ 有效气含量：催化法为 89.57%；非催化法为 94.81%
		CO		16.65	24.83	有效气含量高对合成甲醇有利
		CO_2		7.38	2.74	CO_2 含量需要在 2.5% 左右，含量高合成甲醇消耗氢气多
		CH_4		0.44	0.25	甲烷含量越少越好，甲烷减少，合成惰性气弛放量少
		N_2		2.6	2.21	
4	转化入口硫化物要求		cm^3/m^3	$T_s<0.1$	无要求	非催化不要求焦炉气脱硫，大大简化了有机硫化物焦油噻吩的脱除
5	产甲醇（不补碳）		万吨/年	18.36	18.98	不考虑弛放气置换的焦炉气所增产的甲醇
6	焦炉气消耗		m^3/h	48400	48400	同焦炉气量相比
7	补入工艺蒸汽（40bar）		吨/吨甲醇	0.429	少量	非催化不耗中压蒸汽，节能，降低成本
8	用催化剂（耐高温 Ni 催化剂）		$m^3/次$	38.0	0	催化转化需要催化剂 3 年换一次
9	主要设备总台数		台	16	8	催化法设备复杂
10	副产弛放气（不补碳）		$×10^3 m^3/h$	0	15.5	催化转化弛放气再转化作为燃料气，全部烧掉，不补碳有部分作燃料，大部分返回焦化厂
11	可置换出焦炉气		$×10^3 m^3/h$	0	7.5	非催化转化弛放气可置换出同样热量的焦炉气，多产甲醇 3.68t/h，一年可增产 2.9 万吨甲醇
12	转化装置	投资额	万元	4976	3225.54	只比较转化工段的投资，其他工段投资大体相等，不再计入比较
		其中:设备费	万元	2938	1866.0	催化法要计入催化剂投资费，非催化法按引进工艺包和烧嘴费用计算
13	折每吨甲醇投资额		元/吨甲醇	271.03	169.94	非催化装置吨甲醇投资额比催化法少 59.5%
14	转化工段消耗指标	循环水	吨/吨甲醇	28.54	4.68	
		催化剂	$m^3/万吨甲醇$	0.690	0	耐高温镍催化剂 5 万元/m^3
15	氧耗		$m^3/吨甲醇$	418.49	476	催化转化焦炉气进口温度高，耗氧少，耗燃料气多
16	焦炉气吨甲醇消耗		$m^3/吨甲醇$	2109	2040	非催化法消耗原料气较催化法少 3%

注：1bar=10^5Pa，下同。

3. 蒸汽转化法

蒸汽催化转化一是用蒸汽与甲烷一段催化转化生成 H_2、CO、CO_2。这种工艺投资高，需要消耗大量的工艺蒸汽和燃料，操作费用高，甲烷的转化率低；二是一段蒸汽催化转化及二段纯氧转化工艺，由于一段蒸汽转化炉本身的工况及结构的要求，其顶部烧嘴、转化管、下部集气管等都必须使用特殊材料，在对一段转化炉烃类的转化量不是太多，同时也需要空分装置，才能完成转化任务，一次性投资较大。

焦炉煤气蒸汽转化法制取甲醇合成气的流程见图 4-3。

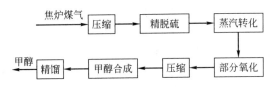

图 4-3 焦炉煤气蒸汽转化法制取甲醇合成气的流程示意

焦炉煤气的蒸汽转化工艺类似于天然气制甲醇两段转化中的一段炉转化机理，其主要反应为：

$$CH_4 + H_2O \longrightarrow CO + 3H_2$$

上述反应为吸热反应，提高温度，有利于甲烷的转化。

焦炉煤气的甲烷含量仅为天然气的 1/4，一般不采用蒸汽转化工艺。

本书主要介绍焦炉煤气纯氧催化部分氧化转化工艺。

单元 1 甲烷转化的原理

焦炉煤气部分氧化亦称自热转化，即在转化炉上部燃烧室内，焦炉煤气中的部分 CH_4、C_nH_m、H_2 与纯氧蒸气中的氧进行燃烧，温度达 1300~1500℃，放出大量的热，以供给甲烷转化所需热量，上部高温气体进入下部催化剂层，焦炉煤气中 CH_4 及烯烃、炔烃在镍催化剂的作用下，与蒸汽进行转化反应（水/气≥0.9），转化炉出口气体中 CH_4 含量≤0.6%。

知识点 1 甲烷转化的原理

甲烷部分氧化反应可以制备一系列含氧衍生物，比如甲醇、甲醛和二乙醚等。甲烷部分氧化制甲醇较为常见。其反应体系主要包括：气相均相反应体系，气固相反应体系以及气液相反应体系。甲烷部分氧化转化制合成气的反应机理比较复杂，至今存在争议。目前，研究人员对负载型金属催化剂上的甲烷部分氧化制合成气的反应机理主要有两种观点：即间接氧化机理（也称燃烧-重整机理）和直接氧化机理。间接法是首先将甲烷转化为由 CO 和 H_2 组成的合成气，再生产出我们所需要的其他化工产品；直接法是将甲烷直接转化为有价值的化工产品。

M4-1 甲烷转化的原理

Prettre 等首先提出了在 Ni 催化剂上甲烷部分氧化反应是按间接氧化机理进行的，即先燃烧后重整的反应机理。在研究镍基催化剂上的甲烷部分氧化反应时，发现催化剂床层入口附近有明显的热量放出，且催化剂床层入口处的温度要高于出口处的温度，由于甲烷完全氧化反应是一个强放热反应，而 CH_4 水蒸气重整和 CH_4 干重整反应均是强吸热反应，因此，床层轴向温度的变化表明反应可能通过燃烧-重整途径发生。

间接氧化机理认为，甲烷先与氧气燃烧生成水和二氧化碳，在燃烧过程中氧气完全消耗，剩余的甲烷再与水和二氧化碳进行重整反应生成氢气和一氧化碳。

直接氧化机理首先由 Schmidt 等人提出。他们认为，由于实验条件下甲烷水蒸气重整反应进行得很慢，在这样短的接触时间内，可以基本排除重整反应发生的可能，因此，他们提出甲烷部分氧化应遵循如下的直接氧化机理。

直接氧化机理认为，甲烷直接在催化剂上分解生成氢气和表面碳物种，表面碳物种再与表面氧反应生成一氧化碳。

在催化剂存在下，氧气和甲烷进行部分氧化反应，使甲烷氧化成 CO 和 H_2。催化部分氧化法的反应温度基本保持在 1000℃ 左右，为了防止催化剂在重整器上部的燃烧区高温烧结，催化部分氧化的催化转化器必须具有足够的燃烧空间，并且需要添加大量的蒸汽以增加 CH_4 的平衡转化率，防止催化剂析炭而失活。同时，气体均需加热到蒸汽露点温度以上，以防水蒸气冷凝，因而系统中一般设置各类换热设备和加热炉。

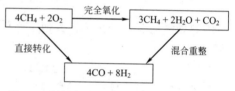

图 4-4　甲烷部分氧化制合成气的反应机理

甲烷部分氧化制合成气的反应机理见图 4-4。

知识点 2　甲烷转化的主要反应

1. 转化炉上部燃烧反应

甲烷部分氧化反应是一个温和的放热反应，自身反应所放出的热量能提供一部分反应所需要的能量，因此，反应的能耗低。并且，反应接触时间短（$<10^{-2}$ s），反应速度快，单位时间内可以得到较高的合成气产率。此外，由于反应的原料气中有 O_2，催化剂在反应中由于积碳而失活的问题比在 CH_4 水蒸气重整和 CH_4 干重整反应中轻微很多。特别要注意的是，由于反应的原料气为具有还原性的 CH_4 和具有氧化性的 O_2，因此，要严格控制这两种气体的比例在爆炸极限外，否则会有爆炸的危险。

$$H_2 + 1/2 O_2 \longrightarrow H_2O \quad \Delta H = -241 \text{kJ/mol}$$
$$CO + 1/2 O_2 \longrightarrow CO_2 \quad \Delta H = -283.2 \text{kJ/mol}$$
$$CH_4 + 1/2 O_2 \longrightarrow CO + H_2O \quad \Delta H = -35.6 \text{kJ/mol}$$

2. 甲烷转化反应

主要在催化剂层进行，甲烷蒸汽转化反应为

$$CH_4 + H_2O \longrightarrow CO + 3H_2 \quad \Delta H = 206.3 \text{kJ/mol}$$
$$CH_4 + CO_2 \longrightarrow 2CO + 2H_2 \quad \Delta H = 247.3 \text{kJ/mol}$$
$$CO + H_2O \longrightarrow CO_2 + H_2 \quad \Delta H = -41.2 \text{kJ/mol}$$
$$C_nH_m + nH_2O \longrightarrow nCO + (m/2 + n)H_2$$

M4-2　甲烷转化的主要反应

3. 转化过程的析炭反应

甲烷蒸汽反应过程可能发生下列析炭反应。

$$CH_4 \longrightarrow C + 2H_2$$
$$2CO \longrightarrow CO_2 + C$$
$$CO + H_2 \longrightarrow C + H_2O$$

析炭的原因如下。

① 水碳比过低，析炭的可能性增加，在一定条件下水碳比降到一定程度后，就会发生析炭现象。一般把开始有炭析出的水碳比，称为理论最小水碳比，对于甲烷蒸汽转化反应，水碳比大于1就不会有析炭现象，为安全起见，在任何时候都要求水碳比大于2.5。水碳比要求4.3是基于反应和安全的考虑。水碳比的量增加析出的炭会被氧化除去。

② 水蒸气与原料气混合不均匀。

③ 转化反应温度高，原料气中烃类裂解析炭的可能性增加。

④ 催化剂中毒，甲烷不能很快转化，相对地增加了裂解析炭的机会。同时催化剂酸度越大，析炭越严重。

⑤ 原料气中烃类碳原子数愈多，裂解析炭反应愈容易发生。

反应所产生的炭黑吸附在催化剂表面，堵塞微孔，活性降低，阻力增大，转化气中的甲烷含量增高，炉温上涨，严重时影响生产，必须更换催化剂。因此，要防止析炭现象的发生。

4. 氧化锌脱硫、脱氯反应

氧化锌脱硫槽上层装铜系脱氯剂主要组分为氧化铜，以吸收无机氯（HCl），下层装常温氧化锌脱硫剂，主要组分为氧化锌，以吸收硫化氢。合格气最后把关至总硫$\leqslant$0.01mg/m^3。

① 转化反应。
$$COS + H_2 \Longleftrightarrow H_2S + CO$$
$$RSH + H_2 \Longleftrightarrow RH + H_2S$$

② 脱硫、脱氯反应。
$$ZnO + H_2S \Longleftrightarrow ZnS + H_2O$$
$$M_xO_y + 2yHCl \Longleftrightarrow M_xCl_{2y} + yH_2O$$

5. 甲烷转化的重要指标

（1）水气比 水气比是指转化反应所用的水蒸气量与原料气量之比，水气比＝总水汽量/原料气量，总水汽量包括H_2与O_2生成的H_2O，要根据设计要求的水碳比来进行计算后得出。

（2）水碳比 水碳比是一个含义较准确的概念指标，是许多催化剂制造厂和转化炉生产厂理论和实践相结合的结果，是生产上必须遵守的指标。水碳比＝$\sum n(H_2O)/\sum n(C)$，是转化炉里所有H_2O的物质的量与焦炉气中所有碳拆合成C_1的物质的量总数之比。

例题：焦炉气量为26500m^3/h，焦炉气中各C的形式和占比如下，C_nH_m：3.2%（色谱分析基本上均为C_4）；CO：8.2%；CH_4：24.5%；CO_2：4%；转化炉用氧5300m^3/h；配入蒸汽14090（焦炉气中）＋4445（氧气中）＝18535kg/h，求焦炉气转化反应水碳比。

解：焦炉气中C_1百分比：3.2%×4＋8.2%＋24.5%＋4%＝49.5%

总C物质的量：26500×49.5÷22.4＝585.603（mol）

氧气燃烧生成H_2O的物质的量：
$$5300 \times 2 \div 22.4 = 473.214 (mol)$$

参加转化反应总蒸汽的物质的量：18535÷18+473.214=1502.936（mol）

该转化反应的水碳比：1502.936÷585.603=2.566

符合水碳比≥2.5的安全要求。

（3）转化率　转化率是指完成转化反应的烃类占总进炉烃类的比例。以百分数（%）表示：转化率=($V_入$×进炉烃%-$V_出$×出炉烃%)/$V_入$×进炉烃%。

知识点3　甲烷部分氧化转化制合成气反应的平衡常数

甲烷部分氧化转化制合成气反应的平衡常数可用下面的公式表示：

$$K_p=(p_{CO}\cdot p_{H_2}^2)/(p_{CH_4}\cdot p_{O_2}^{1/2})$$

式中　　K_p——甲烷部分氧化制合成气反应的平衡常数；

p_{CH_4}，p_{CO}，p_{H_2}，p_{O_2}——甲烷、一氧化碳、氢气、氧气的平衡分压。

对甲烷部分氧化转化制合成气反应 $CH_4+1/2O_2 \longrightarrow CO+2H_2$ 用公式计算结果的平衡常数见表4-2。

表4-2　不同温度下甲烷转化的平衡常数

反应温度/℃	平衡常数(K_p)	反应温度/℃	平衡常数(K_p)
600	2.1691×10^{12}	1000	3.0557×10^{11}
700	1.0296×10^{12}	1200	1.9574×10^{11}
800	6.0475×10^{11}	1400	1.4236×10^{11}
900	4.1081×10^{11}	1600	1.0281×10^{11}

由表4-2可知，反应平衡常数随着温度的升高而有所降低。

单元2　甲烷转化的工艺流程

精脱硫来的焦炉煤气（总硫<0.1mg/m³）和转化废热锅炉自产蒸汽混合，先进入焦炉煤气预热器预热至320℃，经预热炉预热至650℃左右，进入转化炉，与来自预热炉的纯氧蒸汽混合燃烧，再经催化剂床层进行甲烷蒸汽转化，控制出口气体CH_4含量≤0.6%。

转化炉出口温度为980℃，转化气经废热锅炉回收热量，产生2.8MPa的蒸汽，供转化和外管网用，废热锅炉出口气体温度降至540℃，进入焦炉煤气预热器换热后温度降至370℃，再经并联使用的焦炉煤气初预热器与焦炉煤气换热后出口温度降至280℃，经锅炉给水预热器与来自锅炉的除氧水换热，出口温度降至161℃，经再沸器出口温度降至155℃，经脱盐水预热器与脱盐水站来的脱盐水换热，出口温度降至113℃，经水冷器与水换热，出口温度降至40℃，经气液分离器分离掉水分，出口温度约为40℃，再经常温氧化锌脱硫槽进一步脱氯、脱硫后，气体去合成压缩机。

来自甲醇合成的弛放气与来自甲醇精馏岗位的不凝气经燃料气混合器混合后，进入预热炉底部，与空气鼓风机来的空气混合后燃烧，为焦炉煤气和氧气预热提供热量。

经燃料气混合器后的燃料气一部分送精脱硫升温炉作燃料。

来自空分岗位的氧气,温度 100℃、压力约 2.5MPa,加入安全蒸汽后进入预热炉预热至 300℃进入转化炉上部,氧气流量根据转化炉出口温度来调节。

来自脱氧站给水,温度 104℃、压力约 4.2MPa,在锅炉给水预热器用转化气加热至 190℃,经废热锅炉的汽包进入废热锅炉生产中压蒸汽。废热锅炉所生产的 231℃、2.8 MPa 的饱和蒸汽除提供给本工段用汽外,富余的蒸汽送往蒸汽管网。

气液分离器出口的工艺冷凝液经限流孔板进入冷凝液汽提塔,从上部喷淋而下,汽提塔底部设置再沸器,由锅炉给水预热器来的转化汽提供热源,使冷凝液中的溶解气体得到充分的释放。冷凝液由冷凝液泵送到冷凝液管网回收利用。

转化系统原始开车或大修长停后由低温开始,需经焦炉煤气压缩机送 N_2,经升温炉加热与精脱硫串联升温,当转化炉内温度约 300℃时,转化系统引锅炉送来约 3.6MPa、390℃过热蒸汽继续升温,当预热炉出口稳定在 650℃以上,转化炉内温度均≥550℃且稳定不降时,转入配氢(加入焦炉煤气)、配氧。当用氧气旁通阀稍加入氧却未见转化炉膛温度升高,视为配氧失败,须切氧、切氢,重新蒸汽置换升温。

M4-3 甲烷转化的工艺流程

甲烷转化的工艺流程如图 4-5 所示。

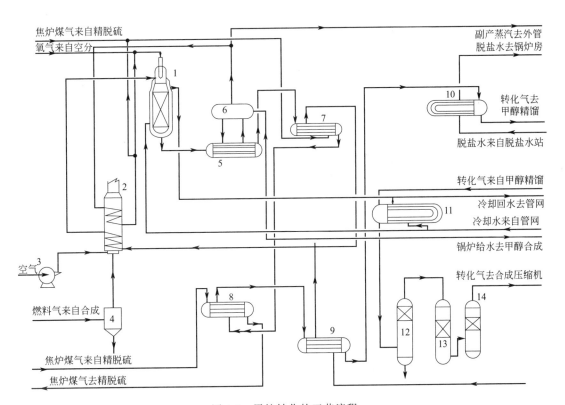

图 4-5 甲烷转化的工艺流程

1—转化炉;2—预热炉;3—空气鼓风机;4—原料气混合器;5—废热锅炉;6—汽包;
7—焦炉煤气预热器;8—焦炉煤气初预热器;9—锅炉给水预热器;10—脱盐水预热器;
11—水冷器;12—气液分离器;13—氧化锌脱硫槽;14—过滤器

单元3　甲烷转化的操作及调节

知识点1　甲烷转化的主要操作指标

1. 压力

指标名称	指标
蒸汽管网蒸汽压力	2.5MPa
焦炉煤气初预热器入口焦炉煤气压力	2.45MPa
空分来氧气压力	2.5MPa
精脱硫来焦炉煤气压力	2.3MPa
废热锅炉给水压力	4.2MPa
常温氧化锌脱硫槽出口转化气压力	2.0MPa
空气鼓风机出口压力	6.0kPa
汽包压力	2.4～2.7MPa

2. 温度

指标名称	指标
汽包蒸汽温度	229℃
焦炉煤气初预热器入口焦炉煤气温度	120℃
焦炉煤气初预热器出口焦炉煤气温度	350℃
空分来氧气温度	100℃
锅炉给水温度	102～104℃
精脱硫来焦炉煤气温度	380℃
焦炉煤气预热器出口焦炉煤气温度	500℃
预热炉出口焦炉煤气温度	660℃
预热炉出口氧气温度	300℃
转化炉出口转化气温度	985℃
废热锅炉出口转化气温度	590℃
焦炉煤气预热器出口转化气温度	370℃
焦炉煤气初预热器出口转化气温度	280℃
锅炉给水预热器出口转化气温度	150℃
第一水冷器出口转化气温度	95～105℃
第二水冷器出口转化气温度	40℃
常温氧化锌脱硫槽出口转化气温度	40℃
外管来冷却水温度	32℃
外管来脱盐水温度	40℃
锅炉给水预热器出口锅炉给水温度	190℃

3. 液位

指标名称	液位
汽包液位	60%
气提塔液位	30%～60%
气液分离器液位	30%～60%

知识点 2　甲烷转化的工艺控制及调节

1. 原料的流量控制

焦炉煤气、氧气、蒸汽三种原料的流量控制比例调节操作好坏直接关系到合成甲醇的产量和质量。

（1）转化炉出口气体中 CH_4 含量　转化炉出口气体中 CH_4 含量≤0.6%，影响转化炉出口 CH_4 含量的因素很多，操作上主要因素如下：

① 控制好温度（包括入炉各种气体温度；转化炉床层及出口温度等）。

由于 CH_4 的蒸汽转化反应为吸热反应，提高温度有利于转化反应进行，同时提高温度，反应速率加快，所以要严格控制好转化炉温度在工艺指标内。

② 保证进转化水/气≥0.9。增加水/气比有利于转化反应，防止结炭。如果负荷变化，要调好产气量及蒸汽给量，达到指标要求。

M4-4　甲烷转化的操作与调节

③ 控制原料气中总硫≤$0.1mg/m^3$。关键要控制转化炉出口转化气温度在工艺指标内。

④ 控制好蒸汽质量，蒸汽含盐量≤$3mg/m^3$。

蒸汽含盐量过高会使催化剂层结盐，增大阻力，影响活性。因此要控制好锅炉排污，保证锅炉水指标。

⑤ 生产负荷大小及气量波动也会使转化炉出口 CH_4 超标，因此要尽量减少波动，保持系统稳定，将生产负荷控制适当。

（2）严格控制 $n(H_2)/n(CO)$ 比　$n(H_2)/n(CO)$ 比是合成甲醇的重要指标，它的高低直接影响合成甲醇产量。

（3）系统加减负荷要控制幅度进行　每次加量或减量<$500m^3/h$，可分多次将气量加至要求。一般加减负荷的次序如下：

① 加负荷：蒸汽→焦炉煤气→氧气。
② 减负荷：氧气→焦炉煤气→蒸汽。
（4）正常生产要保持如下压力关系　汽包蒸汽压力>氧气压力>工艺焦炉煤气压力。
（5）停车过程中要保持如下关系　汽包蒸汽压力>转化系统压力>氧气压力。

2. 预热炉操作

① 控制燃料气压力为 0.02MPa，助燃空气压力≥0.02MPa。
② 燃料气各导淋及燃料气混合器导淋，每小时排放一次，停车时燃料气系统要置换。
③ 根据转化炉出口温度高低，调节燃料气量，并观察火焰颜色、长短，适当增加助燃空气，使其充分燃烧，预热炉出口温度控制在工艺指标范围内。
④ 焦炉煤气预热炉的操作要点：

a. 严格控制各工艺物料出预热炉的温度，防止炉管空烧。

b. 点火操作步骤如下：

- 点火前，除进长明灯燃料气控制阀外，打开长明燃料气管线上的所有盲板和控制阀。
- 微开长明灯上空气调节板。
- 用火把或便携式电子点火枪点火。此时，缓慢开启长明灯燃料气控制阀，直至长明灯被点燃。
- 分别调节燃料气进气量，预混空气量以及助燃空气量，使长明灯处于正常燃烧状态。
- 点燃长明灯后，慢开燃气枪燃料气控制阀，压力不低于0.1MPa，使燃气枪点燃。

注意如果长明灯失效或熄火，应迅速切断燃料气控制阀，重新吹扫燃料器，并检查长明灯喷嘴是否被堵塞。第二次点火需在第一次点火失效，熄火5min后进行。

3. 水系统操作

① 严格控制汽包液位在1/2～2/3，保持每小时检查一次现场液位与仪表液位是否一致，防止产生假液位。

② 控制汽包给水量，使其与蒸汽量和排污量相平衡，维持液位稳定。

③ 根据炉水分析，调节连续排污量（是自产蒸汽量的1%），每班间断排污二次。

知识点3 事故原因及处理方法

转化工序事故原因及处理方法见表4-3。

表4-3 转化工序事故原因及处理

序号	事故现象	事故原因	处理方法
1	燃料气压力高，而预热炉出口原料气温度提不起来	(1)燃料气组成变化,热值降低 (2)阀门或烧嘴堵塞或冻结	(1)保持燃料气压力,调整其组成或加大燃料气量 (2)检查燃料气中的硫和焦油含量,来保证燃料气的总硫合格
2	转化炉出口转化气中残余甲烷上升	(1)催化剂活性下降 (2)出口温度低或氧气添加量少或原料气预热温度不高	(1)调节运行工艺条件或降低生产负荷,或停车更换催化剂 (2)调节操作条件或相应提高氧气量,或提高原料气预热温度
3	转化炉阻力上升	(1)析炭 (2)催化剂破碎 (3)负荷过大或水碳比过大 (4)压力表或阻力测试系统误差	(1)增大水碳比,改善脱硫效率,降低负荷 (2)减负荷运行 (3)恢复正常工艺操作条件 (4)检查压力表或阻力测试系统
4	转化炉出口温度突然剧增,出口甲烷含量随之上升	原料气中硫含量高使催化剂中毒、失活	(1)联系调度,转化催化剂硫中毒失活,要求前工序进行调整 (2)原料气生产负荷减至2800～3000m³/h操作 (3)适当提高水碳比至5.0～6.0操作 (4)密切观察,若长时间恢复不了则说明硫中毒严重,停车处理

单元 4　甲烷转化的影响因素

知识点 1　甲烷转化反应的特点

甲烷转化是将焦炉煤气中的烃类进行部分氧化和蒸汽转化反应，反应具有以下特点。

（1）**甲烷转化是可逆反应**　即在一定的条件下，反应可以向右进行生成一氧化碳和氢气，称为正反应，随着生成物浓度的增加，反应也可以向左进行，生成甲烷和水蒸气，称为逆反应。因此在生产中必须创造良好的工艺条件，使反应主要向右进行，以便获得尽可能多的氢气和一氧化碳。

（2）**甲烷转化是体积增大的反应**　一分子甲烷与一分子水蒸气反应后，可以生成一分子的一氧化碳和三分子的氢气。因此，当其他条件一定时，降低压力有利于正反应的进行，从而降低转化气中甲烷的残余量。

（3）**甲烷转化是吸热反应**　甲烷的蒸汽转化反应是强吸热反应，其逆反应（甲烷化反应）为强放热反应，因此，为了使正反应进行得更快更完全，就必须由外部供给大量热量，供给的热量愈多，反应温度愈高，甲烷转化反应愈完全，所以温度调节是控制转化炉出口甲烷残余量的有效手段。

知识点 2　影响甲烷转化的因素

影响甲烷转化的因素主要有：反应压力、转化炉温度、水碳比、空间速度、催化剂等方面。

M4-5　甲烷转化的影响因素

1. 反应压力

甲烷的蒸汽转化是体积增大的反应，因此，降低反应压力将提高平衡转化率，提高操作压力对转化反应的平衡不利，反应达到平衡时，甲烷的残余量随压力的升高而增加。但目前工业生产中都采用加压转化法，原因如下。

（1）**可以节省压缩功**　甲醇合成反应是在中压条件下进行的，制取的氢气、一氧化碳最终都要加压到 5.4MPa。甲烷蒸汽转化反应后的气体体积增加近两倍，若预先将体积较小的原料气加压到一定程度后再进行转化，就可获得体积较大的加压转化气，从而降低了压缩气体的动力消耗。

（2）**可以提高过量蒸汽余热的利用价值**　生产中为了使甲烷转化完全，需要过量的蒸汽。操作压力越高，反应后的剩余的水蒸气分压越高，冷凝温度（即露点）也越高。过量蒸汽在较高温度下冷凝为液体，放出的冷凝热（潜热）越多，余热的利用价值越大、回收的热量也较多。同时压力高，气体的传热系数大，热回收设备容积相应减小。

（3）**可以减少设备投资**　气体加压后体积缩小，对于同样的生产规模，设备的尺寸可做得小些，一定程度上节省了投资。同时加压操作可提高转化反应速率，节约了催化剂的用量。

加压操作虽有以上优点，但由于加压对反应本身不利，为了达到规定的残余甲烷量，必须增大水碳比或提高转化温度，若把水碳比固定在适当的条件时，就只有采用提高温度来补偿压力的不利影响，但操作温度过高，影响转化炉使用寿命，所以转化压力又不能过高。

在实际生产运行时并不以改变压力作为主要的调节手段，因为压力参数牵连几个装置。

所以转化的操作压力还是随生产负荷而变化的，负荷高的时候转化压力高，负荷降低时转化压力降低。

2. 转化炉温度

甲烷转化反应为可逆吸热反应，提高温度对转化反应平衡和反应速率都有利。温度是影响转化气组成的主要因素，温度越高，甲烷转化越完全，甲烷残余量就少。甲烷转化制取的原料气质量最终是由转化炉出口温度控制的。

转化炉出口温度是影响转化气质量的关键，因为这个温度反映了转化炉的温度状况，也决定了转化气质量。实际生产中，在所用压力和水碳比的条件下，要使转化炉出口的转化气甲烷含量控制在 0.6% 以下，则必须保证转化炉出口温度在 960℃ 左右。控制这一温度的手段主要在于加入氧气量，原料气入炉温度也是影响因素之一，但其只是利用显热效果不明显。另外原料气中甲烷含量、水碳比和催化剂的活性等都会影响转化气温度，进而影响转化气质量。转化催化剂使用初期，转化气温度即使控制得低一些也能将转化气中甲烷含量控制在指标之内。

(1) 氧气量　加入转化炉内的氧气量和焦炉煤气中的总碳量是影响转化炉温度的直接因素。由于焦炉煤气中的甲烷含量基本不变，所以当生产负荷一定时，转化炉氧气的加入量直接影响转化炉温度。当氧气量加大时，燃烧反应放出的热量多，炉温高，转化炉出口甲烷含量低；当氧气量减少时，则相反。为了维持转化炉的自热平衡，必须使加氧量和焦炉煤气量成一定比例，即氧碳比 $[\sum n(O_2)/\sum n(C)]$ 基本不变。

转化反应所需的热量是由氢气和氧气的燃烧反应提供的，氧气量的改变，很快会在转化炉出口温度上反映出来，因此加氧量是控制炉温和转化气甲烷含量的手段，注意转化炉出口温度不能超过 960℃。尤其在开停车时氧气压力波动大，容易造成转化炉超温，酿成事故。

(2) 原料气温度　原料气预热（温度控制在 610~660℃）到氢气的燃点以上进入转化炉，以使氧气和氢气在转化炉燃烧区充分燃烧。温度低，燃烧区下移会烧坏转化催化剂，开车时，原料气温度达不到氢气的燃点就投氧，容易发生事故。但是温度也不能太高，否则对管线材料有很高要求，而且原料气中的烃类物质会裂解成乙烯和其他不饱和烃，使原料气在催化剂上析炭结焦。

(3) 转化炉氧气进口温度　提高转化炉进口氧气的温度，既提高过热蒸汽的温度，也能增加转化炉的温度，但这只是利用显热，效果不显著。为了安全，氧气进转化炉之前不再预热，温度控制在 280℃ 左右。

3. 水碳比

转化反应蒸汽用量以水碳比表示，这个指标是衡量蒸汽量和原料气量的比例关系，根据这个指标操作比较方便。

提高水碳比有利于转化反应向右进行，可以提高氢气和一氧化碳的平衡含量，降低转化气中残余甲烷含量。如果最终的转化率一定，可以用提高水碳比的方法来降低转化炉的温度，而且提高水碳比可以防止析炭反应。但水碳比过大消耗的蒸汽多，既增加了系统阻力，又需吸收过剩的热量，增加了能量消耗。所以水碳比也不能过高，生产中水碳比不低于 2.5，一般控制在 3.8 左右。

实践证明，在高温条件即使瞬时停止加入水蒸气，也会引起大量析炭，使转化催化剂遭到严重破坏，迫使生产无法进行，被迫停车更换催化剂。因此生产中如果蒸汽突然中断，必须果断采取措施。

4. 空间速度

空间速度简称"空速",一般是指每立方米催化剂每小时通过原料气的标准立方米数,单位是 $m^3/(m^3 \cdot h)$ 或 h^{-1}。

提高空速,在单位时间内所处理的气量增加,因而提高了设备的生产能力;但空速过高不仅增加了系统阻力,而且气体与催化剂的接触时间缩短,转化反应不完全,转化气中甲烷的残余量将增加。

转化炉空速设计为 $10000h^{-1}$。

5. 催化剂

催化剂能大大加快反应速率,在没有催化剂时,即使在相当高的温度下,甲烷转化反应的速率也是很缓慢的。

单元 5 甲烷转化的催化剂

知识点 1 催化剂的组成

在无催化剂存在的条件下,甲烷的热解需要在上千度的高温条件下才能实现。但经过研究发现,如果在反应过程中引入氧化物,使其参与反应进程,那么甲烷的C—H键的活化能会有一定程度的降低,使反应更容易发生。不同研究发现Co、Ru等金属对CH_4的活化能力很强,通过对各种金属对CH_4的活化能力进行研究,得到下列大致排序:Co、Ru、Ni、Rh> Pt、Re、Ir>Pd、Cu、W、Fe、Mo。

甲烷部分氧化反应催化剂按照活性组分的不同主要分为贵金属催化剂和非贵金属催化剂两大类。非贵金属催化剂主要有 Ni、Co 和 Fe 基催化剂。甲烷部分氧化贵金属催化剂具有活性高和稳定性好等优点,并且具有高的反应速率,但价格昂贵,其中 Rh、Ru 和 Pt 基催化剂具有较高的活性。甲烷转化催化剂常采用镍催化剂,由活性组分 NiO、承载活性组分的耐热载体(Al_2O_3、MgO 或 CaO)和少量助催化剂组成。催化剂转化炉上层为 Z204,下层为 Z205。

焦炉煤气转化催化剂规格如下。

外观颜色和形状:瓦灰色拉西环状
  Z205 $\phi25mm×10mm×(16～18)mm$
  Z204 $\phi19mm×9mm×19mm$
堆密度:
  Z205   1.0kg/L
  Z204   1.2kg/L
温度   650～1400℃
压力   常压～5.0MPa
耐热性能   1400℃高温煅烧4h不熔融、不粘连

知识点 2 催化剂的装填

转化催化剂的装填质量是生产运转中充分发挥催化剂性能、延长催化剂使用寿命的关键,是保证工厂长周期运转、提高工厂经济效益的重要手段。

1. 转化催化剂装填要求

① 由于催化剂在运输过程难免经受撞击和振动,可能会产生少量粉末,故在装填前需过筛;
② 催化剂装填应尽可能均匀,从而使压力降的波动与气流分布的不均匀性减到最低程度;
③ 装填时应随时铺平催化剂层,避免采用一个部位堆积后再耙平的做法;操作人员进入炉内工作,应踩在木板上,不得直接在催化剂上行走、踩踏;
④ 催化剂的自由下落高度不得大于 0.5m。

2. 转化催化剂装填应具备的条件

① 转化工段所有设备工艺管线安装完毕,经检查合格;
② 转化炉烘炉结束,耐火衬里热养护合格;炉内清洁工作已完成;空气吹扫合格;系统试压、查漏完毕,合格;
③ 确认运抵现场的催化剂、耐火球的型号、规格、质量、数量准确无误;
④ 现场需有一防雨布篷,用于堆放催化剂,防止催化剂受潮,还应备有过筛催化剂的工具;
⑤ 炉内各种物料(耐火球、Z204、Z205)的装填高度已确认,已做出明显标记;
⑥ 转化炉内热电偶套管(高度、质量)符合要求;耐火层无裂纹,符合要求。

3. 催化剂的装填程序

① 按装填程序开箱确认现场的催化剂、耐火球是否符合要求,通知有关部门取样;
② 测定耐火球及催化剂的堆密度,计算出各物料的装填高度,以提供实际的装填高度,并在炉内做出标记;
③ 在炉底耐火球层上面,先装入 Z204 型催化剂,然后依次装入 Z205 型催化剂、六角砖;
④ 转化催化剂装填按照用吊车吊入包装桶,然后依次扒平的方法进行;
⑤ 催化剂、耐火球装填完毕后将炉内装填工具吊出炉外,检查确认炉内无杂物;测定混合器至床层的实际高度后,装填人员撤出;
⑥ 通知安装单位封闭人孔、加盖。

知识点 3　催化剂的还原(活化)与钝化

1. 催化剂的还原

催化剂产品是以氧化镍形式提供的,金属镍才具有活性,因此在催化剂使用之前,必须将催化剂还原活化,将其中的氧化镍还原成具有催化活性的金属镍。

还原操作另一重要目的是脱出转化催化剂所含有的少量的硫化物等毒物,以使催化剂的活性在运转中得以充分发挥。还原以焦炉气和蒸汽为介质,反应所需热量由焦炉气与氧气发生燃烧反应提供。

其还原反应为

$$NiO + H_2 \Longrightarrow Ni + H_2O$$

(1) 转化催化剂的还原条件

① 进入转化炉的原料气硫含量:$\leqslant 0.1 mg/m^3$;
② 还原压力:0.8MPa;
③ 焦炉煤气流量:设计流量的 30%;
④ 转化入炉温度:650℃;

⑤ 氧气流量：设计流量的 50%；
⑥ 转化炉初始导入焦炉煤气和纯氧时，适当加入蒸汽，已着火后控制 $n(H_2O)/n(C) \leqslant 5.0$。

（2）还原操作要点

① 转化炉导入焦炉煤气和纯氧气以前，转化炉顶部温度必须高于焦炉煤气的着火点，因焦炉煤气和纯氧气中配有适量的水蒸气，着火温度要求更高一些，因此在转化炉顶部温度≥650℃时，才开始导入焦炉煤气和纯氧气。

② 转化炉导氧操作。点火时氧气空速不宜过大，系统及物料的压力必须稳定，初始导入量应较少，当确认已点燃后（床层温度升高），才可将导入量逐渐增加为氧气设计流量的30%；控制升温速度＜60℃/h。

若点火未成功，应立即切断导入的氧气，用蒸汽置换后重新点火，以保证不致在炉内形成爆炸性气体。

③ 转化催化剂的放硫。为彻底脱除转化催化剂内所含微量硫，在转化催化剂还原过程中应随时检查转化催化剂的放硫情况，只有催化剂中硫化物等毒物脱净后，它才能表现出高活性，才能认为催化剂还原阶段已结束。

④ 转化催化剂还原阶段气体由转化炉出口放空。

⑤ 气体检测。为掌握催化剂的还原进程，转化炉出口气体组分分析频率 1 次/h；催化剂还原进行 2~3h 后，分析频率 2 次/h。

2. 催化剂的钝化

经过还原的催化剂遇空气急剧氧化，放出大量的热量使催化剂失活，甚至烧熔。因此在卸出催化剂之前，应先缓慢地降温，然后通入蒸汽或蒸汽加空气混合气使催化剂表面缓慢氧化，形成一层氧化镍保护膜，这一过程称为钝化，其反应式如下。

$$2Ni + O_2 = 2NiO$$
$$Ni + H_2O = NiO + H_2$$

钝化温度不能超过 550℃，因为在 600℃ 时镍催化剂能生成铝酸镍（$NiAl_2O_4$），温度越高铝酸镍生成量越多，由于铝酸镍不容易还原成金属镍，故应当避免催化剂钝化时生成铝酸镍。

钝化后催化剂遇空气时不会发生氧化反应。

知识点 4 催化剂的中毒

当原料气中含有硫化物、砷化物、氯化物等杂质时，都会使催化剂中毒而失去活性。

镍催化剂对硫化物十分敏感，不论是有机硫还是无机硫都能使催化剂中毒，硫化氢能与镍作用生成硫化镍而使催化剂失去活性

$$H_2S + Ni = NiS + H_2$$

当温度低于 600℃ 时，硫化氢对镍催化剂的中毒反应是不可逆的；但在 600℃ 以上时为可逆性中毒，只要使原料气中含硫量降到规定的标准以下，催化剂的活性就可以逐渐恢复。为了保证催化剂的活性和使用寿命，要求原料气中总硫含量小于 $0.5mg/m^3$。

氯及其化合物对镍催化剂的毒害和硫相似，并且也是暂时中毒。一般要求原料气中氯含量小于 $0.5mg/m^3$。氯主要来自水蒸气，因此在生产中应该始终保证锅炉水质量。

砷中毒是不可逆的永久性中毒。任何低含量的砷都将在催化剂上积累而使催化剂逐渐失去活性。

知识点 5 催化剂的升温与还原工艺流程

转化催化剂采用循环氮气、蒸汽作升温介质，蒸汽配精脱硫焦炉气（H_2含量60%）作升温还原介质。

1. 催化剂蒸汽升温工艺流程

催化剂蒸汽升温工艺流程如图4-6所示。

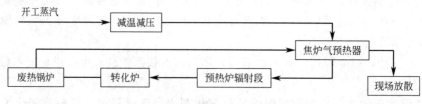

图4-6　催化剂蒸汽升温工艺流程图

2. 还原工艺流程

催化剂还原工艺流程如图4-7所示。

M4-6　催化剂还原工艺流程

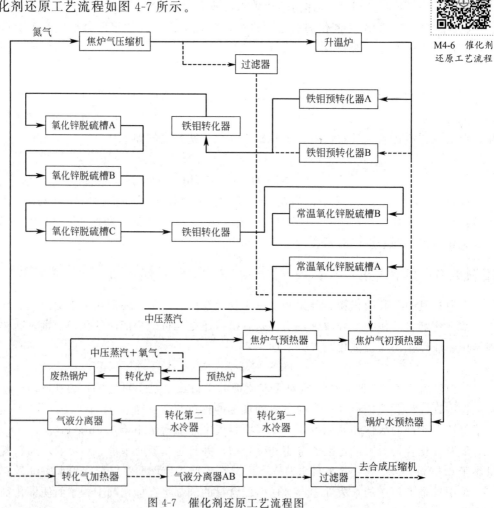

图4-7　催化剂还原工艺流程图

3. 升温还原控制

催化剂升温还原控制见表 4-4。

表 4-4 催化剂升温还原控制

温度/℃	升温速率/(℃/h)	时间/h	介质	压力/MPa	说明
常温~200	20	9	N_2	0.3~0.5	N_2 升温
200	0	4	N_2	0.3~0.5	N_2 升温
200~500	50	4	中压蒸汽	0.3~0.5	出水
500~650	>80	2	中压蒸汽	0.8	蒸汽升温
650~900	<80	8	焦炉气、蒸汽、氧气	0.8	蒸汽升温
合计		27		0.8	点火、还原

单元 6 甲烷转化的主要设备

M4-7 甲烷转化的主要设备

焦炉煤气甲烷转化工艺主要有：有催化剂存在下的催化部分氧化转化制备甲醇合成气工艺和没有催化剂存在下的非催化纯氧转化制备甲醇合成气工艺。

焦炉煤气甲烷转化的工艺不同所采用的转化炉的结构也不相同。

1. 甲烷催化部分氧化转化炉

甲烷催化部分氧化转化工艺中的转化炉采用一段纯氧转化炉，炉体为钢结构＋耐火绝热材料＋冷却水夹套。炉内装二段转化催化剂，炉顶为中心管式烧嘴，转化所需热量主要通过氧气与焦炉煤气中的氢气发生部分燃烧反应提供，燃烧后的高温气体在催化床层发生甲烷与蒸汽的转化反应，转化炉出口温度约980℃，残余甲烷含量约0.6%。

转化炉的结构如图 4-8 所示。

焦炉煤气转化烧嘴设置有一套烧嘴冷却水保护系统。自转化烧嘴来的烧嘴冷却水温度为60~80℃、压力 2.0MPa，进入烧嘴冷却水槽，然后经烧嘴冷却水泵加压至 2.9MPa 后通过烧嘴水冷器将温度降至40℃，进入转化烧嘴循环使用。

2. 甲烷非催化氧化转化炉

该转化炉采用圆筒式一段纯氧转化炉，由球形封头、筒体、椭圆形封头、支座、炉衬及烧嘴组成，炉体为钢结构＋耐火绝热材料。

烧嘴本体采用多通道式结构，并采用盘管式冷却方式，可以有效地延长烧嘴的使用寿命。转化炉衬里由四层耐火材料组成，由内而外依次为刚玉砖，厚度150mm；高铝质隔热耐火砖（LG-1.0），厚度114mm；高铝质隔热耐火砖（LG-0.6），厚度114mm；硅酸铝耐火纤维毡，厚度20mm。

转化炉的技术特性如下：

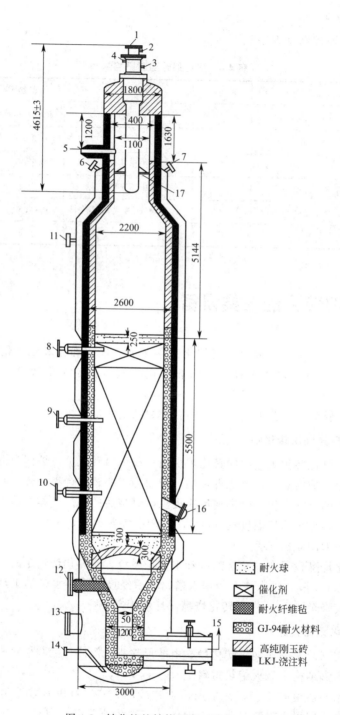

图 4-8　转化炉的结构示意（单位：mm）

1—氧气入口；2—蒸汽入口；3—冷却水入口；4—冷却水出口；5—焦炉煤气入口；6—夹套水放气口；
7—夹套水出口；8~11—测温孔；12，13—人孔；14—夹套水入口；15—转化气出口；
16—卸料口；17—气体分布器

壳体内径	ϕ2800mm	炉膛操作压力	3.0MPa
衬里厚度	400mm	炉膛操作温度	1200~1300℃
壳体长度（直段）	13200mm	壳体设计压力	3.6MPa
炉腰容积	45m³	壳体设计温度	400℃
主要材料	低合金钢	衬里向火面设计温度	1600℃
腐蚀裕度	3mm		

甲烷非催化氧化转化炉的优点如下。

① 转化炉中不装填转化催化剂，可以将气体脱硫设在转化之后，焦炉煤气中难以脱出的、复杂的有机硫经转化炉高温后都分解成了易于脱出的无机硫，气体净化流程大大缩短，脱硫措施得以简化，节省气体净化投资。

② 不使用转化催化剂，节省转化催化剂消耗费用。

③ 由于没有转化催化剂的作用，只有当转化炉内火焰温度在1700℃以上，转化炉出口温度达到1100℃以上时，才能达到有催化转化的烃类转化的程度，因此，对转化炉及其烧嘴材质要求比较高，转化炉及其烧嘴投资较高。

④ 转化过程中无炭黑生成。

目前，甲烷非纯氧转化制备甲醇合成气的转化炉装置正在进一步的实践中。

3. 转化炉的选取

在转化炉的设计或生产厂家选用转化炉时，一定要考虑以下几个问题。

（1）烧嘴　烧嘴是转化炉系统的关键设备，无论是催化转化还是非催化转化，焦炉煤气与纯氧都要在烧嘴中混合，烧嘴既要促进焦炉煤气与氧气混合，又要与炉体匹配形成适宜流场，进而形成适宜的温度分布。

按照烧嘴的设计原则，冷却水的操作压力需大于纯氧转化炉内的操作压力，以保证在烧嘴发生裂缝的情况下转化气不至于向外喷射进入冷却水系统而是冷却水流入炉内气化成蒸汽，不会发生伤害事故。为保持冷却水的压力，采用"氮封"。

（2）测温点　针对转化炉上层催化剂测温点在炉膛内仍存在温度过高烧坏的现象。首先考虑更换测温点外加保护套管的材料。转化炉在焦炉煤气与氧气混合不均匀燃烧的情况下，燃烧区局部温度短时间有时可达到1650℃以上，转化炉上层催化剂测温点的温度短时间有时也达到1300℃左右，外加保护套管使用的材料存在随时有被烧坏的可能，因此选择抗氧化耐高温的材料是解决该问题的关键。

（3）耐火材料　耐火材料的选择是非常重要的。

六角砖可以避免火焰直接冲击催化剂床层。催化剂上部为耐高温的Ni催化剂（含NiO 7%~8%），下层为高效Ni催化剂（含NiO 14%~15%）。

高温气体自上而下通过催化剂床层进行甲烷转化反应，出口温度为985℃左右，由于硅化物在高温下容易挥发，并随气体进入后序系统，沉积在废热锅炉等设备内，既增加了阻力又降低了传热效率，因此要求转化炉的耐火衬里催化剂上面的六角砖中的SiO_2含量小于0.5%。

（4）水夹套　水夹套是本装置的重要设备，可以保证承压壳体壁温在耐火衬里出现问题的情况下不超温。

4. 转化炉的烘炉

转化工序需要烘炉的设备有预热炉、转化炉和废热锅炉三台设备，在催化剂装填之前需要认真烘炉。

① 预热炉烘炉曲线表见表 4-5。

表 4-5 预热炉烘炉曲线表

温度/℃	升温速率/(℃/h)	时间/h	说明
常温~130	6	18	升温出水
130	恒温	24	出水
130~320	8	24	升温出水
320	恒温	12	
320~500	10	24	<300
500	恒温	24	
500~常温	降温<20	24	自然降温
合计		150	

② 转化炉烘炉控制要点。温度控制在 480℃ 以下时，以上部测温点为依据；当温度上升到 480℃ 以上时，以下部测温点为依据。转化炉烘炉曲线表见表 4-6。

表 4-6 转化炉烘炉曲线表

温度/℃	速率/(℃/h)	时间/h	传热介质	说明	测温点
常温~110	5	17	空气	出水	
110	恒	48	空气	出水	
110~200	7.5	12	空气	出水	
200	恒	48	空气	出水	
200~300	7.5	13	空气	出水	顶部入口测温点
300	恒	24	空气	缩小轴向温差	
300~150	10	15	空气	降温	
150	恒	12	空气	缩小轴向温差	
150~480	10	33	空气	升温	
480~600	10~15	8	空气	升温	
600	恒	48	空气	缩小温差	底部出口测温点
600~常温	45	48	空气	自然降温	
合计		326			

③ 废热锅炉烘炉控制要点。温度监测点，以入口管和出口管上的最高温度点为依据。废热锅炉烘炉曲线表见表 4-7。

注意：①对流段的加热盘管内通入空分送来的压缩空气，以及时撤走热量，避免烧坏盘管。在烘废热锅炉时，要通过汽包及时向废热锅炉内加入脱盐水，并维持正常液位，以调整汽包压力，使废锅出口温度达到 350℃，转化炉夹套内及时通循环水。②严格按照预热炉烘炉曲线表、转化炉烘炉曲线表、废热锅炉烘炉曲线表进行，不得任意修改。③烘炉结束后，打开人孔进入炉内检查耐火材料有无脱落和裂缝，换热炉管和内件是否正常，发现问题及时通知制造厂进行处理。

表 4-7 废热锅炉烘炉曲线表

温度/℃	升温速率/(℃/h)	时间/h	传热介质	说明	测温点
常温~150	8	15	空气	出水	入口测温点
150±20	恒	36	空气	出水	入口测温点
150~350	8~10	25	空气	升温出水	入口测温点
350±10	恒	48	空气	缩小轴向温差	入口测温点
350~常温	<20	16	空气	偏预热炉	入口测温点
合计		140	空气		

单元 7 甲烷转化的岗位操作

M4-8 甲烷转化岗位的操作要点

知识点 1 岗位职责

① 严格执行本岗位操作技术规程,不违章,不违纪,确保人身、设备安全和产品质量稳定。

② 负责对各工艺数据如实记录,定时向生产调度室报告并服从调度室的指挥及安排。

③ 负责空气鼓风机、预热炉、转化炉、废热回收、工艺冷凝液回收、冷却器、分离器及氧化锌脱硫槽等及所属管道、阀门、控制点、电气、仪表、安全防护设施等的管理。

④ 管好岗位所配工具、用具、防护器材、消防器材、通信联络设施和照明。

⑤ 负责本岗位所管理设备的润滑、维护保养,跑、冒、滴、漏的治理及环境卫生。

⑥ 发现生产异常或设备故障时应及时处理,并将发生的原因和处理经过及时向班长和生产调度室汇报,并如实记录。

⑦ 负责在《岗位操作记录报表》上填写各项工艺技术参数;在《生产作业交接班记录》中填写生产记录。

⑧ 按交班制度认真做好交接班。

知识点 2 岗位操作规程

1. 开车前准备工作

① 设备管线、阀门经吹扫,气密合格。

② 运转设备试运转无问题。

③ 水、电、气、汽具备开车条件。

④ 仪表、液位计、压力表齐全、准确、灵敏。

⑤ 安全装置、联锁装置齐全,试运合格。

⑥ 检查系统阀门开关位置准确,各盲板按工艺流程严格检查设置正确。

⑦ 工艺系统置换合格。

⑧ 点火用具齐全。

⑨ 通知仪表人员准备开有关的各仪表。

⑩ 湿法脱硫运行正常，硫化氢的含量小于 $30mg/m^3$。
⑪ 空分车间开车正常，具备供合格氧气条件。

2. 开车步骤

① 废热锅炉汽包建立液位：1/2～2/3。
② 转化炉及废热锅炉各水夹套开冷却水，各通水预热器通上水，并调好分配量，并随升温过程及时调节。
③ 联系调度送中压蒸汽，注意排净冷凝液，缓慢将气体经预热炉上段在转化炉前放空。
④ 转化预热炉准备点火，对转化炉进行蒸汽升温，升温速率 60～80℃/h（以床层温度为准）。转化预热炉点火、升温流程如下：

a. 开预热炉顶部烟道蝶阀、鼓风机，对预热炉炉膛及助燃空气系统置换，分析炉膛可燃气含量≤0.5% 为合格。

b. 倒通燃烧气系统流程，对燃烧气系统进行置换，燃气在预热炉前放空，分析可燃气中 O_2 含量≤0.5% 为合格。注意两者采样分析应同时进行，若有其中一项不合格，也不能点火。

c. 适当调节鼓风机预热炉烟道出口蝶阀，使鼓风量及炉膛负压适中；引氮气对转化炉进行升温。

d. 点着火枪，并将火枪口伸至炉膛内的火嘴点火部分，打开火嘴阀，点着火嘴，可根据升温要求调节火嘴、增加点火嘴。

e. 观察预热炉炉膛温度，待转化预热炉炉膛温度达 260℃，转化炉床层温度达 180℃ 以上，慢慢引外来中压过热蒸汽对转化炉进行升温（注意：蒸汽排干净冷凝水，分析蒸汽含盐量≤$3mg/m^3$）。

f. 转化炉氮气、蒸汽升温流程：

外来氮气、蒸汽→焦炉煤气预热器（壳程）→预热炉→转化炉→废热锅炉→焦炉煤气预热器（管程）→出口放空（临时定）→焦炉煤气初预热（壳程）出口→放空。

⑤ 转化炉出口温度高于 600℃，引焦炉煤气，通入焦炉煤气初预热器，气体在精脱硫前放空（注意事先切除保护蒸汽）。

⑥ 待焦炉煤气预热器达 280℃ 时，焦炉煤气串精脱硫气体改在氧化锌出口放空；注意精脱硫压力不高于 1.2MPa。

⑦ 待精脱硫各槽温度正常，分析氧化锌出口气体总硫含量≤$0.1mg/m^3$，转化炉出口温度达 650℃ 且稳定后，可向转化炉配氢。

a. 配氢前要保持精脱硫压力高于转化系统压力而又不高于 0.2MPa；
b. 配氢前要将配氢大阀前后管线置换；
c. 配氢操作要缓慢，可分 2～3 次配完；
d. 配氢过程要注意调节预热炉温度增加燃烧气量及转化炉水气比≥1.0；
e. 待后系统开车稳定后要开大配氢阀（属于系统调整，降低系统阻力）。

⑧ 转化炉配纯氧蒸汽：转化炉配氢气结束，预热炉焦炉煤气出口温度控制为 650℃ 且稳定后，预热炉氧气出口温度达 300℃，可向转化炉加入纯氧蒸汽。

a. 加氧原则：

宜少不宜多，可分数次加氧至要求；
将转化炉温度提至工艺指标内为止；

一般每 $1000m^3/h$ 工艺焦炉煤气加入氧气的量不超过 $200m^3/h$。

b. 注意保持如下关系：汽包蒸汽压力＞氧气压力＞系统压力。

⑨ 待转化炉出口达890℃，可切外来蒸汽，仅利用自产蒸汽；并进一步将转化炉温度调至正常，转入正常生产。将所有转化部分自动仪表及工艺指标投用并调至正常。

⑩ 转化气缓慢向后系统串气，经锅炉给水预热器（管程、壳程）和水换热；至再沸器（壳程）换热；经脱盐水预热器（管程）和水换热；经水冷气（管程）；经气液分离器分离掉水，温度降至40℃，再经氧化锌脱硫槽，脱除 H_2S 含量至$<0.1mg/m^3$，温度小于40℃，气体送往合成压缩机。注意压力保持在 2.1MPa，并通知合成开车。

3. 运转设备开、停车

（1）鼓风机开车、停车

① 开车前准备。检查各润滑点，加油，盘车，机械电机无问题，联系电工，电机绝缘合格，出口阀处于关位，入口过滤网清洁。

② 开车。启动电机，注意转向正确，转速正常后缓慢开启出口阀，加量至工艺要求，注意电机电流变化。运行后无异响、振动、发热现象方可离开。

③ 停车。关出口阀，停电机。

（2）倒车

① 检查备用风机，盘车，油位，关出口阀，电机绝缘合格。

② 检查电机。

③ 渐开备用风机出口阀，渐关运行风机出口阀，保持工艺稳定。

④ 待运转风机出口阀全关时，停运转机。

（3）冷凝液泵

① 开车前准备。检查油位，开冷却水，盘车，检查电机绝缘合格。

② 开车。开入口阀，排气后启动电机，待出口水压达到工艺指标要求，渐开出口阀，送水至正常。开车过程中要仔细检查机械部分和电机有无异响振动和发热现象。

③ 停车。关掉出口阀按停车按钮，停电机后关入口阀，停冷却水，排出泵体积水，定期盘车。

④ 倒泵。将需开的泵按开车前准备好，先开启备用泵，出口水压与系统压力平衡或高出时，逐渐打开出口阀，加量至正常，同时欲倒泵逐渐减负荷至停泵。

4. 正常停车

（1）计划停车（包括长期停车） 接到中控调度停车指示后，立即通知精脱硫、空分、合成做好停车准备。

① 由后工序向前顺序停车，依次是常温氧化锌、转化、精脱硫。

② 转化炉切氧气，关闭汽包主线、副线各阀门，蒸汽在转化炉前放空。

③ 转化炉切工艺气，精脱硫关闭配氢气阀及精脱硫出入口阀，焦炉煤气改在氧化锌出口放空，精脱硫根据停车要求进行处理（保温保压或降温）。

④ 引外来蒸汽对转化炉进行降温，蒸汽降温至250℃，切换氮气降温，吹降至100℃以下，温度以转化炉出口为准。

a. 转化炉蒸汽降温开始后可关汽包出口阀门，自产蒸汽就地放空，但要注意保持系统压力。

b. 降温开始后逐渐降低预热炉焦炉煤气出口温度,降温速率控制在≤100℃/h。

⑤ 转化预热炉灭火停燃料气,待加热炉炉膛温度降至50℃以下,停鼓风机,打开炉底人孔或看火孔进行自然降温。

⑥ 水系统根据停车情况进行处理,冬季要注意防冻。

(2) 短期停车(包括临时停车)

① 接调度通知,切除氧化锌脱硫槽,气体在焦炉煤气初预热器出口放空。

② 转化炉依次切氧气、工艺气,精脱硫保温保压,焦炉煤气在入精脱硫前放空。

③ 利用自产蒸汽、外来蒸汽,按降温要求进行降温。如停车时间很短则可将转化炉出口温度降至700～800℃之后保温保压,如停车时间较长则将温度降至500℃或按停车要求进行。预热炉可维持火嘴燃烧或灭火。

④ 水系统要及时调节供水量,转化炉停止降温或温度较低,汽包液位较难控制时可将自产蒸汽就地放空,关闭汽包出口阀门。

⑤ 各自动自调仪表调至手动位置。

5. 事故处理

(1) 全厂停电　停电后各运转设备处于静止状态,各自动调节阀归原位,需做紧急处理。

① 迅速关闭如下各阀门:富纯氧入口前后阀,精脱硫出口阀,氧化锌槽进出口阀。

② 迅速开启纯氧放空阀。

③ 各运转设备恢复到停车位置。

④ 各自动调节仪表调至手动位置,或现场控制。

⑤ 关连续排污阀。

⑥ 工艺系统根据情况保温保压。

(2) 焦炉气中断　因压缩机问题或化产回收车间问题,造成焦炉气中断,应做如下处理。

① 立即切除氧气,关闭纯氧入口阀,打开纯氧放空阀。

② 切精脱硫进出口阀,切氧化锌出入口阀,保温保压。

③ 转化炉引外来蒸汽进行置换或蒸汽降温(酌情处理)。

④ 汽包维持液位,停止排污,预热炉酌情处理。

⑤ 如停车时间长,则按正常停车处理。

(3) 氧气中断　氧气中断立即查找原因,若因纯氧出口调节阀出现问题,应立即启用副线,控制氧气量。若因空分问题断氧,立即关闭纯氧出口主副线阀及切断纯氧放空阀,若氧气长时间不能供应可按正常停车处理。

(4) 停仪表空气　工艺处理同停电。

(5) 仪表微机停电　各自动调节阀失控,因此应做紧急停车处理。

(6) 锅炉干锅　发现干锅后应做紧急停车处理,切记不可马上向锅炉注水,否则急剧产生大量蒸汽超压,导致爆炸事故。

做紧急停车处理:转化炉切氧气、焦炉煤气,引外来蒸汽先进汽包至废热锅炉,切记先排净蒸汽管线内的冷凝水后再通入蒸汽。并开废热锅炉排污阀,逐渐冷却降温后方允许加水,并认真检查废热锅炉有无泄漏及使用情况。

(7) 预热炉断燃烧气　预热炉断燃烧气后，火嘴灭火，应做停车处理，切不可未查明原因前恢复供气。

(8) 预热炉助燃空气鼓风机突然停车

① 应立即启用备用鼓风机。

② 如备用鼓风机开不起来，则工艺泵减量，立即打开加热炉下部空气管下端的盲板，利用加热炉内负压，使常压空气吸入加热炉，维持低负荷生产。

思考题

1. 转化炉出口甲烷含量上升的原因及处理方法有哪些？
2. 汽包排污的方式有几种？有什么作用？
3. 甲烷转化制取合成甲醇原料气的方法有几种？目前经常采用的是哪种？
4. 向转化炉投氧的条件有哪些，如何投安全？
5. 简述本工序的巡检路线。

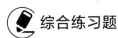

综合练习题

一、判断题

1. 转化催化剂的主要组分是 NiO_2。（　　）
2. 甲烷的转化过程反应是吸热反应。（　　）
3. 催化剂的硫化可以采用高硫煤气。（　　）
4. 转化工序常温氧化锌槽脱氯剂的主要组分是 CuO。（　　）
5. 转化炉顶层和底部耐火球的规格是一样的。（　　）
6. 工艺气体在进入转化炉前必须预热。（　　）
7. 空速是指空气通过催化床层的速度。（　　）

二、填空题

1. 原料气转化的目的是将 CH_4 转化为_____成分。
2. 出精脱硫工序原料气的压力应小于_____MPa。
3. 焦炉煤气中含量最多的是_____。
4. 转化炉的升温速度一般控制在_____℃/h。
5. 进转化炉的氧气、焦炉煤气、蒸汽的压力关系为_____。
6. 转化炉投氧前，氧气送到系统前必须分析氧气纯度，一般控制在_____。
7. 转化炉减负荷时原料气、氧气、蒸汽的减量顺序为_____。

三、选择题

1. 精脱硫煤气出口总硫含量（　　）。
   A. $<0.1cm^3/m^3$　　　　B. $<0.05cm^3/m^3$　　　　C. $<0.01cm^3/m^3$
2. 催化剂硫化时所用的煤气成分是（　　）。
   A. 高硫煤气　　　　B. 湿脱硫后的煤气　　　　C. 两者都可以
3. 转化炉出口转化气温度的工艺指标为（　　）℃。
   A. 660　　　　B. 900　　　　C. 985
4. 预热炉出口氧气的温度为（　　）℃。
   A. 350　　　　B. 300　　　　C. 420

5. 转化炉出口残余甲烷含量为（　　）%。
   A. <0.6　　　　　　　B. <0.8　　　　　　　C. <0.5
6. 转化炉出口转化气中总硫含量（　　）。
   A. <0.1cm³/m³　　　　B. <1cm³/m³　　　　C. <0.01cm³/m³
7. 转化炉的操作温度为（　　）℃。
   A. 800~1300　　　　　B. 985~1300　　　　　C. 985~1600
8. 转化炉的操作压力为（　　）MPa。
   A. 2.0　　　　　　　　B. 2.5　　　　　　　　C. 2.3

四、简答题

1. 转化岗位从开始升温到投入生产共分哪几个步骤？
2. 转化炉出口转化气中甲烷含量上升的原因有哪些？
3. 正常生产时转化炉内的基本反应有哪些？
4. 转化炉的规格如何？

模块五

甲醇的合成

焦炉煤气经过精脱硫、甲烷转化后,原料气中的硫化物含量小于 $0.1mg/m^3$,进入合成气压缩机,经压缩后的工艺气体进入合成塔,在催化剂作用下合成粗甲醇,并利用其反应热副产 3.9MPa 中压蒸汽,降温减压后饱和蒸汽送入低压蒸汽管网,同时将粗甲醇送至精馏系统生产精甲醇,合成弛放气送往净化或锅炉车间。

单元 1 甲醇合成的原理和方法

M5-1 甲醇合成的原理和方法

知识点 1 甲醇合成反应机理

自 CO 加氢合成甲醇工业化以来,有关合成反应机理一直在不断探索和研究之中。早期认为合成甲醇是通过 CO 在催化剂表面吸附生成中间产物而合成的,即 CO 是合成甲醇的原料。但 20 世纪 70 年代以后,通过同位素示踪研究,证实合成甲醇中的原子来源于 CO_2,所以认为 CO_2 是合成甲醇的起始原料。为此,分别提出了 CO 和 CO_2 合成甲醇的反应机理。但时至今日,有关合成机理尚无定论,有待进一步研究。

为了阐明甲醇合成反应的模式,1987 年朱炳辰等针对我国 C301 型铜基催化剂,分别对仅含有 CO_2 或 CO 或同时含有 CO_2 和 CO 三种原料气进行了甲醇合成动力学实验测定,三种情况下均可生成甲醇,实验说明:在一定条件下,CO 和 CO_2 均可在铜基催化剂表面加氢生成甲醇。因此基于化学吸附的 CO 连续加氢而生成甲醇的反应机理被人们普遍接受。

对甲醇合成而言,无论是锌铬催化剂还是铜基催化剂,其多相(非匀相)催化过程均按下列过程进行:

① 扩散——气体自气相扩散到气体-催化剂界面;
② 吸附——各种气体组分在催化剂活性表面上进行化学吸附;
③ 表面吸附——化学吸附的气体,按照不同的动力学假说进行反应形成产物;
④ 解析——反应产物的脱附;
⑤ 扩散——反应产物自气体-催化剂界面扩散到气相中去。

甲醇合成反应的速率,是上述五个过程中的每一个过程进行速率的总和,但全过程的速率取决于最慢步骤的完成速率。研究证实，过程①与⑤进行得非常迅速，过程②与④的进行速率较快，而过程③分子在催化剂活性界面的反应速率最慢，因此，整个反应过程的速率取决于表面反应的进行速率。

提高压力、升高温度均可使甲醇合成反应速率加快，但从热力学角度分析，由于CO、CO_2和H_2合成甲醇的反应是强放热的体积缩小反应，提高压力、降低温度有利于化学平衡向生成甲醇的方向移动，同时也有利于抑制副反应的进行。

知识点2 甲醇合成主要化学反应

1. 甲醇合成主要化学反应

一氧化碳按下列反应生成甲醇：

$$CO+2H_2 \longrightarrow CH_3OH(g)+100.4kJ/mol$$

当有二氧化碳存在时，二氧化碳按下列反应生成甲醇：

$$CO_2+3H_2 \longrightarrow CH_3OH(g)+H_2O(g)+58.6kJ/mol$$

典型的副反应：

$$CO+3H_2 \longrightarrow CH_4+H_2O(g)+115.6kJ/mol$$

$$2CO+4H_2 \longrightarrow CH_3OCH_3(g)+H_2O(g)+200.2kJ/mol$$

$$4CO+8H_2 \longrightarrow C_4H_9OH+3H_2O+49.62kJ/mol$$

2. 甲醇合成反应热效应

一氧化碳和氢反应生成甲醇是一个放热反应，在25℃时反应热为$\Delta H_{298}^{\ominus} = -90.8kJ/mol$。

常压下不同温度的反应热可按下式计算：

$$\Delta H_T^{\ominus}=4.186\times(-17920-15.84T+1.142\times10^{-2}T^2-2.699\times10^{-6}T^3)$$

式中　$\Delta H_T^{\ominus}$——常压下合成甲醇的反应热，kJ/mol；

　　　T——热力学温度，K。

在合成甲醇反应中，反应热不仅与温度有关，而且与压力也有关系。

加压下反应热的计算式：

$$\Delta H_p=\Delta H_T-0.5411p-3.255\times10^6T^{-2}p$$

式中　ΔH_p——压力为p、温度为T时的反应热，kJ/mol；

　　　ΔH_T——压力为101.325kPa、温度为T时的反应热，kJ/mol；

　　　p——反应压力，kPa；

　　　T——反应时的热力学温度，K。

利用此公式可以计算出不同温度和不同压力下的甲醇合成反应热。在高压低温时反应热大，因此合成甲醇在低于300℃条件下操作比在高温条件下操作时要求严格，温度与压力波动时容易失控。在压力为20MPa及温度大于300℃时，反应热变化不大，操作容易控制，采用这种条件对甲醇合成是有利的。

知识点3 甲醇合成反应的化学平衡

一氧化碳加氢合成甲醇反应是气相可逆反应，压力对反应有重要影响。

用气体分压表示的平衡常数公式如下：

$$K_p = \frac{p_{CH_3OH}}{p_{CO} p_{H_2}^2}$$

式中　　K_p——甲醇的平衡常数；

p_{CH_3OH}、p_{CO}、p_{H_2}——分别表示甲醇、一氧化碳、氢气的平衡分压。

反应温度也是影响平衡常数的重要因素，不同温度下的反应平衡常数见表 5-1。

表 5-1　不同温度下甲醇的反应平衡常数

反应温度/℃	平衡常数(K_p)	反应温度/℃	平衡常数(K_p)
0	667.30	300	2.42×10^{-4}
100	12.92	400	1.079×10^{-5}
200	1.909×10^{-2}		

用平衡常数与温度的关系式可直接计算平衡常数。平衡常数与温度的关系式为

$$\lg K_a = 3921T - 7.971\lg T + 2.499 \times 10^{-3}T - 2.953 \times 10^{-7}T^2 + 10.20$$

式中　K_a——用温度表示的平衡常数；

　　　T——合成反应温度，K。

用此公式计算出甲醇合成反应平衡常数随温度的上升快速减小，因此甲醇合成不能在高温下进行，但温度低反应速率太慢，所以甲醇合成必须采用高活性铜基催化剂，使反应温度维持在 250~280℃，以获得较高转化率。

在较高压力下，必须考虑反应混合物的可压缩性，此时应用逸度代替分压进行计算。从热力学来看，低温高压对合成甲醇有利。反应温度高，则必须采用高压，才能保证有较大的平衡常数值。合成甲醇的反应温度与催化剂的活性有关，由于高活性铜基催化剂的研究开发成功，中、低压甲醇合成技术有了很大发展。ICI 公司中低压甲醇合成技术，反应温度为 210~270℃，反应压力为 5~10MPa。

知识点 4　甲醇合成补碳

1. 补碳作用

甲醇合成的反应式如下：

$$CO + 2H_2 \Longrightarrow CH_3OH$$
$$CO_2 + 2H_2 \Longrightarrow CH_3OH + H_2O$$

H_2 与 $CO + CO_2$ 之比最佳比值为：$n(H_2 - CO_2)/n(CO + CO_2) = 2.0 \sim 2.5$

由于焦炉气经转化生产的合成气氢气过剩，转化气的组成 $n(H_2 - CO_2)/n(CO + CO_2)$ 比值为 2.44，比最佳的氢碳比 2.0~2.05 高 20% 以上。氢气含量过高，大约多 17% 的氢气，为了更好利用这部分氢气多产甲醇，需要向合成气中补碳（CO、CO_2）。

2. 补碳方法

目前有两种较为常用的补碳方法。

一是外购液体 CO_2 直接气化混合补入合成气中，达到理想 $n(H_2)/n(CO + CO_2)$ 比值。或是采用 BV 法回收加热炉烟气中 CO_2 补入焦炉气方案；

二是利用增加造气装置生产水煤气含（CO + CO_2）高，补入转化气中调整氢碳比为

1.95～2.05，从而获得最佳 H/C 比。

3. 补碳的位置

① 混到原料焦炉气中一起进转化炉，但是这样增加了转化炉的负荷，同时增加了转化的氧耗；

② 与转化气混合直接进入合成系统。

知识点 5　甲醇合成的方法

目前，甲醇合成的方法有高压法、低压法和中压法三种。

1. 高压法

高压法是指压力在 25～30MPa 下进行的甲醇合成反应。工业上最早的甲醇合成技术就是在 30～32MPa 压力下，在锌铬催化剂上合成甲醇的，出口气体中甲醇含量为 3% 左右，反应温度为 360～420℃。我国开发了 25～27MPa 压力下在铜基催化剂上合成甲醇的技术，出口气体中甲醇含量为 4% 左右，反应温度为 230～290℃。新鲜合成气与循环气在油分离器汇合，进入内冷管型甲醇合成塔下部换热器，再经催化床层中冷管加热，预热至床层入口温度进入催化剂床层，先在绝热段中进行绝热反应，再在冷却段中边反应边换热。出床层气体在塔下部换热器中与进塔气体换热降温。出合成塔的气体进入水冷器，甲醇冷凝，在分离器中分离出粗甲醇，未反应气体则进入循环机，提高压力后与新鲜空气汇合。

2. 低压法

（1）ICI 低压甲醇合成工艺　1966 年英国 ICI 公司建立了世界上第一个低压法甲醇工厂。该法具有低能耗、生产成本低等优点，该公司同时开发了四段冷激型甲醇合成反应器。我国四川维尼纶厂年产 10 万吨甲醇装置，引进了 ICI 低压甲醇合成工艺。合成气经离心式压缩机升压至 5MPa，与循环压缩后的循环气混合，大部分循环气经热交换器预热，于 230～245℃进合成塔，一小部分混合气作为合成塔冷激气，控制床层反应温度。

在合成塔内，气体在低温高活性的铜基催化剂（ICI51-1）上合成甲醇，反应在 230～270℃及 5MPa 下进行，副反应少，粗甲醇中的杂质含量低。

合成塔出口气经热交换器换热，再经水冷分离，得到粗甲醇，未反应气返回循环机升压，完成一次循环，为了使合成回路中的惰性气体含量维持在一定范围内。粗甲醇在闪蒸器中降压至 0.35MPa，使溶解的气体闪蒸，可作为燃料使用。

（2）Lurgi 低压甲醇合成工艺　德国 Lurgi 公司开发的甲醇合成工艺，该流程采用管壳型反应器，催化剂装在管内，反应热由管间沸腾水带走，并副产中压蒸汽。我国齐鲁石化公司第二化肥厂引进了 Lurgi 低压甲醇合成工艺。在该流程中，甲醇合成原料气在离心式透平压缩机内加压至 5.2MPa 与循环气以 1∶5 的比例混合。混合气在进反应器前先与反应器的出塔气体换热，升温至 220℃左右然后进入管壳型合成塔。反应热传给壳程的水，产生蒸汽进入汽包，出塔气温度约 250℃，含甲醇 7% 左右，经换热冷却至 85℃，然后用空气和水分别冷却，温度降至 40℃，冷凝的粗甲醇经分离器分离。分离粗甲醇后的气体适当放空，控制气体中惰性气体的含量。这部分放空气体用作燃料，大部分气体进入透平压缩机加压后返回合成塔。合成塔副产的蒸汽及外部补充的高压蒸汽一起进入过热器，过热至 500℃左右，带动透平机。透平后的低压蒸汽作为甲醇精制工段所需的热源。

3. 中压法

中压法是在低压法研究的基础上进一步发展起来的,由于低压法操作压力低,导致设备体积相当庞大,不利于甲醇生产的大型化,因此发展了压力为 10MPa 左右的甲醇合成中压法。

单元 2　甲醇合成的工艺流程及计算

知识点 1　甲醇合成的工艺流程

M5-2　甲醇合成的工艺流程

来自合成气压缩机的甲醇合成气温度为 80℃、压力为 5.9MPa,依次进入两台气气换热器,被来自合成塔反应后的出塔气体加热到 225℃后,进入合成塔顶部。

合成塔为立式绝热-管壳型反应器,管内装有 C306 型低压甲醇合成催化剂。当合成气进入催化剂床层后,在 5.8MPa、220～260℃下 CO、CO_2 与 H_2 反应生产甲醇和水,同时还有微量的有机杂质生成。合成甲醇的两个反应均为强放热反应,释放出的热量大部分由合成塔壳侧的沸腾水带走。通过控制汽包压力来控制催化剂层温度及合成塔出口温度,合成塔出口压力为 5.6MPa、温度为 255℃的热反应气进入气气换热器的管程与入塔合成气逆流换热,被冷却到 80℃左右,此时有一部分甲醇被冷凝成液体。该气液混合物再经水冷器进一步冷却,冷却至≤40℃,再进入甲醇分离器分离粗甲醇。

分离出粗甲醇后的气体,压力约为 5.45MPa,温度约为 40℃,返回合成气压缩机,经加压后循环使用。为了防止合成系统中惰性气体的积累,要连续从系统中排放少量的循环气体,经洗醇塔洗涤甲醇后作为弛放气送往净化、焦炉、锅炉做燃料使用,整个合成系统的压力由弛放气自调阀来控制。

由分离器底部分离出的粗甲醇,温度为 40℃,压力为 4.5MPa,进入一级过滤器和二级过滤器除去粗甲醇中的石蜡及其他固体杂质。经液位调节阀减压至 0.5MPa 后,进入甲醇闪蒸槽,闪蒸出溶解在粗甲醇中的大部分气体,然后底部排出粗甲醇,并与洗醇塔底部排出的含醇水一并送往甲醇精馏系统。

汽包与合成塔壳侧一根下降管和六根汽液上升管连接形成自然循环锅炉,副产蒸汽温度为 160～249℃、压力为 2.0～3.9MPa。经减压减温装置转化为 158℃的饱和蒸汽送入低压蒸汽管网。汽包用的锅炉水来自锅炉给水总管,温度为 105℃,压力为 4.1MPa。为保证锅炉水质量,用磷酸盐泵加入少量磷酸盐溶液,在汽包下部和合成塔下部均设有间断排污,在汽包中部设有连续排污,然后进入排污膨胀槽,进而排入地沟。

合成塔内催化剂的升温加热,用蒸汽喷射器来完成。加入压力为 3.5MPa 的中压蒸汽,通过开工蒸汽喷射器带动炉水循环,使催化剂层温度均匀逐渐上升。

甲醇合成的工艺流程如图 5-1 所示,甲醇合成的 DCS 图如图 5-2 所示。

知识点 2　甲醇合成的工艺计算

甲醇合成工艺的确定一般在可行性研究阶段就已经完成,并得到相关部门的批准。确定使用何种甲醇合成工艺是一件比较繁琐的工作,要在建厂地区的自然条件、交通条件、业主要求、后续产品要求、当地工业设备的加工制造及维护能力、水电供应、装置的公用工程消

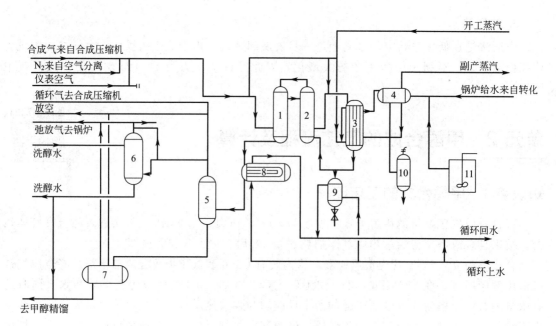

图 5-1 甲醇合成的工艺流程

1,2—气气换热器；3—合成塔；4—汽包；5—甲醇分离器；6—洗醇塔；7—闪蒸槽；
8—水冷器；9—取样冷却器；10—排污膨胀槽；11—磷酸盐槽

耗、人力资源条件、装置投资、资金来源、环境保护要求、工程建设进度要求等基础上进行综合比较最终确定。

1. 数据假设

在进行甲醇粗产量的计算时作如下假设：

① 所有的 CO_2 都参与反应并生成甲醇，CO 生成甲醇的数量为生成甲醇总量减去由 CO_2 生成甲醇的量及新鲜气带入甲醇量之和，再加弛放气带出甲醇的量。

② CO 全部消耗，除生成甲醇外，也参与副反应以及其他损耗。

③ 弛放气的量为新鲜气的 9%，循环比为 5，即循环气量为新鲜气量的 5 倍。

④ 粗甲醇的质量浓度为 93.89%；轻组分以二甲醚计，占 0.188%；重组分以异丁醇计，占 0.026%；水占 5.896%。

2. 计算思路

在进行甲醇粗产量的计算时依据下列平衡关系：

关系式 1 用于粗甲醇合成估算：

所需的新鲜气量＝甲醇合成新鲜气量＋副反应消耗新鲜气量＋各类损失

关系式 2 用于粗甲醇合成精确计算（在关系式 1 的基础上）：

甲醇合成量＝新鲜气带入甲醇量＋合成甲醇量－不凝气带出甲醇量－
塔釜液带出甲醇量－弛放气带出甲醇量

3. 甲醇粗产量的估算

以 $100 m^3$ 用于合成甲醇的新鲜气为基准进行，依据甲醇合成示意图（图 5-3），以虚线框为计算系统进行物料衡算。

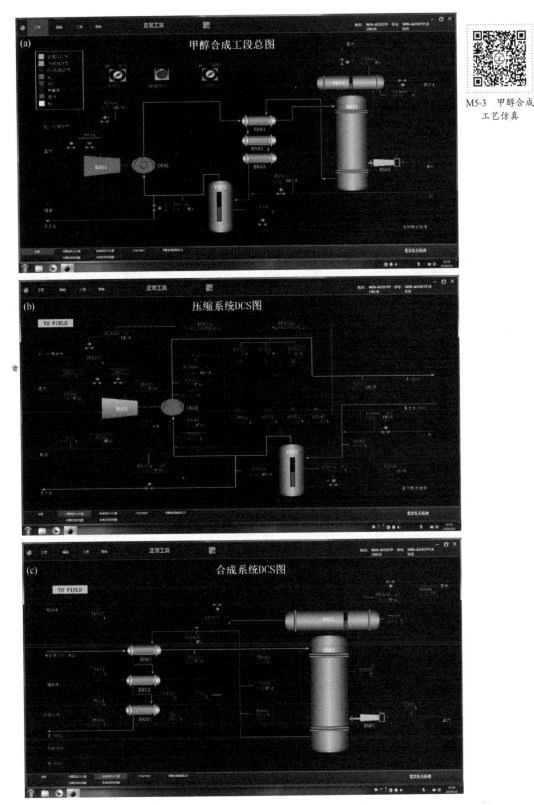

图 5-2 甲醇合成的 DCS 图 (a) 甲醇合成工段总图 (b) 压缩系统 DCS 图 (c) 合成系统 DCS 图

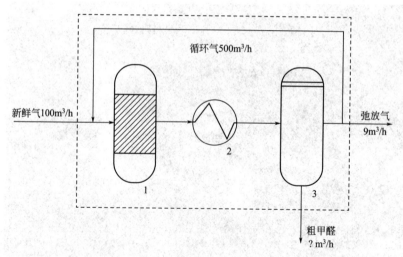

图 5-3 甲醇合成示意图

按照假设条件对甲醇合成塔进行物料衡算,新鲜气体流量为 $100m^3/h$,则循环气体流量为 $500m^3/h$,弛放气体流量为 $9m^3/h$,依据碳平衡进行合成粗甲醇产量的计算,设粗甲醇的合成量为 Am^3/h。

① 根据表 5-2 计算,得到新鲜合成气体中总碳量:

$$V_{C新}=(3.20+26.77+0.08+0.01)\%×100=30.06(m^3)$$

表 5-2 新鲜合成气组成(低温甲醇洗)

组分	CO_2	CO	H_2	N_2	Ar	CH_4	CH_3OH
含量/%(体积分数)	3.20	26.77	68.11	1.53	0.30	0.08	0.01

② 根据表 5-3 计算,得到弛放气中总碳量:

$$V_{C弛}=(6.29+3.50+4.79+0.61)\%×9=1.367(m^3)$$

表 5-3 弛放气组成(循环其他组成)

组分	CO	CO_2	H_2	N_2	Ar	CH_4	CH_3OH	H_2O
含量/%(体积分数)	6.29	3.50	79.31	3.19	2.3	4.79	0.61	0.01

③ 根据表 5-4 计算,得到合成粗甲醇中溶解总碳量:

$$V_{C溶}=(0.488+0.097+0.097)×89.84\%×A÷100=0.006135A(m^3)$$

表 5-4 气体在合成甲醇中的溶解度(5.06MPa,40℃)

组分		CO	CO_2	H_2	N_2	Ar	CH_4
含量/%(体积分数)	m^3/t 甲醇	0.682	3.416	0.000	0.314	0.358	0.682
	$m^3/100m^3$ 甲醇	0.097	0.488	0.000	0.045	0.051	0.097

④ 根据表 5-5 计算,得到合成粗甲醇中总碳量:

$$V_{C粗}=(89.84+0.12×2+0.01×4)\%×A=0.9012A(m^3)$$

表 5-5 合成粗甲醇组成

组分	质量分数/%	摩尔分数/%	体积分数/%
甲醇	93.89	89.84	89.84
二甲醚	0.188	0.12	0.12
异丁醇	0.026	0.01	0.01
水	5.896	10.03	10.03
合计	100	100	100

依据合成反应过程中输入总碳量=输出总碳量,得下列平衡式:
$$30.06 = 1.3671 + 0.006135A + 0.9012A$$
得到粗甲醇产量: $A = (30.06 - 1.3671) \div 0.907335 = 31.6233 (m^3/h)$
即估算得到 $100m^3/h$ 新鲜气可合成粗甲醇 31.6233 (m^3/h)。
合成产品甲醇量为: $31.6233 \times 89.84\% = 28.4104$ (m^3/h)

4. 以 $100m^3$ 新鲜气为计算基准,进行甲醇粗产量的精确计算

① 合成甲醇的反应。
甲醇合成主反应如下:

$$CO + 2H_2 \longrightarrow CH_3OH + 90.64 kJ/mol \quad (1)$$
$$CO_2 + 3H_2 \longrightarrow CH_3OH + H_2O + 49.67 kJ/mol \quad (2)$$

甲醇合成的主要副反应:

$$CO + 3H_2 \longrightarrow CH_4 + H_2O + 115.69 kJ/mol \quad (3)$$
$$2CO + 2H_2 \longrightarrow CH_4 + CO_2 + 227.32 kJ/mol \quad (4)$$
$$2CO + 4H_2 \longrightarrow CH_3OCH_3 + H_2O + 200.30 kJ/mol \quad (5)$$
$$4CO + 8H_2 \longrightarrow C_4H_9OH + 3H_2O + 49.62 kJ/mol \quad (6)$$

② $100m^3$ 新鲜气合成甲醇物料衡算。假设新鲜气中的 CO_2 的全部转变为甲醇,按反应 (2) 式计算得到甲醇生成量为 $3.20m^3$,同时生成 $3.20m^3$ 的水。

弛放气带出甲醇量: $0.61\% \times 9 = 0.0549$ (m^3)
由前面估算获知 $100m^3$ 新鲜气可合成甲醇量: $28.4104m^3$
CO 合成甲醇量: $31.6233 \times 89.84\% - 3.20 - 0.01 + 0.0549 = 25.2553$ (m^3)
二甲醚量: $31.6233 \times 0.12\% = 0.0379$ (m^3)
异丁醇量: $31.6233 \times 0.01\% = 0.0032$ (m^3)
生成的水量: $31.6233 \times 10.03\% = 3.1718$ (m^3)
CO 的损耗量=弛放气体中 CO 排放量+生成甲醇中 CO 的溶解量
$$= 6.29\% \times 9 + 0.097 \times 28.4104 \div 100 = 0.5937 (m^3)$$
不凝气带出量忽略不计。
依据以上计算,得知合成甲醇过程中各反应消耗 CO 和 CO_2 为:
反应式 (1) 消耗碳 $25.2553m^3$。
反应式 (2) 消耗碳 $3.20m^3$ (CO_2)。
假定新鲜气中 CO_2 全部参与反应,弛放气体排放 CO_2 的量与生成甲醇中溶解 CO_2 的量全部来自反应生成,由 (4) 式反应得到 CO 消耗量为:

$3.50\% \times 9 + 0.488 \times 28.4104 \div 100$
$= 0.3150 + 0.1386$
$= 0.4536 \,(\text{m}^3)$

CH_4 的损耗量＝弛放气体中 CH_4 排放量＋生成甲醇中 CH_4 的溶解量
$= 4.79\% \times 9 + 0.097 \times 28.4104 \div 100$
$= 0.4311 + 0.0276$
$= 0.4587 \,(\text{m}^3)$

由此得到（3）式反应消耗 CO 量：$0.4587 - 0.4536 - 0.08 = -0.0749 \,(\text{m}^3)$
反应式（5）消耗 CO 量：$0.0758 \,\text{m}^3$
反应式（6）消耗 CO 量：$0.0128 \,\text{m}^3$
H_2 的损耗量＝弛放气体中 H_2 的排放量＋生成甲醇中 H_2 的溶解量
$= 79.31\% \times 9 + 0.0 \times 28.4104 \div 100$
$= 7.1379 \,(\text{m}^3)$

弛放气带走水的量＝$0.01\% \times 9 = 0.0009 \,(\text{m}^3)$
所以得到：

整个工艺中甲醇产量＝新鲜气带入甲醇量＋新鲜气合成甲醇量－不凝气带出甲醇量－弛放气带出甲醇量－塔釜液带出甲醇量

其中，新鲜气带入甲醇量：$100 \times 0.01\% = 0.01 \,(\text{m}^3)$
新鲜气合成甲醇量：$28.4104 \,\text{m}^3$
不凝气带出甲醇量：

据经验每标准立方米不凝气夹带甲醇 37g。$100 \,\text{m}^3$ 新鲜气合成甲醇冷凝后不凝气带出甲醇量由下式计算：

不凝气量＝$(0.097 + 0.488 + 0.000 + 0.045 + 0.051 + 0.097) \times 28.4104 \div 100$
$= 0.778 \times 28.4104 \div 100$
$= 0.2210 \,(\text{m}^3)$

不凝气带出甲醇量＝$0.2210 \times 37 \div 1000$
$= 0.0082 \,(\text{g})$
$= 0.0058 \,(\text{m}^3)$

甲醇精馏工艺中预塔的冷凝液加入量按精甲醇量的 20%（质量分数）计算出所需加水量。

假设甲醇的损耗为生成量的 0.5%，则加水量为（折体积）：
$28.4104 \times (100 - 0.50)\% \times (32 \div 18) \times 20\% = 10.0510 \,(\text{m}^3)$

因此，塔釜的残液量为：
$3.1718 + 10.0510 = 13.2228 \,(\text{m}^3)$

设塔釜残液中甲醇含量为 0.3%（质量分数），塔釜残液带出的甲醇量：
$13.2228 \div 22.4 \times 18 \times 0.30\% = 0.0319 \,(\text{kg}) = 0.0223 \,(\text{m}^3)$

所以 $100 \,\text{m}^3$ 新鲜气合成甲醇产量：
$(28.4104 - 0.0058 - 0.0223 - 0.0549) \div 99.9\%$
$= 28.2959 \div 99.9\%$
$= 28.3242 \,(\text{m}^3) = 40.4631 \,(\text{kg})$

由此得到每小时粗甲醇产量为：
40.4631×99.9%÷93.89%=43.0532（kg）
每小时不凝气排放量为 100÷100×0.2210=0.2210（m³）
综上可得到合成塔反应的物料衡算（略）。具体数据列于表 5-6～表 5-10。

表 5-6 新鲜合成气组成及流量

组分	CO_2	CO	H_2	N_2	Ar	CH_4	CH_3OH	合计
含量/%（摩尔分数）	3.20	26.77	68.11	1.53	0.30	0.08	0.01	100
流量/(m³/h)	3.20	26.77	68.11	1.53	0.30	0.08	0.01	100

表 5-7 循环气体组成及流量

组分	CO	CO_2	H_2	N_2	Ar	CH_4	CH_3OH	H_2O	合计
含量/%（摩尔分数）	6.29	3.50	79.31	3.19	2.3	4.79	0.61	0.01	100
流量/(m³/h)	31.45	17.50	396.55	15.95	11.5	23.95	3.05	0.05	500

表 5-8 弛放气组成及流量

组分	CO	CO_2	H_2	N_2	Ar	CH_4	CH_3OH	H_2O	合计
含量/%（摩尔分数）	6.29	3.50	79.31	3.19	2.3	4.79	0.61	0.01	100
流量/(m³/h)	0.5661	0.3150	7.1379	0.2871	0.207	0.4311	0.0549	0.0009	9

表 5-9 不凝气的组成及流量

组分	CO	CO_2	H_2	N_2	Ar	CH_4	CH_3OH	合计
含量/%（摩尔分数）	12.13	60.77	0.00	6.06	6.37	12.13	2.54	100
流量/(m³/h)	0.0268	0.1343	0.00	0.0134	0.0147	0.0268	0.0056	0.2210

表 5-10 粗甲醇组成及各组分流量

	组分	甲醇	二甲醚	异丁醇	水	合计
基准及流量	%（质量分数）	93.89	0.188	0.026	5.896	100
	kg/h	40.5863	0.0778	0.0106	2.5488	43.2235
	%（摩尔分数）	89.84	0.12	0.01	10.03	100
	kmol/h	1.2683	0.0017	0.0001	0.1416	1.4118
	%（体积分数）	89.81	0.12	0.01	10.03	100
	m³/h	28.4104	0.0379	0.0032	3.1718	31.6233

5. 以年产 20 万吨甲醇为例的物料衡算

① 根据实际生产要求计算每小时甲醇生产量，假设年产 20 万吨甲醇合成塔的年运行时间为 8000h，每小时生产甲醇量应为 25t。

② 以 100m³ 新鲜气合成甲醇的数据为依据，计算年产 20 万吨甲醇所消耗气体量。
每吨甲醇消耗新鲜气量：1000÷40.4631×100=2471.39（m³）
每小时消耗新鲜气量：2471.39×25=61784.75（m³）

每小时循环气量：61784.75×5＝308923.75（m³）
每小时弛放气排放量：61784.75×9％＝5560.63（m³）
每小时不凝气排放量：61784.75÷100×0.2210m³＝136.54（m³）
每小时粗甲醇产量：61784.75÷100×43.0532＝26600.31（kg）

依据以上计算，获得20万吨甲醇生产过程中所需各类气体的组成和流量，具体数据列于表5-11～表5-15。

表5-11 新鲜合成气组成及流量

组分	CO_2	CO	H_2	N_2	Ar	CH_4	CH_3OH	合计
含量/%（摩尔分数）	3.20	26.77	68.11	1.53	0.30	0.08	0.01	100
流量/(m³/h)	1977.11	16539.78	42081.59	945.31	185.35	49.43	6.18	61784.75

表5-12 循环气体组成及流量

组分	CO	CO_2	H_2	N_2	Ar	CH_4	CH_3OH	H_2O	合计
含量/%（摩尔分数）	6.29	3.50	79.31	3.19	2.30	4.79	0.61	0.01	100
流量/(m³/h)	19431.30	10812.33	245007.43	9854.67	7105.25	14797.45	1884.43	30.89	308923.75

表5-13 弛放气组成及流量

组分	CO	CO_2	H_2	N_2	Ar	CH_4	CH_3OH	H_2O	合计
含量/%（摩尔分数）	6.29	3.50	79.31	3.19	2.30	4.79	0.61	0.01	100
流量/(m³/h)	349.76	194.62	4410.14	177.38	127.89	266.35	33.92	0.56	5560.63

表5-14 不凝气的组成及含量

组分	CO	CO_2	H_2	N_2	Ar	CH_4	CH_3OH	合计
含量/%（摩尔分数）	12.13	60.77	0.00	6.06	6.37	12.13	2.54	100
流量/(m³/h)	16.56	82.98	0.00	8.27	8.70	16.56	3.47	136.54

表5-15 粗甲醇组成及各组分含量

	组分	甲醇	二甲醚	异丁醇	水	合计
不同基准下各组分含量	%（质量分数）	93.89	0.188	0.026	5.896	100
	kg/h	24975.03	50.01	6.92	1568.35	26600.31
	%（摩尔分数）	89.84	0.12	0.01	10.03	100
	kmol/h	780.47	1.09	0.09	87.13	868.78
	%（体积分数）	89.84	0.12	0.01	10.03	100
	m³/h	17482.52	24.35	2.09	1951.73	19460.70

由表5-11～表5-15得出甲醇合成过程的物料衡算表5-16。

表 5-16 年产 20 万吨甲醇物料平衡汇总表

组分	新鲜气 流量/(m³/h)	新鲜气 组成/%（体积分数）	循环气 流量/(m³/h)	循环气 组成/%（体积分数）	入塔气 流量/(m³/h)	入塔气 组成/%（体积分数）	出塔气 流量/(m³/h)	出塔气 组成/%（体积分数）	不凝气 流量/(m³/h)	不凝气 组成/%（体积分数）
CO	16539.78	26.77	19431.30	6.29	35971.08	9.70	19814.65	5.962	16.56	12.13
CO_2	1977.11	3.20	10812.33	3.50	12789.44	3.45	11175.59	3.363	82.98	60.77
H_2	42081.59	68.11	245007.43	79.31	287089.02	77.44	249417.57	75.048		
N_2	945.31	1.53	9854.67	3.19	10799.98	2.91	10048.22	3.023	8.27	6.06
Ar	185.35	0.30	7105.25	2.30	7290.60	1.97	7250.79	2.182	8.70	6.37
CH_4	49.43	0.08	14797.45	4.79	14846.88	4.01	15097.39	4.543	16.56	12.13
CH_3OH	6.18	0.01	1884.43	0.61	1890.61	0.51	17553.29	5.282	3.47	2.54
C_4H_9OH							1.98	0.001		
$(CH_3)_2O$							23.42	0.007		
H_2O			30.89	0.01	30.89	0.01	1959.69	0.590		
合计	61784.75	100	308923.75	100	370708.50	100	332342.58	100	136.54	100

【知识拓展】 焦炉气制甲醇中弛放气回收利用工艺的探讨

在传统的焦炉煤气制甲醇工艺中，为了减少惰性气体的累积，需排放弛放气，但弛放气中 H_2 含量超过 70%，直接燃烧必然会造成资源浪费以及温室效应加剧。

普通补碳优化方案，是在原有工艺的基础上，在进料处加一股 CO_2 物料，与粗焦炉煤气共同进料，为防止转化炉中析炭，需相应增加进入转化炉蒸汽量，补入 CO_2 要保证进入压缩机入口处的合成气的氢碳比在 2.0 左右。清华大学和汇智工程科技股份有限公司合作研究提出了膜分离回收弛放气中 H_2、CO_2 并同时补入 CO_2 新工艺的研究：一种膜分离回收弛放气中的 H_2 和 CO_2 用于甲醇合成，同时补入 CO_2 解决碳不足的新工艺，并分析了 CO_2 适宜的补入量。

表 5-17 优化工艺与原工艺的技术对比

项目	原始工艺	新工艺	普通补碳方案
甲醇产量/(mol/h)	782	984(↑26%)	842(↑7%)
甲醇年产量/(万 t/a)	20	25.2	21.6
弛放气量/(mol/h)	818	185[a](↓77%)	643(↓21%)
未反应气循环率	0.945	0.915	0.945
循环压缩机功率/kW	9085	9466(↑4%)	8331(↓8%)
循环压缩机出口气量/(kmol/h)	17510	16210(↓7%)	14546(↓17%)
CO 单程转化率	0.563	0.626(↑11%)	0.629(↑12%)

续表

项目	原始工艺	新工艺	普通补碳方案
CO_2 单程转化率	0.20	0.208(↑4%)	0.155(↓22%)
总碳单程转化率	0.407	0.405(↓0.5%)	0.401(↓1.4%)
碳总的单程转化量/(kmol/h)	794	997(↑20%)	853(↑7.4%)
H_2 利用率	0.74	1(↑35%)	0.81(↑35%)
H_2 浪费量/(亿 m^3/a)	1.1—	0(↓100%)	0.81(↓26%)
CO_2 排放量/(万 m^3/a)	604	0(↓100%)	760(↑25%)
CO_2 补入量/(m^3/a)	0	3675 万	2060 万
CO_2 资源化利用量[b]/(m^3/a)	—	3675 万	1300 万

从表 5-17 可看出，新工艺与普通补碳工艺相比，可减少 0.81 亿 m^3/a（标准状况，下同）的 H_2 浪费和 760 万 m^3/a 的 CO_2 排放，碳总的单程转化量提高 144kmol/h，增产 3.6 万 t/a 甲醇，CO_2 资源化利用量提高 1928 万 m^3/a，弛放气量减少 458kmol/h。通过膜分离回收弛放气中的 H_2 和 CO_2 用于甲醇合成，并同时补入 CO_2 解决碳不足的改进优化后，能够比较理想地解决弛放气浪费的问题。整体从工艺的先进性、经济性等方面来看，膜分离回收弛放气中的 H_2 和 CO_2 并同时补碳的新工艺为最佳工艺。除此之外，新工艺在环保效益和社会效益方面更具优势，能够实现 CO_2 资源化利用，助力碳中和的实现。

以 20 万 t/a 焦炉煤气制甲醇装置为背景，膜分离回收弛放气中的 H_2 和 CO_2 用于甲醇合成，并同时补入 CO_2 解决碳的不足。新工艺与原工艺相比，可实现在不增加循环气量的前提下，甲醇增产 5.2 万 t/a，提高 26%；CO_2 资源化利用 3228 万 m^3/a，CO 和 CO_2 的单程转化率均有所提高，基本实现 CO_2 零排放；H_2 利用率提高 35%、减少 H_2 浪费量 1.1 亿 m^3/a，基本实现 H_2 全部回收利用，弛放气浪费问题得到有效的解决。

单元 3　甲醇合成的操作及影响因素

知识点 1　甲醇合成的主要操作指标

1. 压力制度

指标名称	指标		
入工序合成气压力	5.9MPa	闪蒸槽压力	≤0.5MPa
入合成塔气体压力	5.8MPa	锅炉给水压力	≤4.1MPa
出合成塔气体压力	5.6MPa	副产蒸汽（汽包）压力	≤3.9MPa
合成塔压差	≤0.2MPa	蒸汽减压后压力	≤0.5MPa
弛放气压力	≤5.42MPa	稀醇水泵出口压力	5.5~6.3MPa
去转化弛放气压力	≤0.2MPa	水冷器进口气体压力	5.55MPa
粗甲醇排放压力	≤0.5MPa	水冷器出口气体压力	5.5MPa

2. 温度制度

指标名称	指标		
入工序合成气温度	80℃	水冷器出口气体温度	40℃
入合成塔气体温度	210℃	循环水入口温度	32℃
出合成塔气体温度	255℃	循环水出口温度	42℃
锅炉给水出预热器温度	200℃	催化剂升温速率	40℃/h
废热锅炉汽包产蒸汽温度	249℃	脱氧站送出锅炉水温度	104~102℃
减温减压后低压蒸汽温度	158℃	进脱氧站冷凝液温度	49~60℃
水冷器入口气体温度	100℃	进脱氧站脱盐水温度	常温

3. 液位控制

指标名称	指标		
稀醇水槽液位	30%~50%	汽包液位	30%~60%
闪蒸槽液位	30%~50%	磷酸盐槽液位	30%~60%
分离器液位	30%~50%	洗醇塔液位	30%~50%

4. 粗甲醇的组成

粗甲醇的组成见表 5-18。

表 5-18 粗甲醇的组成

项目	$w(CH_3OH)$	$w(H_2O)$	$w(CH_3OCH_3)$	高沸点醇	H_2	CO	$w(CO_2)$	CH_4	N_2
含量/%	81.1	17.9	0.10	0.33	38mg/kg	151mg/kg	0.54	67mg/kg	48mg/kg

知识点 2 甲醇合成影响因素

甲醇合成是一个强放热与体积缩小的可逆反应,加快反应速率、提高平衡转化率,产品的产率最高。

影响甲醇合成的因素有原料气的组成、温度、压力、催化剂等。

1. 原料气组成

(1) 新鲜合成气组成 新鲜合成气的组成见表 5-19。

表 5-19 新鲜合成气的组成

组分	CO	CO_2	H_2	CH_4	N_2	H_2O
体积分数/%	18.48	6.31	71.56	0.69	2.96	0

新鲜气的组成,往往受上游流程的制约,但在可能情况下,尽量提供满足要求的组成。根据化学计量要求新鲜气中氢碳比为

理论要求:$\dfrac{\varphi(H_2)-\varphi(CO_2)}{\varphi(CO)+\varphi(CO_2)}=2.05\sim2.15$

实际:$\dfrac{\varphi(H_2)-\varphi(CO_2)}{\varphi(CO)+\varphi(CO_2)}=2.63$

式中的 $\varphi(H_2)$、$\varphi(CO_2)$、$\varphi(CO)$ 分别为 H_2、CO_2、CO 的体积分数。

一般新鲜的合成气中氢碳比过小时，易发生副反应，且催化剂易衰老；氢碳比过大时，单耗增加。

正常生产时应在所定数值范围内操作，当遇到大减量等不正常情况下可根据入塔气成分及时进行调整新鲜气组成来满足生产的需要。

在新鲜气组成中要严格控制总硫含量≤0.1mg/m³。

当生产中发现系统压力逐渐上升，而其他工况比较正常时，要首先考虑到新鲜气中硫的含量，如果硫含量超标要采取相应减量、停车或紧急停车。

(2) 入合成塔合成气组成　入合成塔合成气的组成见表5-20。

表5-20　入合成塔合成气的组成

组　分	CO	CO_2	H_2	CH_4	N_2	CH_3OH	H_2O
体积分数/%	9.21	4.07	75.91	1.90	8.31	0.53	0.05

氢碳比控制太低，副反应增加；氢碳比控制太高，影响产量并引起能耗等消耗定额增加，催化剂活性衰退加快，还引起积炭反应。

一般而言，$\dfrac{\varphi(H_2)-\varphi(CO_2)}{\varphi(CO)+\varphi(CO_2)}=5\sim 6$

(3) 惰性气体　甲醇原料气的主要组分是CO、CO_2与H_2，其中还含有少量的CH_4或N_2等其他气体组分。CH_4或N_2在合成反应器内不参与甲醇的合成反应，会在合成系统中逐渐累积增多。这些不参与甲醇合成反应的气体称为惰性气体。

循环气中惰性气体增多会降低CO、CO_2与H_2的有效分压，对甲醇的合成反应不利，而且增加了压缩机的动力消耗。

一般来说，适宜的惰性气体含量，要根据具体情况而定，而且也是调节工况手段之一。催化剂使用初期，活性较高，可允许较高的惰性气体含量，惰性气体含量控制在20%～25%；使用后期一般应维持较低的惰性气体含量，惰性气体含量控制在15%～20%。

2. 压力的控制

压力是甲醇合成反应过程中重要的工艺条件之一。

合成系统在生产负荷一定的情况下合成塔催化剂层温度、气体成分、空速、冷凝温度等变化均能引起合成系统压力的变化，操作应准确判断、及时调整，确保工艺指标在规定范围内。

当合成条件恶化、系统压力升高时，可适当降低生产负荷，提高汽包压力；必要时打开放空阀控制系统压力在指标范围内，不得超压，以维持正常生产。系统减量要及时提高汽包压力，调整循环量，控制温度在指标范围之内。

调节压力时，必须缓慢进行，确保合成塔温度正常。如果压力急剧上升会使设备和管道的法兰接头和压缩机填料密封遭到破坏。

一般压力升降速度可控制在≤0.4MPa/min。

3. 催化剂温度的控制

合成塔壳侧的锅炉水，吸收管程内甲醇合成的反应热后变成沸腾水，沸腾水上升进入汽包后在汽包上部形成与沸腾水温度相对应的饱和蒸气压，即为汽包所控制的蒸汽压力，合成塔催化剂的温度就是靠调节此汽包蒸汽压力得以实现。因此通过调节汽包压力就可相应地调节催化剂床层温度。

一般是汽包压力每改变 0.1MPa，床层温度就相应改变 1.5℃。

另外生产负荷、循环量、气体成分、冷凝温度等的改变都能引起催化剂床层温度的改变，必要时应及时调节汽包压力，维持其正常操作温度，避免大幅度波动。

4. 液位的控制

（1）汽包液位　为了保证合成反应热能够及时移出，汽包必须保证有一定的液位，同时为了确保汽包蒸汽的及时排放，防止蒸汽出口管中带水，汽包液位又不能超过一定的高限。在正常生产中，汽包液位一般控制在汽包容积的 1/3～1/2 之间。锅炉水上水压力和上水阀门的开度都能直接影响到汽包的液位，当液位处于不正常时及时检查，及时恢复正常，防止合成气压缩机因汽包液位过低而联锁停车。

同时汽包排污大小也可以对其压力和液位进行微调，必要时可加大排污量来迅速降低汽包液位和压力，以调节合成塔催化剂层温度。

操作指标：正常值 30%～60%；高限报警值 90%；低限报警值 15%。

（2）甲醇分离器液位　分离器分离出液态甲醇的多少，随着生产负荷的大小、水冷器出口温度高低、塔内反应的好坏而变化，液面控制得过高或过低都会影响合成塔的正常操作，甚至造成事故。因此操作者要经常检查，早发现、早调节，将液位严格控制在指标之内。

如果分离器液位过高，会使液态甲醇随气体带入压缩机，使填料温度下降，带液严重时，会产生液击损坏压缩机；而且入塔气中甲醇含量增高，恶化了合成塔内的反应，加剧了合成副反应的进行，使粗甲醇质量下降。如果液位过低则易发生串气，高压气串入甲醇闪蒸槽，造成超压或爆炸等其他事故。

操作指标：正常值 30%～50%；高限报警值 85%；低限报警值 15%。

5. 循环量的控制

循环量是指每小时合成气回到压缩机循环段的气量。提高循环量可以提高合成塔催化剂的生产能力，但系统阻力增加，催化剂床层温度下降。正常生产操作中，在压缩机新鲜气量一定的情况下可以通过调节循环量来控制入塔气量，进而调节催化剂床层的温度。循环量的大小主要是靠压缩机循环近路阀，加减循环量应缓慢进行，不得过快。

6. 空速的控制

所谓空速即空间速度，就是指在标准状态下，单位时间内通过单位体积催化剂的反应混合气的体积。单位是 m^3（气体）/(m^3 催化剂·h）时，简写为 h^{-1}。

$$v = \frac{\text{反应混合气在标准状态时的体积流量}(m^3/h)}{\text{催化剂的堆体积}(m^3)}$$

在温度、压力不变时，空速越大，则气体在催化剂表面的接触时间越短。

实践证明，甲醇的时空产量在一定范围内与空速成正比关系。

在甲醇生产中，气体一次通过合成塔仅能得到 3%～6% 的甲醇，原料气的甲醇合成率不高，因此原料气必须循环使用。此时，合成塔空速常由循环机动力循环系统阻力与生产任务来决定。空速过高，使气体通过催化床层的阻力增加，动力消耗增加，还可能使催化剂破碎；空速过小，往往不能满足生产任务的要求。

在甲醇生产中，空速一般在 10000～30000 h^{-1} 之间。

知识点 3　甲醇合成的事故及处理

1. 甲醇合成塔温度急剧上升

（1）原因分析
① 循环量突然减少。
② 汽包压力升高或联锁失灵出现干锅事故。
③ 气体成分发生变化（如 CO 含量升高）。
④ 新鲜气量增加过快。
⑤ 操作失误，调节幅度过大。

（2）处理方法
① 增加循环量。
② 调节汽包压力使之恢复正常值，必要时可加大排污量或用调整循环量的办法使温度尽快降下来，如出现干锅应立即采取果断措施，以免使事故扩大。
③ 与前系统联系，使 CO 含量调整至正常值，并适当增加 $n(H_2)/n(CO)$ 比与惰性气体含量，使温度尽快恢复正常。
④ 及时调整循环量或汽包压力，使之与负荷相适应。
⑤ 精心操作，细心调节各工艺参数，尽量避免波动过大。
⑥ 根据床层温升情况，适当降低系统压力，必要时卸掉合成塔系统压力，按紧急停车处理。

2. 合成塔温度急剧下降

（1）原因分析
① 循环量突然增加。
② 汽包压力下降。
③ 新鲜气组成发生变化，CO 含量降低，总硫含量超标。
④ 甲醇液位分离器高或假液位造成甲醇带入合成塔。
⑤ 操作失误，调节幅度过大。

（2）处理方法
① 适当减少循环量。
② 提高汽包压力，使之恢复正常值。
③ 与前系统联系，调整气体成分，使 CO 含量恢复正常指标，如果总硫超标，切断气源，待分析合格后再导气。
④ 应开大甲醇分离器液位调节阀，使液位恢复正常，同时减少循环量控制温度，用塔后放空阀控制系统压力不得超压，联系仪表检查联锁与液位指示。
⑤ 精心操作，精心调节各工艺参数，避免波动过大。

【知识拓展】　合成工段工艺优化及应用

甲醇合成塔是合成工段的主体设备，主要作用是利用转化后的有效气体（CO、CO_2、H_2）合成粗甲醇，装置原合成塔设计为 10 万 t/a，设计温度为 205～260℃，经过两年的运行，在满负荷生产的情况下能达到设计指标 10 万 t/a。若要在此基础上提高产量，降低甲醇生产成本，只能研究合成塔出口甲醇循环气的气体成分，未改造前，出合成塔弛放气中的 CO、CO_2 成分偏高（5%～6%），CO 转化率较低（30%～40%），这部分碳随弛放气作为焦炉回炉煤气燃烧而被浪费掉。某煤化工公司经多方面考察研究，决定对其进行提产，在原有合成塔的基础上并联一台 5 万 t/a 的小合成塔来提高 CO 转化率。

自 2011 年 7 月一期小合成塔投用后，合成塔出口 CO 含量降低至 1% 以下，转化率提升至 70% 以上，增加甲醇产量的同时降低了生产系统负荷。一期小合成塔投用前后的气体成分见表 5-21。

表 5-21　一期小合成塔投用前后的气体成分表

	日期	合成气成分/%（合成塔进口）				循环气成分/%（合成塔出口）				CO 转化率/%
		CO	N_2	CH_4	CO_2	CO	N_2	CH_4	CO_2	
改造前	2011.5.6	8.56	4.41	1.69	4.32	6.67	4.96	1.90	4.09	31%
	2011.5.10	8.89	4.25	2.97	2.97	6.96	4.76	3.31	3.31	30%
	2011.5.17	7.17	6.58	1.20	3.90	5.30	7.50	1.30	3.52	35%
	2011.5.22	7.12	5.55	0.99	4.98	5.14	6.51	1.16	3.47	38%
改造后	2011.8.1	3.28	11.11	7.50	1.73	0.92	12.48	8.28	0.98	75%
	2011.8.7	3.01	6.20	3.51	1.59	0.74	7.14	3.93	1.01	79%
	2011.8.16	3.77	9.63	4.12	2.20	1.06	11.31	5.10	1.47	72%
	2011.8.24	3.76	8.57	2.69	2.06	0.98	10.27	3.28	1.31	78%

鉴于一期增设小合成塔改造取得良好的运行效果，公司决定对二期合成工段进行工艺优化，于 2012 年 4 月增设的小合成塔投用后也取得了预期的使用效果。甲醇产量是改造成效的体现，较同期改造前二期日均产量约 340t，改造后日均产量约 370t，二期增设小合成塔后日增产约 30t。

单元 4　甲醇合成的催化剂

甲醇合成是典型的气-固相催化反应过程，没有催化剂的存在，合成甲醇反应几乎不能进行。甲醇工业的发展，很大程度取决于催化剂的性质和质量，许多工艺指标和操作条件都是由催化剂本身的特性决定的。

知识点 1　甲醇合成催化剂的种类和特性

目前应用于甲醇合成的催化剂有两大系列：一种是以氧化锌为主体的锌基催化剂；另一种是以氧化铜为主的铜基催化剂。

1. 锌基催化剂

锌铬（ZnO/Cr_2O_3）催化剂是德国 BASF 公司于 1923 年首先开发研制成功的，其活性温度较高，为 350～420℃，由于受平衡的限制，需在高压下操作，操作压力为 25～35MPa，因此被称为高压催化剂。

M5-4　甲醇合成的催化剂

锌铬催化剂的耐热性、抗毒性以及力学性能都较令人满意，且使用寿命长、适用范围宽、操作控制容易，但动力消耗大、设备复杂、产品质量差，随着低压催化剂的研制成功，目前锌铬催化剂逐步被淘汰。

2. 铜基催化剂

通过对铜基催化剂的组成、活性、物理特性和作用机理的研究，发现纯铜对甲醇的合成是没有催化活性的，添加氧化锌成为双组分催化剂，或者添加氧化锌和氧化铬成为三组分催化剂，才有了很好的工业催化活性。

铜锌催化剂根据加入的不同助剂可分为以下 3 个系列：

① $CuO/ZnO/Al_2O_3$ 铜锌铝系；

② $CuO/ZnO/Cr_2O_3$ 铜锌铬系；

③ 除①、②以外的其他铜锌系列的催化剂，如 $CuO/ZnO/ZrO$ 等。

其中铜锌铝和铜锌铬系列催化剂应用得最多，由于铬对人体有毒性，实际上 $CuO/ZnO/Cr_2O_3$ 有淘汰之势。

铜基催化剂是一种低压催化剂，其活性温度低，为 230～290℃，操作压力只有 5～10MPa，尽管其热稳定性较差，易发生硫、氯中毒而失活，但由于其选择性较好、副反应少，且操作条件缓和，因此近些年来铜基催化剂的使用日趋普遍。

锌铬、铜基两种催化剂的性能比较见表 5-22。

国内甲醇生产所用铜基催化剂多为 C207（适用于中低压力）和 C301（适用于中高压力）等。其特性见表 5-23。

表 5-22 锌铬、铜基两种催化剂的性能比较

操作压力/MPa	合成塔出口甲醇气体含量/%	
	锌铬催化剂出口温度 648K	铜基催化剂出口温度 543K
33	5.5	18.2
20	2.4	12.4
10	1.6	5.8
5	0.2	2.5

表 5-23 铜基催化剂的性能

序号	项目	C207	C301
1	化学组分	主要组分 CuO、ZnO 和少量 Al_2O_3	
2	外观	黑色金属光泽的圆柱形片剂	黑色金属光泽的圆柱形片剂
	堆积密度/(kg/L)	1.4～1.6	1.612
	孔容积/(mL/g)	0.1695	0.161
	比表面积/(m²/g)	71.2	74.9
	主要孔半径/nm	200～500	400～900
	平均孔半径/nm	47.5	43
3	组成		
	$w(CuO)/\%$	38～42	50
	$w(ZnO)/\%$	38～43	30
	$w(Al_2O_3)/\%$	5～6	3.2

续表

序号	项目	C207	C301
4	外形尺寸/mm 直径/mm 长度/mm	5 4.8~5.5	9 5~7
5	使用特性 初活性 耐热性 侧压强度/(N/cm) 使用压力/MPa 空间速度/h^{-1}	250℃时,CO 转化率≥80% 450℃,5h 后转化率≥60% ＞145 10.0 $2×10^4$	略 略 ＞145 10.0 10^4

知识点 2　催化剂的装填

1. 催化剂装填准备

① 组建装填小组，选定专人负责，分工明确。

② 装填场、地面要清扫干净，以防污染催化剂。

③ 准备好装填用工具及其他用品。

④ 将耐火球、催化剂按规定型号、数量运到现场。

⑤ 二合一离心压缩机负荷试车完毕，甲醇合成塔壳层和水试压级蒸煮合格并减至常压。

⑥ 打开合成塔上下封头，自然通风，分析氧含量大于20%。

2. 催化剂的装填要求

① 催化剂装填要尽可能均匀，从而使压力降的波动与气流分布的不均匀性减少到最低程度。

② 装填到一定程度，要全面检查各个位置的高度是否一致，保持每层高度差＜50mm。

③ 催化剂装填前需过筛。

④ 耐火球应尽量分布均匀，确保四周支撑架完好无损。

3. 催化剂装填程序

① 全面检查内件、测温热电偶管、引气管等安装是否达到要求，合成塔出口集气筒拆下清扫塔底焊渣、杂物、灰尘等，然后恢复。

② 设备安装检查合格后，用活动扳手拆去内件内层上部钢丝网，两名装填人员穿戴好劳保用品由合成塔出塔气管口进入合成塔。进入合成塔下封头内，用双层不锈钢丝网覆盖锥壁，用不锈钢丝紧固，人孔及顶盖处不设丝网或留洞，由塔底向四周装填 Φ25 高铝开孔耐火球，装至与圆锥支承体孔口齐平改装 Φ10 高铝球。尽量均匀、填实，然后封上侧人孔。

③ 然后两名装填人员穿戴好劳动防护用品及长管呼吸器由上封头人孔进合成塔。

④ 两名操作人员在人孔处，负责联系、监护及催化剂传送。

⑤ 在上封头内从列管中逐根补填耐火球，防止在管中架桥，此时应少装填、多测量。

⑥ 用作好标记的铅锤测量，使各点深度均为 6000mm，耐火球即装填完毕。

⑦ 向管内装填过筛后的催化剂，采用分区均匀撒布的方法，填满用木锤轻轻敲击所装催化剂的管口，以防止"架桥"现象。

⑧ 每根催化剂管装填距管口 50mm 处，检查压差情况，看装填是否合格。若超标，则将催化剂抽出，重新装填至合格，合格后，检查反应器应没有留下工具等杂物，开始由内向外将每个列管装满并超出上管板 500mm 后，再装 100mm 厚 $\phi 10$ 高铝开孔耐火球至标记处，人退出后，封闭上部人孔法兰，防止吸潮和有毒气体污染。

⑨ 用二合一离心压缩机通压缩空气进行吹除。吹除过程中按气量大、压力又不高（约 980kPa）吹除，以吹出的气体无粉尘为合格。

⑩ 吹除时，吹除口严禁站人，吹除合格后将吹除口、合成塔出口回装好。

知识点 3　催化剂活化（还原）和使用注意事项

催化剂本身没有活性，必须在使用之前经过活化处理。催化剂活化的目的是将制备好的活化剂的活性和选择性提高到正常使用水平。

催化剂活化过程直接关系着催化剂的性能。

催化剂的活性与温度、还原程度有关，在催化剂的活化过程中，温度的控制是一个极重要的因素，包括温升速度、适宜的活化温度、活化时间等。

催化剂在活化过程中，常伴随着化学和物理的变化，其活性表面逐步增大，活化方法有两种：一是在空气或氧气中煅烧进行活化；二是在还原介质中进行活化，该法适用于加氢和脱氢反应的催化剂，如铜基催化剂的还原。用氢气还原时还要注意升温还原速率均匀缓慢，避免温度急剧上升，因为局部过热会发生催化剂的重结晶和表面熔融现象。

1. 催化剂还原主要反应

催化剂还原时主要反应如下：

$$CuO + H_2 = Cu + H_2O$$
$$CuO + CO = Cu + CO_2$$

2. 催化剂还原过程"三原则"

催化剂还原过程的"三原则"如下：

三低：低温出水，低 H_2 还原，还原后有一个低负荷生产期。

三稳：提温稳，补氢稳，出水稳。

三不准：不准提氢提温同时进行，不准水分带入塔内，不准长时间高温出水。

三控制：控制补氢速度，控制 CO_2 浓度，控制好小时出水量。

3. 催化剂还原的注意事项

① 还原过程中必须严密监视合成塔出口温度的变化，当温度急剧上升时，必须立即停止或减少还原气量，并减少蒸汽喷嘴流量。

② 严格控制出水速率，小时出水量不得大于 2kg/t 催化剂。

③ 还原终点判断：当反应器出口气体中（$CO + H_2$）的浓度经多次分析和进口浓度一致时，即催化剂不再消耗（$CO + H_2$），分离器液位不再增高，可认为催化剂还原已至终点。

④ 还原结束后，将系统降压到 0.15MPa 保持合成塔的温度不低于 210℃，用新鲜气置换系统中的 N_2，直至 N_2 含量低于 1%可进行甲醇合成开车。

⑤ 在合成升压时，升压速率不得大于 0.5MPa/h，以防温升过快而烧毁催化剂。

⑥ 新的催化剂的操作是在保持一定产量后，再逐步升压，增加循环量，提高 CO 含量及逐步升温，新的催化剂第一次开车时，合成塔出口温度由 220℃ 逐步升到 230℃。

⑦ 合成气中硫含量、氯化物含量均应小于 $0.1mg/m^3$,微量氧、重金属、水蒸气及羰基物不能带入塔内。

⑧ 在甲醇合成过程中,应严格控制条件,催化床层温度不得低于210℃,严禁催化剂温度急剧变化,催化剂的使用空速以 $6000\sim10000h^{-1}$ 为宜。

⑨ 使用中因故停车,时间在24h以内短期停车,可切断新鲜气继续进行循环。直至系统中的($CO+CO_2$)反应完,催化剂床层保持在210℃。

⑩ 停车时间超过24h,可按正常程序,即按⑨停车后,降压降温,用 N_2 置换,保持系统压力为0.5MPa。

知识点 4　催化剂的钝化

1. 目的

防止催化剂卸出后与大气接触发生强氧化反应,引起火灾或损坏设备。

2. 方法

将空气定量加入合成系统,N_2 正压循环逐步通过催化剂,使催化剂氧化为氧化态(CuO)。

3. 催化剂的钝化的控制过程及指标

将合成塔温降至50℃以下,塔压降至0.3MPa以下,用 N_2 置换充压至0.5MPa,N_2 循环配入压缩空气,逐步提高氧含量,同时注意塔温变化,直到出口含量达19%～21%,钝化结束。

催化剂钝化控制指标见表5-24。

表 5-24　催化剂钝化控制指标

塔出口温度/℃	≤50	≤60		
塔入口氧含量/%	0.1	1	4	21
需要时间/h	2～3	7～9	5～6	5～6

知识点 5　催化剂的活化

甲醇合成催化剂属铜基催化剂,它的主要化学成分是 $CuO\text{-}ZnO\text{-}Al_2O_3$,在没有还原前是没有活性的,只有经过还原,将催化剂组分中的CuO还原成 Cu^+ 或金属铜,并和组分中的ZnO溶固在一起,才具有活性。因此,甲醇合成催化剂在投产前要进行还原。

1. 化学成分

催化剂主要由铜、锌、铝等的氧化物组成。

2. 主要物性

外观:两端为球面的黑色圆柱体。

外形尺寸:$\phi 5mm\times(4\sim5)mm$。

堆积密度:1.4～1.6kg/L。

比表面积:$90\sim110m^2/g$。

3. 技术指标

为保证产品的高质量,制定了国际上最为先进的指标。在规定的检验条件下,产品应符合下列要求。

初活性：甲醇时空产率≥1.3g/(mL 催化剂·h)。
耐热后活性：甲醇时空产率≥1.0g/(mL 催化剂·h)。
径向抗压碎力：≥205N/cm。
还原后体积收缩率<8%（一般为5%～6%）。

4. 升温还原流程

升温还原工艺流程见图 5-4。

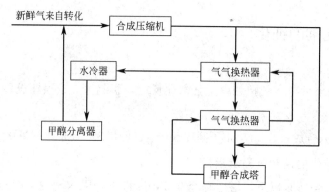

图 5-4　升温还原工艺流程图

5. 升温操作指标

升温操作指标见表 5-25。

表 5-25　升温操作指标表

阶段		塔出口温度/℃	升温速率/(℃/h)	时间/h		进塔气(H₂+CO)浓度/%	压力/MPa	入塔流量/(m³/h)	出水速率/(kg/h)
				阶段	累计				
升温	Ⅰ	室温～65	20～35	2	2		0.5	100000	100
	Ⅱ	65～120	5	12	14		0.5		
	Ⅲ	120～170	7	5	19		0.5		
	Ⅳ	170	0	1	20		0.5		

6. 还原操作指标

还原操作指标见表 5-26。

表 5-26　还原操作指标表

阶段		塔出口温度/℃	升温速率/(℃/h)	时间/h		进塔气(H₂+CO)浓度/%	压力/MPa	入塔流量/(m³/h)	出水速率/(kg/h)
				阶段	累计				
还原	Ⅰ	170～190	2	15	35	0.5～1	0.5	100000	100
	Ⅱ	190～210	0.5	40	75	1～2	0.6		
	Ⅲ	210～230	3～4	8	83	2～8	0.6		
	Ⅳ	230	0	2	85	8～25	0.6		

知识点6 影响催化剂使用寿命的因素

① 催化剂升温还原时其质量的好坏对日后催化剂的使用寿命起决定作用,还原质量好的催化剂,其晶粒小、内部空隙多、活性表面积大,这种催化剂投入正常生产后具有反应活性高、催化剂层温度分布均匀、使用寿命长等优点。

② 日常生产中防止催化剂超温是延长使用寿命的重要措施,尤其是铜催化剂比锌铬催化剂的耐热性差得多,更要严格控制好塔温在工艺指标内。

③ 铜催化剂对硫的中毒十分敏感,这是因为合成气中的 H_2S 与催化剂中 Cu 的结合将生成 CuS 和 Cu_2S,这将大大降低催化剂的反应活性,加快催化剂的衰老,故控制进塔气体中 H_2S 的含量十分重要,要求进塔原料气体中的 H_2S 含量应小于 $0.1mL/m^3$。

④ 提高工艺用水的质量,减少 Cl^- 带入甲醇合成塔,微量的氯对甲醇铜催化剂的危害是不可忽视的,故工艺用水采用一级脱盐水为宜。

⑤ 此外,进塔气体中夹带的氨和油都将对催化剂的活性带来很大的影响,油在高温下分解形成炭和高碳胶质物质,沉积于催化剂表面,堵塞催化剂内孔隙,而且油中的硫、磷、砷等会使催化剂发生永久性化学中毒。氨气会使催化剂活性降低,当氨含量降低或消除后,催化剂活性会回升,但不能恢复到原来的活性。

【知识拓展】 NC310 型甲醇合成催化剂在 180 万 t/a 甲醇装置上的应用

甲醇合成的关键是开发出高效的甲醇合成催化剂。目前已有多种不同组成和制备方法的催化剂被证明具有良好的甲醇合成催化效果,如铜系催化剂、贵金属催化剂、双金属体系和液相催化剂等。目前,工业上应用最广泛的甲醇合成催化剂是 $Cu-ZnO-Al_2O_3$ 三元催化剂。中石化南京化工研究院有限公司通过对原料、配方和工艺等进行深入的研究,成功开发了活性相含量高、比表面积大、本体杂质含量低、性能显著提升的 NC310 型甲醇合成催化剂,并在国内多套装置上得到了应用。

NC310 型甲醇合成催化剂外形为 $\phi 5mm \times 5mm$ 的有黑色金属光泽的端面为弧形的圆柱体,催化剂采用自主研发的工艺制备出具有异质同晶结构的 $(Cu_m, Zn_n)_2CO_3(OH)_2$ 晶相,有利于形成 Cu-ZnO 固溶体的活性中心,充分发挥 ZnO 对 Cu 的协同催化作用,有利于提升催化剂性能。针对活性中心的晶型结构,开发了大比表面积、多孔结构的载体,提高了 Cu 的分散度,使 CuO 和 ZnO 晶体尺寸减小、相互作用增强,从而有利于改善催化剂的结构,提高催化剂性能。

该催化剂不经过筛直接进行装填,采取从下到上逐层装填的方式,装填入合成塔的列管外,尽量保证整个反应塔的截面上催化剂装填密度相同,催化剂装填后进行催化剂粉尘的吹扫。

NC310 型甲醇合成催化剂为铜基催化剂,使用前活性组分均处于金属氧化物的状态,必须通过还原反应将 CuO 与 ZnO 生成 Cu-ZnO 活性中心,不同的还原条件会生成不同的 Cu-ZnO 活性中心,还原过程温度控制不当会造成局部温度过热,使铜晶粒发生烧结,活性比表面降低,催化剂的活性和寿命都将受到严重损害。

催化剂还原过程采用高浓度氢气还原与间歇式低浓度氢气还原相结合的方法,从而达到在规定的温度区间快速完成还原。相比于传统还原方法,在催化剂床层主反应区还原时间大幅缩减,适当延长低空速区还原时长,综合运行可使得催化剂的总还原时间缩减 1/4,并且确保催化剂还原全过程热点温度不超过 230℃,可使催化剂性能得以充分发挥。

通过 NC310 型甲醇合成催化剂在 180 万 t/a 大型甲醇合成装置上的国产化应用,结合在其他大型甲醇装置上的使用情况看,NC310 型甲醇合成催化剂体现出活性高、选择性高、热稳定性好、热点后移缓慢等特点,使用状况较为稳定,完全能够满足大型甲醇生产装置的要求。

近年来,我国甲醇合成催化剂材料的制备已取得了较大的进步,特别是以 NC310 型甲醇合成催化剂为代表的国产催化剂,同时国内甲醇企业的发展为国产催化剂提供应用机会,进而促进提升国产催化剂的竞争力。

单元 5　甲醇合成的主要设备

M5-5　甲醇合成的主要设备

甲醇合成的主要设备有甲醇合成塔、水冷器、甲醇分离器等。甲醇合成塔是其核心设备,甲醇合成塔的形式基本决定了甲醇合成的系统装置,在选择甲醇合成工艺中,要考虑合成反应器的操作灵活性、操作灵敏性、催化剂的生产强度、操作维修的方便性、反应热的回收利用等因素。

甲醇合成反应器的发展趋势要适应单系列、大型化的要求;以高位能回收反应热,副产蒸汽;催化剂的床层温度易于控制,床层温度尽可能均温,延长催化剂的使用寿命;催化剂生产强度大,反应中一氧化碳的转化率高;催化剂装卸方便等特点。

目前,有以下两种应用较广泛、技术先进、成熟的焦炉煤气制甲醇的合成塔。

知识点 1　Lurgi 低压甲醇合成塔

Lurgi 低压甲醇合成塔是德国 Lurgi 公司研制的一种管束型副产蒸汽合成塔。操作压力为 5MPa,温度 250℃。Lurgi 合成塔既是反应器又是废热锅炉。合成塔结构如图 5-5 所示。

合成塔内部类似于一般的列管式换热器,列管内装催化剂,管外为沸腾水。甲醇合成反应放出的热很快被沸腾水带走。合成塔壳程的锅炉给水是自然循环的,这样通过控制沸腾水上的蒸汽压力,可以保持恒定的反应温度(每变化 0.1MPa 相当于 1.5℃)。4.93MPa、255℃的出塔气体换热后温度降到 91.5℃,经锅炉给水换热器冷却到 60℃,再经水冷却到 40℃,在 4.28MPa 压力下进入甲醇分离器,分离器出来的气体大部分回到循环机入口,少部分排放至辅助锅炉作燃料,液体粗甲醇则送精馏工段。

Lurgi 低压法合成甲醇的主要特点是采用管束式合成塔,这种合成塔温度几乎是恒定的,温度恒定的好处:一是有效地抑制了副反应;二是催化剂寿命长,由于温度比较恒定,尤其当操作条件发生变化时(如循环机故障等),催化剂也没有超温危险,仍可完全运转。

利用反应热生产的中压蒸汽(4.5~5MPa)经过热后可带动透平压缩机(即甲醇合成气压缩机及循环气压缩机),压缩机用过的低压蒸汽又送至甲醇精制部分使用,因此整个系统热的利用很好。但是 Lurgi 合成塔的结构较为复杂,装卸催化剂不太方便。这是它的不足之处。

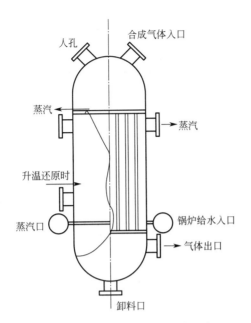

图 5-5　Lurgi 低压甲醇合成塔示意

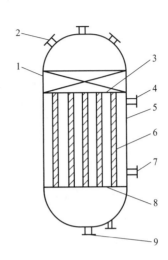

图 5-6　管壳外冷-绝热复合型甲醇合成塔
1—绝热段；2—反应气进口；3—上管板；
4—沸腾水出口；5—筒体；6—列管；
7—水进口；8—下管板；9—反应气出口

知识点 2　管壳外冷-绝热复合型甲醇合成塔

管壳外冷-绝热复合型甲醇合成塔由华东理工大学研制。合成塔结构如图 5-6 所示。

该反应器的优点：适应单系列、大型化的要求（如 60 万～90 万 t/a）；能量利用合理，副产中压蒸汽，回收高位能量；温度调节方便迅速有效；床位温度合理分布，催化剂时空收率高；催化剂使用周期长；催化剂装卸、还原方便；上封头设有人孔，催化剂装填方便；设有卸催化剂孔，催化剂直接放出；催化剂还原时，只需要将原通过冷却介质侧改通蒸汽加热即可，十分方便；反应器的操作适应性强；对催化剂的适应性强；对原料气的适应性强；对进口温度适应性强；操作弹性大，可在 50%～110% 负荷下操作；副反应少，产品质量好等。

知识点 3　甲醇生产方法的比较

甲醇生产方法的比较见表 5-27。

表 5-27　甲醇生产方法的比较

项　目	Lurgi 法	ICI 法	华东理工大学合成塔
合成压力/bar	50～100	50～118	50～100
合成温度/℃	225～250	230～270	225～265
催化剂组成	Cu-Zn-Al-V	Cu-Zn-Al	Cu-Zn-Al
时空收率/[t/(m³·h)]	0.72	0.70	0.722

续表

项　　目	Lurgi法	ICI法	华东理工大学合成塔
进塔气CO含量/%	12	9	—
出塔气CH_3OH含量/%	6～7	5～6	—
循环气/合成气	4∶1	4∶1	4∶1～5∶1
合成塔形式	管壳式	冷激式	绝热/管壳式
设备尺寸	设备紧凑	设备较大	设备紧凑
合成开工设备	不设开工加热炉	要设开工加热炉	不设开工加热炉
甲醇精馏	三塔式流程	两塔、三塔式流程	两塔、三塔式流程

注：$1bar=10^5Pa$。

知识点4　国外甲醇合成反应器

① ICI多段冷激式甲醇反应器。

优点：单塔操作，生产能力大；控温方便；冷激采用菱形专利技术，催化剂层上下贯通，催化剂装卸方便。

缺点：反应器内有部分气体与未反应气体的返混，催化剂时空产率不高，用量较大，仅能回收低品位的热能。

② Lurgi低压甲醇合成反应器。

优点：合成器内催化剂床层温度较为均匀，温度变化小，催化剂使用寿命长，并允许原料气中含有较高的一氧化碳；能准确、灵敏地控制温度，催化剂床层温度可通过调节蒸汽压力来控制；回收的热能品位高，热能利用合理；设备紧凑，开停车方便；合成反应中副反应少，粗甲醇中杂质少，质量高。

缺点：反应器结构复杂。

③ TEC新型合成反应器。

该反应器床层压降小，气体循环所需动力大幅度减少，床层温度分布均匀，甲醇生成的浓度和速率大幅提高，反应温度容易控制，催化剂用量减少，反应器结构紧凑。

④ MHI/MGC管壳-冷管复合式甲醇合成反应器。

该反应器为Lurgi的改进，一次通过转化率高；可回收高品位的热能。

⑤ TOPSφe径向流甲醇合成反应器。

⑥ Linde等温型甲醇合成反应器。

在等温下操作，可防止催化剂过热；控制蒸汽压力可调节床层温度，传热系数较大。

⑦ 液相法甲醇合成反应器技术。

单元6　甲醇合成的岗位操作法

知识点1　岗位职责

① 严格执行岗位操作规程和安全规程，不违章作业，不违规违纪，确保安全生产。

② 负责甲醇合成塔、气气换热器、水冷器、甲醇分离器、闪蒸槽、磷酸盐槽、磷酸盐泵、洗醇塔、稀醇水泵、脱氧站等设备的操作和日常维护,对故障设备及时通知检修,并验收检修好的设备。

③ 及时调节汽包压力和液位,确保甲醇合成塔床层温度稳定,确保甲醇分离器液位和闪蒸槽液位稳定,确保锅炉水中氧含量达到规定值。

④ 严格执行班长和中控室指令,及时调节和控制好各工艺指标。

⑤ 负责向精馏工段送入粗甲醇,向锅炉水管网送入合格的锅炉水。

⑥ 按分工搞好设备的润滑,日常保养,跑、冒、滴、漏治理及环境卫生。

⑦ 负责仪表的使用,认真做好各种生产运行和操作记录。

M5-6 甲醇合成的岗位操作要点

知识点 2　岗位操作规程

1. 开车准备

清理安装、检修现场,按照流程检查设备、管道、阀门、仪表等安装是否完毕;位置、规格是否符合要求;管卡、螺栓是否紧固;检查检修项目完成质量;开车所需防护用品、消防器材、扳手、工器具、报表等是否配备齐全。

① 联系或接调度通知合成系统准备开车。

② 合成气压缩机做好开车准备,如果合成催化剂升温还原结束后,紧接着开车,压缩岗位要做好引入新鲜气的准备。

③ 打开甲醇水冷器的进、出口冷却水阀门,循环水高点放空阀打开,当无不凝气体时,关闭放空阀。

④ 继续控制好汽包的液位及蒸汽压力。

⑤ 确认甲醇分离器、闪蒸槽、洗醇塔、汽包的液位处于手动控制位置。打开各调节阀前后切断阀,关闭调节阀及旁路阀。

⑥ 精馏工段具备接粗甲醇的条件。

⑦ 具体操作步骤如下。

a. 用合成系统放空阀将合成系统压力调到 2.0MPa 后关闭。

b. 启动压缩机,用较小的循环量打循环,但是要注意避免压缩机的喘振,及时调整蒸汽喷射器的蒸汽量维持合成塔出口温度≥210℃;同时打开汽包连续排污 2～3 扣。

c. 当向合成系统送新鲜气时,送气过程要平稳不可太快。

d. 当塔出口温度到 210℃时可增加循环量。

e. 新鲜气加量过程中,随时注意合成塔出口温度,通过调节蒸汽喷射器及汽包压力,维持合成塔出口温度≥210℃,汽包液位维持在 50%。

f. 为保证系统压力稳定,用手动控制调节合成塔后放空阀来调节系统压力。

g. 逐渐增大循环量,若合成塔出现降温趋势时,应停止加大循环量,新鲜气量要逐渐增加,不可太快,保证合成塔温度稳定,直至新鲜气量加满。

h. 分离器液位达到正常后,给定 30% 投入自动控制。

i. 当汽包压力达到 1.3MPa 时,将蒸汽并入管网。

j. 甲醇闪蒸槽液位达到 30% 投自动控制,给定值为 30%,及时将粗甲醇送往精馏工段粗甲醇储槽。

2. 正常开车

系统正常开车，甲醇合成催化剂一般处于还原状态，用 N_2 作保护，温度降为常温。具体开车步骤如下。

① N_2 置换系统。打开合成系统 N_2 补充管道上的阀门，向系统充 N_2 升压，当压力达到 0.5MPa 后，关闭 N_2 补充阀，打开设备、管道、仪表调节阀前的导淋阀进行排气以便置换彻底。重复以上操作，置换三次后，在各排放点取样分析，连续两次分析 O_2 含量≤0.2% 为合格，关闭各导淋阀，关闭调节阀旁路阀。

② 升压：打开 N_2 补充阀，将合成系统升压到 0.5MPa。

③ 通知合成气压缩机岗位，按照压缩机操作规程启动压缩机，使 N_2 循环。

④ 打开水冷器的循环水上、下水阀，通循环水。

⑤ 调整汽包液位给定值 30% 投自动控制。

⑥ 利用蒸汽喷射器，将中压蒸汽引入合成塔壳程，使合成塔升温，出口达到 210℃。汽包蒸汽现场放空。

⑦ 向系统引入新鲜气：通知压缩机岗位，稍开压缩机进口阀，缓慢地向系统补充新鲜气，打开弛放气排空阀，当系统中 N_2 含量≤1%后，关闭排空阀。

⑧ 其他操作步骤同短期停车后的开车。

3. 正常停车

（1）短期停车（临时停车）

预计在 24h 以内的停车称短期停车，具体步骤如下。

① 接到调度指令并与前后工段联系。

② 压缩机逐步停供新鲜气。

③ 关闭弛放气放气阀，停洗醇塔，系统保压。

④ 及时调整循环量，并使合成回路中的（$CO+CO_2$）含量<0.5%。

⑤ 分离器液位排净后，关闭切断阀及甲醇分离器放空阀。

⑥ 关汽包连续排污阀，关闭锅炉给水阀。

⑦ 关闭合成塔前后截止阀。

⑧ 开启蒸汽喷射器，合成塔保温在 210℃ 以上，控制好汽包液位。

（2）长期停车

① 接指令后，压缩机停供新鲜气，新鲜气入口阀关闭。压缩机继续运行，系统打循环，用氮气置换系统，直到（$CO+CO_2$）含量<0.5%。

② 当汽包压力低于 2.0MPa 时，停止外送蒸汽，开汽包蒸汽放空阀。

③ 调整循环量，降低系统压力，用蒸汽喷射器保持合成塔以 25℃/h 的降温速率降温。

④ 当合成塔温度低于 100℃ 时可停止向汽包加锅炉水，将合成塔汽包中的水通过汽包排污阀就地排放，当合成塔出口温度低于 50℃ 时，停压缩机。

⑤ 整个系统保持 0.5MPa 氮封。

⑥ 关闭水冷器循环水进出口阀。

4. 异常情况处理

（1）紧急停车条件　若系统发生停电、停循环水、停锅炉水、汽包上水中断、停仪表空气、压缩机跳车、断蒸汽、新鲜气中严重带液、硫含量超标催化剂活性剧降,塔温暴涨无法控制,系统发生爆炸、着火、设备管道严重泄漏等,汽包液位低或分离器液位高造成的联锁停车或相关岗位出现重大险情,都应按紧急停车处理。

（2）紧急停车步骤

① 立即发出紧急停车信号,通知调度、DCS、压缩及前后相关工序。

② 关闭新鲜气进口大阀。

③ 关闭喷射器蒸汽阀,打开汽包排空,关蒸汽送入管网阀。

④ 关闭弛放气阀。

⑤ 其余同正常停车操作步骤。

⑥ 严防催化剂超温、超压。

思考题

1. 合成塔怎样升温?
2. 合成工段的主要控制点有哪些?
3. 循环气中的惰性气体有哪些成分? 对合成甲醇有哪些影响?
4. 正常短期停车步骤是什么?
5. 本工序的巡检路线是什么?

综合练习题

一、判断题

1. 催化剂的活点温度即为催化剂的活化温度。（   ）
2. 压力量度单位 $1kg/cm^2$ 等于 $1MPa$。（   ）
3. 钝化就是将催化剂的活性控制在原始状态。（   ）
4. 催化剂中毒是指催化剂暂时或永久失去活性。（   ）
5. 甲醇合成催化剂的主要组分是 Cu。（   ）
6. 比水轻的易燃体着火,不宜用水扑救。（   ）
7. 甲醇合成主反应都是吸热反应。（   ）
8. 压力的国际标准单位是帕斯卡（Pa）。（   ）
9. 合成催化剂长期停车时不需要钝化。（   ）
10. 短期停车后需要向合成气中充氮。（   ）
11. 调节入塔气体成分也可以调节合成塔温度。（   ）
12. 甲醇在空气中的含量不允许超过 $50mg/m^3$。（   ）
13. 甲醇合成塔是管式反应器。（   ）
14. 排污膨胀器的作用是排污卸压。（   ）
15. 铁钼催化剂的主要作用是脱除煤气中的有机硫。（   ）
16. 过滤器的作用是脱除煤气中的硫化物。（   ）
17. 升温炉点火失败后必须进行蒸汽吹扫、置换合格后再进行点火。（   ）
18. 镍钼催化剂的主要组分是 NiS。（   ）
19. 工艺气体在进入转化炉前必须预热。（   ）
20. 空速是指空气通过催化床层的速度。（   ）

二、填空题

1. 甲醇的沸点为_____。
2. 甲醇的闪点为_____。
3. 废热锅炉的三大安全附件是_____。
4. 甲醇的生产方法有_____三种。
5. 粗甲醇的主要成分有_____。
6. 脱硫方法一般分为_____。
7. 一般汽包压力每改变 0.1MPa，床层温度就相应改变_____℃。
8. 工艺流程中 PG 代表_____。
9. 工艺流程中 LS 代表_____。
10. 合成系统中的惰性气体有_____。
11. 设置导淋的目的_____。
12. 合成塔给水必须使用_____水。
13. 磷酸盐的浓度一般控制在_____。
14. 甲醇分离器的液位一般控制在_____。
15. 合成工序汽包的液位一般控制在_____。
16. 正常生产时合成塔的入塔气 H/C 理论值_____。
17. 短期停车时，合成塔要进行保温操作，一般控制温度在_____。
18. 长期停车 N_2 吹扫系统时，要使氢含量低于_____。
19. 转化炉投氧前，氧气送到系统前必须分析氧气纯度一般控制在_____。
20. 合成催化剂升温还原必须坚持_____的原则，以防止剧烈还原造成催化剂超温烧结。

三、选择题

1. 转化工序停车减量的基本顺序依次分别为（　　）。
   A. 氧气、原料气、蒸汽　　B. 氧气、蒸汽、原料气　　C. 原料气、氧气、蒸汽
2. 铁钼催化剂的热点温度为（　　）℃。
   A. 200~300　　B. 350~420　　C. 400~450
3. 一个工程大气压约等于（　　）。
   A. 0.1MPa　　B. 1MPa　　C. 0.01MPa
4. 合成工序入塔气中 H/C 的实际值一般控制在（　　）。
   A. 2.63　　B. 2.05~2.15　　C. 5~6
5. 预热炉出口氧气的温度为（　　）℃。
   A. 350　　B. 300　　C. 20
6. 合成催化剂 200℃前的升温速率一般控制在（　　）℃/h。
   A. 40　　B. 20　　C. 30
7. 当管道直径一定时，流量由小变大，则阻力（　　）。
   A. 增大　　B. 减小　　C. 不变
8. 甲醇合成工序气气换热器的类型为（　　）。
   A. 固定管板式　　B. 浮头式　　C. U 形管板式
9. 转化炉出口残余甲烷含量为（　　）%。
   A. <0.6　　B. <0.8　　C. <0.5
10. 废热锅炉的锅炉给水来自（　　）。

A. 脱氧站　　　　　　　B. 精馏　　　　　　　　C. 空分
11. 合成进口入塔气中总硫含量（　　）。
    A. <0.1μL/L　　　　　B. <1μL/L　　　　　　C. <0.01μL/L
12. 工艺流程中 DW 代表（　　）。
    A. 脱盐水　　　　　　B. 新鲜水　　　　　　C. 排污水
13. 工艺流程中 MS 代表（　　）。
    A. 低压蒸汽　　　　　B. 中压蒸汽　　　　　C. 甲醇气体
14. 汽包副产蒸汽压力为（　　）MPa。
    A. ≤3.9　　　　　　　B. ≥3.9　　　　　　　C. ≤3.2
15. 合成塔管程的操作压力为（　　）MPa。
    A. 2.5　　　　　　　　B. 4.5　　　　　　　　C. 5.8
16. 进入工序合成气温度指标为（　　）℃。
    A. 120　　　　　　　　B. 40　　　　　　　　C. 80
17. 甲醇合成的转化率一般为（　　）%，所以合成气要循环使用。
    A. 3～5　　　　　　　B. 6　　　　　　　　　C. 10
18. 甲醇合成的主反应为（　　）。
    A. 放热反应　　　　　B. 吸热反应　　　　　C. 既有吸热反应又有放热反应
19. 甲醇的爆炸极限为（　　）。
    A. 6%～36.5%　　　　B. 4%～45.6%　　　　C. 12%～45%
20. 暂时停车时，应向系统中适量补充（　　）。
    A. 低压蒸汽　　　　　B. 氮气　　　　　　　C. 焦炉煤气

四、简答题

1. 合成甲醇的主要化学反应式是什么？
2. 合成塔温度急剧上升的原因有哪些？应如何处理？
3. 画出催化剂的活性曲线。
4. 甲醇合成的主要控制点有哪些？

五、生产工艺题

详细绘出甲醇生产合成工序的工艺流程。
绘图要求：
（1）箭头表示物料走向。
（2）方框表示设备。
（3）标注新鲜气的组成。
（4）标注入塔气的组成。

模块六

粗甲醇的精制

主要采用精馏的方法将粗甲醇精制为精甲醇。合成送来的粗甲醇经预精馏塔、加压精馏塔、常压精馏塔的多次汽化和冷凝脱除粗甲醇中的二甲醚等轻组分以及水、乙醇等重组分，高纯度精甲醇经中间罐区送到甲醇罐区，同时副产杂醇，废水送到生化处理，其整个精馏过程工业上习惯称粗甲醇的精制。

单元1 粗甲醇精馏的原理和方法

知识点1 粗甲醇的组成

M6-1 粗甲醇精馏的原理和方法

由于受到催化剂、压力、温度、合成气组成等条件的影响，在甲醇合成反应的同时，还伴随一系列的副反应。含有甲醇、水及许多种微量有机杂质（醇、醚、醛、酮、酸、酯、烷烃等）的混合溶液称为粗甲醇。

粗甲醇以杂质含量的多少作为粗甲醇的质量标准。

甲醇的质量与许多因素有关，如催化剂类型、催化剂使用时间、原料气质量（氢碳比、二氧化碳含量、氨及硫化氢等）、生产操作条件（温度、压力）、设备材质，其中催化剂类型直接影响粗甲醇的质量。粗甲醇的质量见表6-1。

表6-1 粗甲醇的质量

项目	$w(CH_3OH)$	$w(H_2O)$	$w(CH_3OCH_3)$	高沸点醇	H_2	CO	$w(CO_2)$	CH_4	N_2
含量	81.1%	17.9%	0.10%	0.33%	38mg/kg	151mg/kg	0.54%	67mg/kg	48mg/kg

水是一种特殊的杂质，它的含量仅次于甲醇。

粗甲醇中的水主要由二氧化碳的逆变反应及二氧化碳加氢合成甲醇时生成，少量来源于甲烷化、微量氧与氢的反应及一氧化碳加氢生成高级醇的反应。

粗甲醇中的二甲醚来源于甲醇的脱水反应。

粗甲醇中的酸类物质可能由以下反应产生。

$$2CO+2H_2 \longrightarrow CH_3COOH$$

$$CH_3OH + CO \longrightarrow CH_3COOH$$
$$CO + H_2O \longrightarrow HCOOH$$

生成的酸类物质可进一步被氢还原成醛，或去掉醛基生成酮：

$$CH_3COOH + H_2 \longrightarrow CH_3CHO + H_2O$$
$$2CH_3COOH \longrightarrow CH_3COCH_3 + CO_2 + H_2O$$

粗甲醇中 C_1 以上的醇类物质由一氧化碳、二氧化碳在催化剂上加氢直接合成。此外，原料气中微量的乙烯、乙炔也可能加氢、聚合生成醇类物质。

若原料气中含有微量氨，粗甲醇中可能出现甲胺类物质。

若原料气中有微量硫化氢，粗甲醇中可能出现有机硫化物。

此外，一氧化碳与铁生成的羰基铁也可能出现在粗甲醇中。

铜基催化剂合成的粗甲醇中杂质含量一般不超过1%。

知识点 2 粗甲醇精馏的原理

精馏的原理是在相同的温度下，同一液体混合物中不同组分的挥发度不同，经多次部分汽化和多次部分冷凝最后得到较纯的组分，从而实现混合物的分离。

如图 6-1 所示，设有不平衡的气、液两相，其初始组成分别为 y_0 和 x_0，流率分别为 V_0 和 L_0 （kmol/h），在塔板上充分接触。离开塔板的气液两相达到平衡，其组成分别为 y 和 x，流率分别为 V 和 L。图 6-2 示出了在一个精馏塔塔板中，从不平衡向平衡趋近时两相组成变化情况的示意：气相的易挥发组分含量沿着露点线增加；液相易挥发组分含量沿着泡点线减少，直到液、气组成的连线 xy 为水平线（温度相等），达到了平衡，表明经过一个精馏塔塔板所能达到的分离效果。

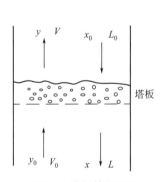

图 6-1 塔板精馏过程

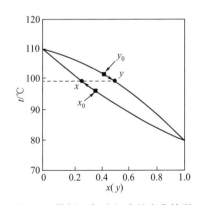

图 6-2 塔板上气液组成的变化情况

气、液两相在塔板中"从不平衡趋向平衡"的实现过程如图 6-3 所示。当蒸气穿过塔板以鼓泡的方式与液体接触时，由于两相不平衡而存在传质推动力，使得相间进行传质过程：易挥发组分 A 从液相通过相界面向气相扩散，而难挥发组分 B 从气相通过相界面向液相扩散，直到两相组成达到平衡；又在组分 A 从液相向气相扩散的同时，也把液相的热量以汽化热的形式带入气相，而在组分 B 从气相向液相扩散的同时，也把气相的热量以冷凝热的形式带回液相，这种相间热量交换的结果，使得传质所需的汽化热与冷凝热相互补偿并使两相温度趋于一致。

对图 6-1 所示的塔板列总物料衡算式和易挥发组分衡算式，可得

$$V_0 + L_0 = V + L$$
$$V_0 y_0 + L_0 x_0 = V y + L x$$

若不计相对量很小的混合热和热损失，塔板上的热量衡算式为

$$V_0 I_0 + L_0 i_0 = V I + L i$$

饱和蒸气的焓为饱和液体的焓与汽化潜热之和，故上式可写为

$$V_0 (i_0 + r_0) + L_0 i_0 = V (i + r) + L i$$

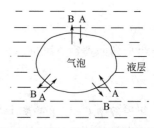

图 6-3　气泡与液层间的传质示意

式中，I_0、I 为进、出塔板饱和蒸气的焓，kJ/kmol（以 0℃ 的饱和液体为基准）；i_0、i 为进、出塔板饱和液体的焓，kJ/kmol；r_0、r 为进、出塔板饱和液体的摩尔汽化潜热，kJ/kmol。

由于许多物系两组分的摩尔汽化潜热相近，又因组成与温度变化而引起的饱和液体显热之差与汽化潜热相比甚小，若取 $i_0 = i$ 及 $r_0 = r$，可将上式简化为

$$(V_0 - V) r = (V - V_0 + L - L_0) i$$

将 $V_0 + L_0 = V + L$ 代入上式，知后者右侧为零，而得

$$V_0 = V, L_0 = L$$

即在塔板中，汽液两相接触前后的摩尔流率将保持不变，称为恒摩尔流。于是可得

$$V y_0 + L x_0 = V y + L x \quad 或$$

$$y = -\frac{L}{V} x + \left(\frac{L}{V} x_0 + y_0\right)$$

上式表明，根据物料衡算，对于一定的 x_0、y_0 和 L/V，离开塔板的气、液组成服从线性关系，可在 y-x 图上（见图 6-4）作出通过点 (x_0, y_0)、斜率为 $-L/V$ 的直线。它与平衡曲线的交点坐标 (x_w, y_D) 便是离开塔板的气、液两相组成。由此可知，物料经过一次塔板可能达到的分离效果可以用相平衡和物料衡算两关系确定。

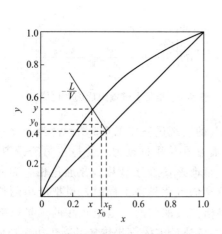

图 6-4　精馏塔板上的气液相平衡图

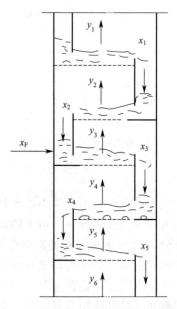

图 6-5　精馏塔示意

x—液相组成；y—气相组成

连续多次经过塔板的过程就是精馏过程。常用的精馏塔如图 6-5 所示。塔体内有若干块塔板，把塔分成若干层。塔板一侧设有溢流管，使冷凝器返回的回流液在板上维持一定的液面，并顺着溢流管逐板下降。塔板上开有许多升气孔，从塔底产生的蒸气通过升气孔与塔板上液体直接接触，进行热量和质量交换。

上升蒸气遇到塔板上的冷凝液体，受冷而部分冷凝并放出热量，这些热量被板上的液体吸收而产生部分蒸气，实现了热量交换。被冷凝的蒸气是沸点高的难挥发组分，它们转入液相，使气相中易挥发组分含量提高。板上液体部分汽化时，易挥发组分较多地转入气相，使液相中难挥发组分的含量增加，从而实现气液两相的质量交换。由此可见，塔内自下而上的蒸气每次经过塔板，将与塔板上的液体接触并部分冷凝，使易挥发组分的含量增大，从而在塔顶得到纯度较高的易挥发组分。同时自上而下的液体每次经过塔板，将与上升的蒸气接触并部分汽化，使难挥发组分含量增大，从而在塔底得到纯度较高的难挥发组分。最终实现混合液被精馏塔分离。

由回流泵提供的精馏塔回流液可以补充塔板上的易挥发组分，同时冷凝各块塔板上的蒸气部分，使气液两相充分接触，进行传热和传质，达到精馏的目的。没有回流，精馏操作将无法进行。另外，回流液能带走塔内多余的热量，维持全塔热平衡。

一般用塔顶回流作为控制产品质量的手段。打入塔顶的回流量常用回流比表示，以 R 表示回流比，则

$$R = \frac{L_0}{D}$$

式中　L_0——回流量，kg/h；
　　　D——塔顶采出产品量，kg/h。

回流比只能在一定范围内调节，它受塔的处理能力、产品收率、产品产量和生产操作费用等限制。生产中常用回流量控制塔顶温度，以达到控制塔顶产品质量的目的。一般在蒸馏塔开工初期或产品质量不合格时，不采出产品，采取全回流操作。

根据这一原理，每一块塔板相当于一个分离器，经过多次的部分汽化和部分冷凝在预精馏塔中将轻组分从塔顶脱去，在加压塔和常压塔的塔顶得到高纯度的精甲醇，塔底排出精馏残液。

在精馏过程中为了使原料液中的轻组分易于分离，采取萃取精馏。萃取精馏是加入萃取剂（甲醇精馏所用的萃取剂为脱盐水）使原料液中轻组分相对挥发度增大，使产品与其他杂质易于分离。

给料由塔的适当位置加入塔内，塔顶设有冷凝器，将蒸气冷凝为液体，一部分作为回流液，另一部分作为产品采出。塔底部的再沸器提供热量，蒸气沿塔上升，与下降的液体进行传质传热，在每一层发生部分汽化和部分冷凝。

在给料板位置以上所有塔板称为精馏段，上升蒸气所含重组分下移，而回流的轻组分向气相传递。如此物质交换的过程使上升蒸气中轻组分逐渐升高，达到塔顶的蒸气成为高纯度的轻组分。给料板以下的所有塔板称为提馏段，它从下降的液体中提取轻组分，即将重组分提浓。

精馏塔的操作就是控制塔的物料平衡（$F = D + W$）、热量平衡（$Q_入 = Q_出 + Q_损$）和气液平衡（$Y_i = K_i X_i$）。根据塔的给料量，给塔釜一定的热量，建立热量平衡，随之达到一定的溶液平衡，然后用物料平衡为正常的调节手段，控制热量平衡和气液平衡的稳定。精馏

塔顶、塔底的产量与进料量及各组成之间的关系,可通过全塔物料衡算求出。对图 6-6 所示的精馏塔做全塔物料衡算,得到:

$$F = D + W$$
$$Fx_F = Dx_D + Wx_W$$

式中,F 为料液流速,kmol/h;D 为塔顶产品(馏出液)流率,kmol/h;W 为塔底产品(釜液)流率,kmol/h;x_F 为料液中易挥发组分的摩尔分数;x_D、x_W 分别为塔顶、塔底产品的摩尔分数。

这两个方程中共有三个摩尔流率和三个摩尔分数,已知其中四个可解出其余两个。当然,如果单位采用质量(质量流率、质量分数),方程也同样适用。

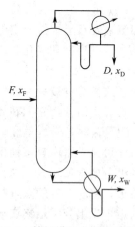

图 6-6　精馏塔的全塔物料衡算

通常是由任务给出 F、x_F、x_D、x_W,求解塔顶、塔底产品流率 D、W。有时也常规定某一组分的回收率,其定义为此组分(如易挥发组分)回收量占原料中该组分总量的百分数。

$$\eta = \frac{Dx_D}{Fx_F} \times 100\%$$

知识点 3　粗甲醇精馏方法

精馏是一种利用回流使液体混合物得到高纯度分离的蒸馏方法,是工业上应用最广的液体混合物的分离操作。

粗甲醇的精馏有两种流程,即两塔流程和三塔流程。

相对于两塔精馏,三塔精馏的特点如下:

① 乙醇和其他有机物杂质的含量大幅度减少,大大提高了精甲醇的质量。

② 加压塔塔顶出来的甲醇蒸气作为常压精馏塔的热源,节约了蒸汽和冷却水,能耗低,操作费用省,相对于两塔精馏可节能 10%。

③ 流程加长,造价约增加 10%。

这两种流程在甲醇精馏中都是比较成熟的。

知识点 4　精甲醇质量标准

依据《工业用甲醇》(GB/T 338—2011),精甲醇的质量标准见表 6-2。

表 6-2　精甲醇的质量标准

项　目		指标		
		优等品	一等品	合格品
色度,Hazen 单位(铂-钴色号)	≤	5		10
密度,ρ_{20}/(g/cm³)		0.791~0.792	0.791~0.793	
沸程[①](0℃,101.3kPa)/℃	≤	0.8	1.0	1.5
高锰酸钾试验/min	≥	50	30	20

续表

项 目		指标		
		优等品	一等品	合格品
水溶性试验		澄清		—
水,$w/\%$	≤	0.10	0.15	0.20
酸(以 HCOOH 计),$w/\%$	≤	0.0015	0.0030	0.0050
或碱(以 NH_3 计),$w/\%$	≤	0.0002	0.0008	0.0015
羰基化合物含量(以 HCHO 计),$w/\%$	≤	0.002	0.005	0.010
蒸发残渣,$w/\%$	≤	0.001	0.003	0.005
硫酸洗涤试验,Hazen 单位(铂-钴色号)	≤	50		—
乙醇,$w/\%$	≤	供需双方协商		—

注：①包括64.6℃±0.1℃

单元2 粗甲醇精馏的工艺流程

M6-2 粗甲醇精馏的工艺流程

知识点1 双塔粗甲醇精馏工艺流程

粗甲醇双塔精馏流程见图6-7。第一塔为预精馏塔，第二塔为主精馏塔，两塔再沸器的热源均为低压蒸汽。

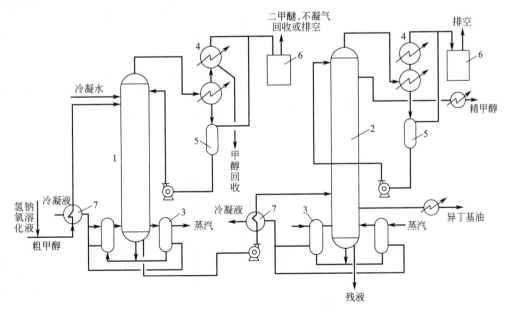

图6-7 粗甲醇双塔精馏工艺流程

1—预精馏塔；2—主精馏塔；3—再沸器；4—冷凝器；5—回流罐；
6—液封；7—热交换器

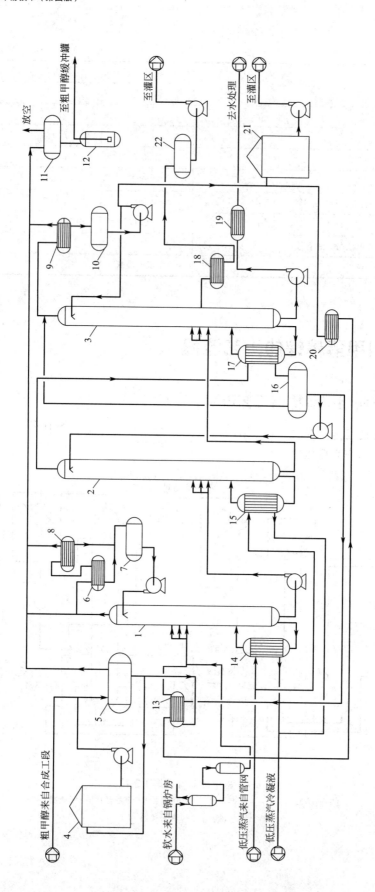

图 6-8 三塔粗甲醇精馏工艺流程示意

1—预精馏塔；2—加压塔；3—常压精馏塔；4—粗甲醇储槽；5—粗甲醇缓冲槽；6、8—预精馏塔冷却器；7—预精馏塔回流槽；9—常压精馏塔冷凝器；10—常压精馏塔回流槽；11—排放槽地下槽；12—排放槽；13—粗甲醇预热器；14—常压精馏塔再沸器；15—加压塔再沸器；16—加压塔回流槽；17—常压精馏塔再沸器；18—杂醇冷却器；19—残液冷却器；20—精甲醇冷却器；21—精甲醇中间槽；22—杂醇储槽

预精馏塔用以分离轻组分（二甲醚等）和溶解的气体（H_2、CO、CO_2等），塔顶取出的气体包括不凝性气体、轻组分、水蒸气以及甲醇，经过冷凝，大部分水分和甲醇回流入塔。同时从冷凝器抽出一小部分冷凝液以减少挥发性较低的轻组分。为减少塔顶排放气中甲醇的损失，塔顶冷凝器可做成二级冷凝。

主精馏塔主要除去重组分，包括乙醇、水以及高级醇，同时获得产品精甲醇。含水和高沸点组分的甲醇液从该塔中部进入，高级醇（杂醇油）从加料板以下侧线引出，含微量甲醇的水从塔底排出，产品甲醇从近塔顶处采出。

知识点2　三塔粗甲醇精馏工艺流程

约40℃的粗甲醇在闪蒸槽中减压，释放出部分溶解在其中的CO_2、H_2、CO、CH_4、N_2等气体，利用余压将粗甲醇送往粗甲醇预热器（管程），被加压塔产品精甲醇加热（壳程），配入约30kg/h、5% NaOH稀碱液后送入预精馏塔上层第34层塔板，入料粗甲醇再次减压，部分汽化，气体从塔顶引出，经预精馏塔冷却器控制温度部分冷凝，释放丙酮、甲酸乙酯、二甲醚等轻组分及溶解自粗甲醇中的H_2、CO等气体。而冷凝下来的甲醇液体，经回流泵加压返送回预精馏塔顶，作为回流液参加精馏。脱除了轻组分的粗甲醇由预精馏塔塔釜送出，经预精馏塔后泵加压至0.7MPa左右，送往加压精馏塔，加料板位于第10层塔板，料液与上升气体进行逐板传质传热，塔釜的液体在塔釜与再沸器间形成热自然对流。

在加压精馏塔塔顶形成高纯度甲醇蒸气，压力为0.56MPa，温度为122℃左右，被利用作为常压精馏塔的塔底热源。高压甲醇蒸气被冷凝后温度为118~120℃，进入加压精馏塔回流槽。冷凝甲醇一部分经回流泵加压，送往塔顶做回流液参与精馏；一部分冷凝甲醇直接压往粗甲醇预热器加热预精馏塔进料，回收热量后再进入精甲醇冷却器，冷却降温至40℃，作为产品送入精甲醇计量中间储槽。

加压精馏塔塔釜未汽化的粗甲醇靠压力直接送往常压精馏塔，常压精馏塔塔顶生成低压高纯度的甲醇气体。甲醇蒸气进入常压精馏塔冷凝器降温并冷凝至40℃，一部分送往加压精馏塔塔顶做回流液参加精馏；另一部分则作为产品送往精甲醇中间槽。

为脱除少量与甲醇生成共沸物的有机杂质，在常压精馏塔下部分段采出杂醇，经冷却后送出。

塔底残液（残液中甲醇含量≤1%，含有少量其他杂质）冷却后送往生化处理。

三塔粗甲醇精馏工艺流程见图6-8。

知识点3　四塔粗甲醇精馏工艺流程

目前，有些生产厂家从清洁生产的角度采用四塔粗甲醇精馏工艺，如图6-9所示。图6-10则展示了四塔中预精馏塔、加压精馏塔、常压精馏塔和回收塔的DCS图。

四塔粗甲醇精馏有如下优点。

① 利用加压塔塔顶蒸气冷凝热作常压塔塔底再沸器热源，总能耗比二塔流程降低10%~20%；

② 预塔加萃取水，有效脱除粗甲醇中溶解的气体CO_2、CO、H_2和丙酮、烷烃等轻馏分杂质；

③ 设计的加压塔进料/釜液换热器，尽量降低进料和进料口处的温差，从而提高了加压塔和常压塔的分离效率；

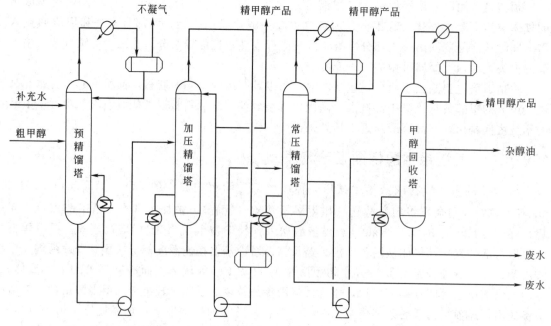

图 6-9 四塔粗甲醇精馏工艺流程示意图

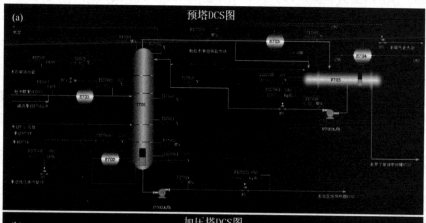

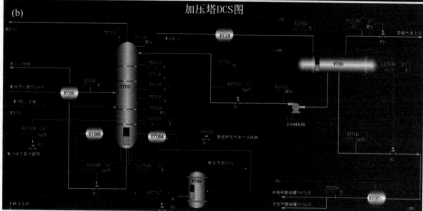

M6-3 甲醇精馏工艺仿真

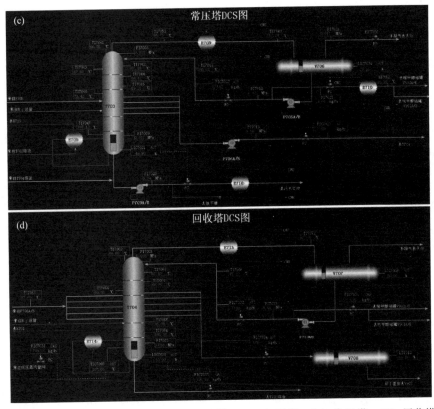

图 6-10 四塔精馏工艺的 DCS 图:(a) 预塔;(b) 加压塔;(c) 常压塔;(d) 回收塔

④ 在常压精馏塔提馏段杂醇油浓缩区设采出口,及时地将难分离的低沸点共沸物——杂醇油采出,从而有效地降低了常压塔的分离难度,减小了操作回流比,达到了节能、提高收率的目的;另外杂醇油采出后,能有效降低常压塔塔底废水中甲醇的含量;

⑤ 增设的甲醇回收塔,操作弹性大,操作灵活,可回收甲醇,减少废水中的甲醇含量。

单元 3 粗甲醇精馏操作与工艺调节

知识点 1 粗甲醇精馏的主要操作参数

1. 温度

M6-4 粗甲醇精馏操作与工艺调节

指标名称	指标		
冷却水上水温度	32℃	不凝气温度	50℃
冷却水回水温度	42℃	预精馏塔回流槽温度	50℃
低压蒸汽温度	158℃	预精馏塔塔釜温度	85℃
预精馏塔进料温度	65℃	加压塔塔顶温度	122℃
预精馏塔塔顶温度	75℃	加压塔塔釜温度	134℃
		加压塔回流槽温度	117℃

常压塔塔顶温度	63~65℃	杂醇冷凝后温度	40℃
常压塔塔釜温度	105℃	残液冷凝后温度	40℃
常压塔再沸器冷凝甲醇温度	117℃	精甲醇储槽温度	40℃
常压塔回流液温度	40℃	粗甲醇储槽温度	40℃
杂醇采出温度	85℃		

2. 压力

指标名称	指标		
		预精馏后甲醇泵出口压力	0.8MPa
冷却水上水压力	0.35MPa	加压塔回流泵出口压力	1.12MPa
冷却水回水压力	0.25MPa	预精馏塔回流泵出口压力	0.4MPa
低压蒸汽压力	0.5MPa	液下泵出口压力	0.4MPa
预精馏塔顶压力	0.05MPa	碱液泵出口压力	0.4MPa
预精馏塔釜压力	0.08MPa	残液泵出口压力	0.4MPa
加压塔顶压力	0.56MPa	常压塔回流泵出口压力	0.65MPa
加压塔釜压力	0.65MPa	杂醇泵出口压力	0.4MPa
加压塔回流槽压力	0.55MPa	精甲醇泵出口压力	0.45MPa
常压塔塔顶压力	0.03MPa	粗甲醇泵出口压力	0.55MPa
常压塔塔釜压力	0.08MPa		

3. 液位

指标名称	指标		
		加压塔回流槽液位	30%
预精馏塔回流槽液位	30%	加压塔塔釜液位	60%~90%
缓冲槽液位	30%	常压塔回流槽液位	30%
预精馏塔塔釜液位	60%~90%	常压塔塔釜液位	60%~90%

知识点 2　影响甲醇精馏的因素及其控制

粗甲醇精馏生产时工艺调节原则如下：

精馏主要操作是维持系统的物料平衡、热量平衡和气液平衡，三者互相影响。物料平衡掌握得好，气液接触得好，传质效率高；塔的温度和压力是控制热量平衡的基础；因此，一切调节都必须缓慢地逐步地进行，在进行下一步调节前，必须待上一步调节显现效果后才能进行，否则会使工况紊乱，调节达不到预期效果。

（1）给料量的调节

① 每次调节流量变化幅度小于 $1m^3/h$。

② 当粗甲醇槽液位下降较快时，要迅速查找原因，若因合成来料不足可减量生产。

③ 当进料含水多时，塔釜温度也较高，要用回流量和回流液温度等手段来保证加压塔、常压塔塔顶温度正常。

④ 加减给料量的同时要向塔釜加减蒸汽量，应遵循以下原则：

a. 预塔加给料量时应先加蒸汽量后加给料量，减量时应先减给料量后减蒸汽量以保证轻组分脱除干净。

b. 加压塔、常压塔应先加给料量再加回流量后加蒸汽量。减量时应减蒸汽量再减给料量后减回流量。这样才能保证两塔的塔顶产品质量。

⑤ 加减给料量时，碱液量也随之调整，保证塔底的 pH 为 7~9。

⑥ 随时注意合成工况及粗甲醇槽的库存，有预见性地进行工况调节，控制好入料量是保证产品质量的前提，是稳定精馏操作的基础。

(2) 温度的调节

① 蒸汽量增大塔温上升，重组分上移，影响甲醇的质量，同时蒸汽加入量过大，上升气速过快，有可能造成液泛，因此精馏塔升温应小于 1℃/次。

② 蒸汽量加入量减少，塔温下降，轻组分下移，对于预精馏塔来说可能将轻组分带到后面产品塔，造成产品的 $KMnO_4$ 试验和水溶性试验不合格。

(3) 回流的调节 当回流不足，塔温上升，重组分上移，影响精甲醇的产品质量，这时就应减少采出，增加回流。尤其是在产品质量不合格时应增大回流量。

(4) 压力调节

① 压力对系统的影响非常大。对预精馏塔来讲，压力增大会影响不凝气的排放，一方面造成安全隐患；另一方面，压力升高使不凝气不能顺利排放，易进入后续流程的几个塔，影响精甲醇的酸度和水溶性试验。预精馏塔塔顶温度控制在 62~65℃，塔底温度为 76~79℃，压力 150kPa，回流比为 25~30。预精馏塔压力控制可通过塔顶阀门开启度、冷凝器的冷却水量及再沸器蒸汽加入量调节。

② 对加压塔来讲，若压力不足，塔顶甲醇蒸气量下降，导致常压塔再沸器温度下降，废水含量超标。故加压塔塔顶温度控制在 112~115℃，压力为 550kPa，塔釜温度为 127~130℃，压力为 820kPa。塔压通过加压塔塔釜蒸汽加入量及回流液的流量大小和温度来调节。

③ 对常压塔来讲，压力不足有可能引起负压，使设备受到损害；压力过高，使甲醇在塔底的分压增高，造成塔底废水含量超标。常压塔塔顶温度保持在 63~65℃，压力为常压，塔釜温度为 112~115℃，压力为 170kPa。常压塔的压力调节是通过冷凝器冷却水量、回流量、回流温度共同作用实现，一般常压塔回流比控制在 2~3。

(5) 液位调节

① 塔釜液位。塔釜液位给定太低，造成釜液蒸发过大，釜温升高，釜液停留时间较短，影响换热效果；塔釜液位给定太高，液位高至再沸器回流口，液相阻力增大，不仅会影响甲醇汽液的热循环，还容易造成液泛，导致传质、传热效果差。

各塔液位应保持在 60%~90%。

② 回流槽液位。开车初期，为了使生产出的不合格甲醇回流液尽快置换，回流槽液位可给定 20%，分析产品合格后，液位再给定 30%。

正常生产时，回流槽应有足够的合格甲醇以供回流及调节工况，回流槽给定 30%，投自动调节。

当液位自动调节阀故障失灵时，应关闭前后切断阀，用旁路阀控制，现场液位应尽量稳定，同时通知仪表工处理。

知识点 3 生产事故及处理

甲醇精馏生产事故及处理见表 6-3。

表 6-3　甲醇精馏生产事故及处理

序号	现象	事故原因	处理措施
1	预精馏塔塔底无液位	(1)入料量小 (2)采出量大 (3)液面指示失真 (4)蒸汽量大	(1)增大入料量 (2)减小采出量 (3)检查、校核液位 (4)减小蒸汽量
2	预精馏塔淹塔	(1)入料量大 (2)蒸汽量小 (3)采出量小	(1)减小入料量 (2)增大蒸汽量 (3)增大采出量
3	预精馏塔塔顶温度高	(1)蒸汽量大 (2)放空温度高	(1)减小蒸汽量 (2)降低放空温度
4	预精馏塔放空管冒烟，回流量小	(1)蒸汽量大 (2)加入软水量小 (3)塔底液位不稳定 (4)冷凝器冷却效果不佳 (5)冷却水量小 (6)水压低,水温高	(1)减小蒸汽量 (2)加大软水入量 (3)稳定塔底液位 (4)清洗冷凝器 (5)加大冷却水量 (6)提高水压、降低水量
5	预精馏塔后甲醇密度超标	(1)密度小、加入的软水量小 (2)密度大、加入的软水量大	(1)增加软水量 (2)减小软水量
6	预精馏塔后甲醇pH波动	(1)pH<7.5,加碱量小 (2)pH>8.0,加碱量大	(1)增加碱量 (2)减少加碱量
7	预精馏塔塔底温度低	(1)加热蒸汽量小 (2)加软水量小	(1)加大蒸汽量 (2)增加软水量
8	预精馏塔粗甲醇入料流量指示偏差	仪表损坏	(1)根据主塔流量指示进行调节 (2)维持预精馏塔液位 (3)请仪表工修理、校核流量计
9	加压精馏塔底温度低于100℃	(1)蒸汽量小 (2)精甲醇采出量小 (3)入料量过大	(1)增加蒸汽量 (2)增大采出量(维持回流量在指标内) (3)减少或停止入料
10	精甲醇采出量适当,回流量减小	蒸汽量小	增加蒸汽量
11	精甲醇氧化值、密度发生变化	重馏分上移	(1)减小精甲醇采出量 (2)增加入料量 (3)减少蒸汽量
11	精甲醇氧化值、密度发生变化	轻馏分下移	(1)增加初馏物采出量 (2)减小入料量 (3)增加蒸汽量
12	加压塔入料指示不准确	入料仪表损坏	(1)根据预精馏塔入料流量指示进行调节 (2)维持加压塔液位在指标范围内 (3)勤检查预后泵压力
13	加压塔塔底压力高	(1)蒸汽量过大 (2)入料量过大 (3)泵出量过小 (4)塔内产生液泛	(1)减小蒸汽量 (2)减少入料量 (3)加大泵出量 (4)减少蒸汽及入料量
14	运转设备停止	断电	(1)关闭塔再沸器蒸汽阀 (2)关闭采出阀 (3)关闭常压塔残液排放阀

续表

序号	现象	事故原因	处理措施
15	无蒸汽	断蒸汽	(1)停加压塔、常压塔入料泵 (2)关闭常压塔残液排放阀 (3)关闭精甲醇采出阀 (4)关闭蒸汽管入口阀
16	无冷却水	断冷却水	(1)关闭再沸器蒸汽阀 (2)停各泵 (3)关闭排残液阀 (4)关闭采出阀
17	泵不上量	(1)泵入口管线阀门未开 (2)入口管线堵塞 (3)泵带气	(1)打开泵入口阀 (2)疏通入口管线 (3)按泵带气处理方法处理
18	泵打不起压	泵带气或泵的机械故障	(1)停泵、关闭进出口阀 (2)关闭压力表根部阀,卸下压力表 (3)打开泵进口阀,从压力表根部阀排气 (4)倒泵
19	冷凝器发生水击	回流槽液位满	加大回流量或稍减速蒸汽量

单元4 粗甲醇精馏的设备

M6-5 粗甲醇精馏的设备

焦炉煤气制甲醇的甲醇精馏工艺目前均采用三塔精馏工艺,采用三塔精馏流程的目的是更合理地利用热量,三塔流程与双塔流程的区别在于三塔流程采用两个主精馏塔,第一主精馏塔加压操作,第二主精馏塔常压操作,利用加压塔的塔顶蒸气冷凝热作为第二主精馏塔再沸器的加热源。这样既节省加热蒸汽,又节省冷却水,有效地节约了能量。

甲醇精馏工序的主要设备由精馏塔、冷凝器、冷却器、再沸器、泵、储槽等设备构成。

知识点1 精馏塔

对精馏过程来说,精馏塔是使过程得以进行的重要条件,性能良好的精馏设备,为精馏过程的进行创造了良好的条件。它直接影响生产装置的产品质量、生产能力、产品的收率、消费定额、"三废"处理及环保等方面。

根据塔内气液接触部件的结构形式,精馏塔可分为板式塔和填料塔两大类。

知识点2 板式塔

板式塔的结构见图6-11。

板式塔通常是由一个呈圆柱形的壳体及沿塔高按一定的间距水平设置的若干层塔板组成。操作时,液体靠重力的作用由顶部逐板向塔底排出,并在各层塔板面上形成流动的液层;气体则在压力差的推动下,由塔底向上经过均匀分布在塔板上的开孔依次穿过各层塔板由塔顶排出。塔内以塔板作为气液两相接触传质的基本构件。

工业生产中常用的板式塔,常根据塔板间有无降液管沟通而分为有降液管和无降液管两大类,用得最多的是有降液管的板式塔,它主要由塔体、溢流装置和塔板构件等组成。

板式塔的类型有泡罩塔、筛板塔和浮阀塔三种。

1. 泡罩塔

泡罩塔是随着工业蒸馏建立起来的,泡罩塔塔板上的主要元件为泡罩,泡罩的尺寸为 80mm、100mm、150mm 三种,可根据塔径的大小来选择,泡罩的底部开有齿缝,泡罩安装在升气管上,从下一块上升的气体经升气管从齿缝吹出,升气管的顶部应高于泡罩齿缝的上沿,以防止液体从中漏下,由于有了升气管,泡罩塔即使在很低的气速下操作,也不至于产生漏液现象。

2. 筛板塔

筛板塔出现略迟于泡罩塔,与泡罩塔的区别在于取消了泡罩与升气管,直接在板上开很多小直径的筛孔。操作时,气体高速通过小孔上升,板上的液体不能从空中落下,只能通过降液管流到下层板,上升蒸气使板上液层成为强烈搅动的泡沫层。

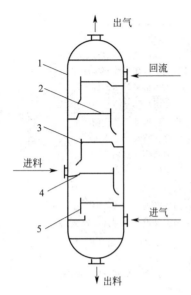

图 6-11　板式塔结构简图
1—塔壳;2—塔板;3—出口溢流堰;
4—受液盘;5—降液管

3. 浮阀塔

它的特点是在筛板上的每个筛处安装一个可以上下浮动的阀体,当筛孔气速高时,阀片被顶起,气速低时,阀片因自重而下降。阀体可随上升气量的变化而自动调节开度,同时气体从阀体下水平吹出加强了气液接触。

浮阀塔具有塔板结构简单,安装容易;气液接触状态良好,塔板效率高;可以在低负荷下操作,操作弹性大;由于阀片可以自由升降以适应气量的变化,故其维持正常操作所容许的负荷波动范围较泡罩塔板及筛孔塔板都宽;允许的蒸气速度大,生产能力大等优点。

粗甲醇三塔精馏塔均选用浮阀塔。

(1) 预精馏塔　预精馏塔的作用是:脱除二甲醚;加水萃取,脱除与甲醇沸点相近的轻组分以及除去有机杂质中的轻组分。通过预精馏后,二甲醚与大部分轻组分可基本脱除。

预精馏塔规格为 $\phi 1400mm \times 25700mm$,45 块塔板,预精馏塔的入料口一般有 2~4 个,可以根据进料情况调整入料口高度,入料口一般在塔的上部。萃取用水一般在预精馏塔顶部(也可加至回流罐由回流液带入)或由上而下的第 2~4 块塔板上加入。

(2) 主精馏塔　主精馏塔的作用是:将甲醇组分与水和重组分分离,将水分离出来,尽量减少有机杂质含量;分离重组分、杂醇油;采出精甲醇产品。

为保证精甲醇质量,同时达到减少回流比、降低热负荷以及节能的目的,采用两个精馏塔,其规格分别为:

加压精馏塔 $\phi 1600mm \times 41400mm$,85 块塔板;操作压力:0.6MPa;

常压精馏塔 $\phi 2200mm \times 48250mm$,85 块塔板;设计压力:0.1MPa。

常压精馏塔的杂醇油采出口一般有 4 个,在塔下部第 6~12 块塔板处,可选择杂醇油浓集处进行采出。

知识点 3　填料塔

目前，新型高效的填料如波纹网填料已在甲醇精馏塔得到应用，此种塔与浮阀塔相比，造价低、压降低、塔总高也低。

丝网波纹填料是丝网填料中新发展起来的一种高效填料，是由波纹平行、垂直排列的丝网片组成的盘状规则填料，盘高通常为40～200mm，波纹方向与塔轴倾斜角为30°或45°，上下相邻两盘彼此交错90°排列，其直径比塔径小几毫米，便于紧密地装满塔界面。

丝网的丝径一般由介质腐蚀程度和填料成型强度来决定，一般为0.1～0.2mm、40～100mm丝目。丝网的材质可由金属或尼龙丝制成。

丝网波纹填料具有以下特性。

① 蒸气负荷大。丝网波纹填料的液泛点不十分明显，当蒸气负荷超过液泛点时其阻力降和滞留量也不是直线上升，还能继续运行，处理能力较大。

② 液体负荷弹性大。

③ 效率高。

④ 压力降低。

⑤ 滞留量很小。

⑥ 放大效应不明显。

丝网填料分离性能与塔径无关，目前最大的已达到4m以上。但是为了保证效率，对流体分布的设计应予以重视。当填料层较高时，必须设置液体回收再分布装置，保证填料的分离效率。否则，分离效率严重恶化。

但丝网波纹填料对物料有严格要求，忌堵塞，检修清理困难，且存在波网腐蚀的缺点。

填料塔结构示意如图6-12所示。

知识点 4　换热器

精馏装置的附属设备主要是各种形式的换热器，包括塔底溶液再沸器、塔顶蒸气冷凝器、料液预热器、产品冷却器等。其中再沸器和冷凝器是保证精馏过程连续稳定操作所必不可少的两个换热设备。

再沸器的作用是将塔内最下面的一块塔板留下的液体进行加热，使其中的一部分液体发生汽化变成蒸气重新汇流入塔，以提供塔内上升的气流，从而保证塔板上气、液两相的传质。再沸器一般安装在塔底外部。

冷凝器的作用是将塔顶上升的蒸气进行冷凝，使之成为液体，之后将一部分冷凝液从塔顶回流入塔，以提供塔内下降的液流，使其与上升气流进行逆流传质接触。冷凝器一般安装在塔顶。

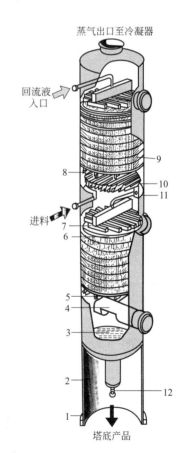

图 6-12　填料塔结构示意
1—底座圈；2—裙座；3—塔底；
4—蒸气进口管；5—支承栅；6—填料压栅；
7—液体分布器；8—支承架；9—填料；
10—液体收集器；11—排â孔；
12—接再沸器循环管

换热器的技术规格见表6-4。

表6-4 换热器的技术规格

序号	设备名称	规 格 型 号
1	杂醇冷却器	换热面积:4.3m^2 折流板间距:23mm 设计压力: 管侧 0.39MPa, 壳侧 0.35MPa 最高工作压力: 管侧 0.39MPa, 壳侧 0.04MPa 设计温度: 管侧 60℃, 壳侧 110℃ 介质: 管侧 冷却水, 壳侧 杂醇
2	残液冷凝器	容器重量:1710kg 换热面积:47.8m^2 折流板间距:250mm 设计压力: 管侧 0.44MPa, 壳侧 0.385MPa 最高工作压力: 管侧 0.4MPa, 壳侧 0.35MPa 设计温度: 管侧 125℃, 壳侧 50℃ 介质: 管侧 甲醇残液, 壳侧冷却水
3	预精馏塔冷凝器Ⅰ	容器重量:3885kg 换热面积:120m^2 折流板间距:300mm 设计压力: 管侧 0.385MPa, 壳侧 0.055MPa 最高工作压力: 管侧 0.35MPa, 壳侧 0.05MPa 设计温度: 管侧 50℃, 壳侧 90℃ 介质: 管侧 冷却水, 壳侧 甲醇
4	预精馏塔冷凝器Ⅱ	容器重量:780kg 换热面积:22.5m^2 折流板间距:300mm 设计压力: 管侧 0.385MPa, 壳侧 0.03MPa 最高工作压力: 管侧 0.35MPa, 壳侧 0.05MPa 设计温度: 管侧 50℃, 壳侧 70℃ 介质: 管侧 冷却水, 壳侧 不凝气 甲醇溶液
5	粗甲醇预热器	容器重量:6280kg 换热面积:221m^2 折流板间距:500mm 设计压力: 管侧 0.495MPa, 壳侧 0.605MPa 最高工作压力: 管侧 0.45MPa, 壳侧 0.55MPa 计温度: 管侧 80℃, 壳侧 140℃ 介质: 管侧 粗甲醇, 壳侧 精甲醇
6	常压塔冷凝器	容器重量:13540kg 换热面积:501m^2 折流板间距:500mm 设计压力: 管侧 0.39MPa, 壳侧 0.033MPa 最高工作压力: 管侧 0.35MPa, 壳侧 0.03MPa 设计温度: 管侧 60℃, 壳侧 80℃ 介质: 管侧 冷却水, 壳侧 甲醇蒸气/甲醇溶液

续表

序号	设备名称	规 格 型 号
7	精甲醇冷却器	容器重量:13572kg 换热面积:120.7m² 折流板间距:300mm 设计压力：　　管侧 0.39MPa,壳侧 0.61MPa 最高工作压力：　管侧 0.35MPa,壳侧 0.55MPa 设计温度：　　管侧 60℃，　壳侧 135℃
8	预精馏塔再沸器	容器重量:3505kg 换热面积:88.4m² 折流板间距:250mm 设计压力：　　管侧 0.1MPa,　　　　　壳侧 0.6MPa 最高工作压力：管侧 0.09MPa,　　　　　壳侧 0.5MPa 设计温度：　　管侧 100℃，　　　　　　壳侧 164.8℃ 介质：　　　　管侧 甲醇溶液/甲醇蒸气,壳侧 低压蒸汽/冷凝液
9	加压塔再沸器	容器重量:12545kg,换热面积:402m² 操作压力：　　管侧 0.6MPa，　壳侧 0.5MPa 操作温度：　　管侧 140℃，　　壳侧 158℃ 操作介质：　　管侧 甲醇、水,壳侧 低压蒸汽
10	常压塔再沸器	容器重量:14525kg 换热面积:464m² 操作压力：　　管侧 0.09MPa，壳侧 0.56MPa 操作温度：　　管侧 110℃，　　壳侧 121℃ 操作介质：　　管侧 甲醇、水,壳侧 甲醇蒸气

单元5　粗甲醇精馏的岗位操作要点

知识点1　岗位职责

① 严格执行岗位操作规程和安全规程，不违章作业，不违规违纪，确保安全生产。
② 按分工搞好设备的润滑，日常保养，跑、冒、滴、漏治理及环境卫生。
③ 搞好生产巡检工作，发现问题及时向车间领导和调度汇报，并配合检修人员进行处理。
④ 负责仪表的使用，认真做好各种生产运行和操作记录。

知识点2　岗位操作技术规程

开车前，整个系统根据要求均需化学处理：金属表面钝化，除去金属表面上有催化活性作用的金属粒子的活性；脱脂，脱除塔、换热器、槽、罐及其他精馏设备上的防锈油，以免污染产品或在低温下凝结在塔内件上影响塔板效率和正常操作；杀灭余留活性中心，如果不将其活性杀灭，投料后聚合垢会很快生成，运行周期会大幅缩短。系统清洗结束后，如有可能，再用水作介质对有关的泵、调节阀和切断阀做试运行，并对流量计、液位计等仪表进行校验。

在试运行时,应反复清洗泵入口侧的过滤器,以防异物进入泵体,损坏叶轮,还应注意观察储罐液位,避免泵抽空。

1. 原始开车准备

(1) 煮塔 在已做好开车前的准备工作,系统已经经过清洗并已做过试运行的情况下煮塔。向预精馏塔回流槽、加压精馏塔回流槽、常压精馏塔回流槽加软水液位在90%左右(留有配碱空间)。向槽内加药,配制煮塔溶液,配制标准如下。

| $V(水)/m^3$ | 1 | $m(Na_3PO_4 \cdot 12H_2O)/kg$ | 2~3 |
| $m(NaOH)/kg$ | 2~3 | | |

配制好溶液搅拌均匀启动回流泵向塔内加料,塔釜液位50%停回流泵,开冷却水,开再沸器蒸汽缓慢加温,三塔关闭采出,当塔釜液位开始下降,启动回流泵向塔内打循环,加压精馏塔压力控制在0.35~0.4MPa,其余两塔常压操作,热水循环过程中检查各塔采出排放是否畅通,加热循环36h后排放,排放液通过临时管线引到合成地沟。向回流槽加清水用回流泵向塔内打水清洗,直到排放水颜色和入口水相同为止。

(2) 系统置换 如不及时投料,则应排净塔全部积水,然后再充入氮气置换整个系统,直至取样分析气体中的氧气含量≤0.5%为止。置换以后,应保证精甲醇采出管线、精甲醇储槽、粗甲醇储槽及其他有关的管线内均无积水。置换过程中,应特别小心,控制系统压力不得超过操作压力,而且升降压也不能过快,以免损坏塔板。

(3) 开车准备工作

① 检查设备具备开车条件,并联系电气、仪表人员检查所有电器、仪表具备开车条件,各泵送电、盘车、试车,工艺配合各调节阀调试完毕。

② 系统试气密合格,氮气置换合格,氧气含量≤0.5%。

③ 工艺检查循环水、脱盐水、0.5MPa低压蒸汽、氮气等接至界区并具备开车条件。

④ 关闭各塔、槽、泵、管道导淋及低点放净,关闭各放空阀、取样阀、各氮气充压阀。

⑤ 打开各压力表的根部阀,检查压力表、温度表完好。

⑥ 打开预精馏塔冷凝器、常压精馏塔塔顶冷凝器、甲醇冷凝器、杂醇冷凝器、上水回水阀,并调整好开度。

⑦ 打开各调节阀流量表前后切断阀,关闭副线阀,控制室人员将阀位手动调至关闭位置。

⑧ 碱液槽配置好碱液,排放槽建立30%液位。

⑨ 检查关闭合成直接进料阀和进料总阀、冷凝液总阀。

⑩ 粗甲醇槽接收合成来的粗甲醇,且达10%~15%液位。

2. 开车

(1) 预精馏塔的开车

① 向配碱槽加入适量烧碱,打开配碱槽软水入口阀,加软水配制成5%的NaOH溶液,打开配碱槽蒸汽入口阀对其进行加热,然后打开碱液槽入口阀。使配制好的碱液流入碱液槽。

② 打开粗甲醇储槽至预精馏塔入料管线上各阀门,启动粗甲醇泵向预精馏塔进料,同时启动碱液泵及其泵入出口阀,用流量计控制流量向预塔入料管及预塔中下部第十层塔板进碱液。

③ 当塔底液位达 80% 时，减少向预塔入料（包括甲醇和碱液）。

④ 开蒸汽总管及入系统蒸汽阀，打开蒸汽导淋阀排尽冷凝水后关闭导淋阀，然后缓慢打开预精馏塔再沸器蒸汽入口阀调整压力 0.3～0.4MPa，对预精馏塔进行升温加热。

M6-6 粗甲醇精馏岗位开车操作要点

⑤ 当预精馏塔顶温度达 65℃ 以上，轻组分开始挥发，打开预塔冷凝器、冷凝冷却器的进、回水阀。待塔顶温度达到 74℃，压力 0.05MPa 时，打开冷凝器不凝气体管线调节阀和塔顶采出放空调节阀。

⑥ 当预精馏塔冷凝液回流槽液位达到 70% 时，启动预塔回流泵进行全回流操作，并通过回流泵出口调节阀控制预塔回流槽液位在 50% 左右。

⑦ 调节好预精馏塔各工艺参数：塔顶温度 74℃，压力 0.01MPa，塔底温度 85℃ 左右。

⑧ 在预精馏塔底取样，分析甲醇液中轻组分已脱除合格后，开预塔底至加压塔入料管线上各阀门，然后启动预后甲醇泵向加压塔送料，调节向预塔进料量维持塔底液位。在指标内对预塔各参数进行调节。

⑨ 当开始抽预精馏塔底脱除轻组分的甲醇至加压精馏塔和常压精馏塔时，不断向预精馏塔补充粗甲醇和碱液稳定预精馏塔液位，满足加压精馏塔液位在 70% 左右，常压精馏塔液位在 35% 左右。

⑩ 按正常操作稳定预精馏塔各工艺参数。

（2）加压精馏塔的开车

① 在向加压精馏塔加入料至 30% 时，稍开加压精馏塔再沸器蒸汽入口阀对加压精馏塔甲醇预热。

② 待加压精馏塔液位达 70% 时，关闭加压精馏塔、常压精馏塔塔底导淋总管各阀，然后打开加压精馏塔和常压精馏塔塔底导淋阀使加压塔的甲醇进入常压精馏塔，待常压精馏塔液位建立 35% 时，关闭加压精馏塔和常压精馏塔导淋阀，然后打开地下槽入口导淋总阀，排尽导淋总管甲醇液，启动地下槽液下泵，将甲醇液打入粗甲醇储槽，打完后关闭液下泵。

③ 当加压精馏塔液位达到 60% 时，减少加压精馏塔入料量，对预精馏塔液位进行调整。

④ 开大加压精馏塔再沸器入口蒸汽阀，缓慢升温加热，用预精馏塔液位调节加压精馏塔液位。当加压精馏塔回流槽液位达 70% 时，启动加压精馏塔回流泵进行全回流操作。

⑤ 调节加压精馏塔各工艺参数：加压精馏塔底温度 134℃ 左右，塔顶压力 0.6MPa 左右，用回流泵出口调节阀调整回流量，待加压精馏塔顶采出合格后，另一部分回流液送至预精馏塔预热器，预热预精馏塔入料粗甲醇。

⑥ 经粗甲醇预热器冷却的精甲醇在经精甲醇冷却器前，打开该冷却器进回水阀，精甲醇经精甲冷却器冷却至 40℃ 后送至精甲醇中间槽储存。

⑦ 加压精馏塔温度到达工艺指标时向常压塔进料。

（3）常压精馏塔的开车

① 通过加压精馏塔的液位和压力调整常压精馏塔的入料调节阀开度，塔顶温度大于 60℃ 前打开常压精馏塔冷却器进回水阀。

② 待常压精馏塔回流槽液位达 70% 时，启动常压精馏塔回流泵向常压精馏塔打回流。

③ 取样分析产品质量合格后，根据回流槽液位调节，送产品精甲醇至精甲醇中间槽储存。

④ 常压精馏塔运行正常后，根据残液密度及成分分析结果，决定开杂醇采出点阀门进

行杂醇采出，在开杂醇采出阀前开杂醇冷却器进回水阀。

⑤ 当杂醇储槽液位达60%～70%时，启动杂醇泵将杂醇送至综合罐区杂醇槽储存。

⑥ 待常压精馏塔工艺运行正常，取样分析塔底残液甲醇含量<0.1%时，准备排放残液。

⑦ 打开残液冷凝器进、回水阀，启动残液泵送残液至残液冷凝器冷却至40℃后，送生化处理站，其残液排放量根据常压塔液位调节控制。

⑧ 调整各塔工艺参数，当各参数稳定、产品合格后，可适当增加处理量并保持三塔平衡。

（4）排放槽的开车　当工艺调整正常、放空正常后，打开排放槽软水入口阀洗涤放空气体中的甲醇气，打开排放槽导淋阀将稀醇液排至地下槽，待地下槽液位达30%时，启动地下槽液下泵将稀醇液打至粗甲醇储槽作萃取液。

（5）精甲醇中间槽的开车　精甲醇中间槽液位达到80%时，切换到另一中间槽进料，取样分析已装满中间槽里的精甲醇，合格后启动精甲泵送甲醇罐区精甲储槽储存或送去装车，不合格去粗甲醇储槽。

（6）粗甲醇储槽的开车　粗甲醇储槽液位保持在50%以上，初始开车时启动粗甲醇泵向预精馏塔进料。

3. 停车步骤

（1）长期停车　当接到车间停车的指令后，停止向预精馏塔进料，停碱液泵，关闭入粗甲醇预热器总阀。停止加压精馏塔、常压精馏塔的采出，将塔顶采出切换到粗甲醇槽。关闭预精馏再沸器加压精馏塔再沸器的蒸汽总阀，视情况各阀打到手动位置，各塔进行充氮气保护，待各回流槽无液位时停回流泵，注意加压塔回流泵不得抽空。手动控制预精馏塔、加压精馏塔、常压精馏塔采出使预塔液面到5%～10%。加压精馏塔、常压精馏塔液面为0后，各塔、回流槽打开导淋排放，通过低点导淋排放到地下槽，由液下泵打到粗甲醇储槽。关闭塔入料和采出阀，充氮气保护，不得出现负压。关闭循环水总阀，视综合罐区情况停精甲醇泵，视合成情况停止接收粗甲醇。

（2）短期停车　停止预精馏塔进料，关入工段总阀，将塔的采出切换到粗甲醇槽，停蒸汽阀，停止三塔的采出，停各泵、各塔、回流槽保持液位充氮气保压。

（3）紧急停车　遇到爆炸着火、管道断裂、设备损坏严重，造成跑液漏气情况严重，人不能近前处理，或断水、断电、断蒸汽、断循环水、断仪表空气，应做紧急停车处理。立即切断蒸汽入口阀，立即停泵，停各塔的采出，关闭各调压阀前后阀门。迅速查明原因或进行有效隔离，防止事故的扩大或蔓延，各塔保持正压。

【知识拓展】　粗甲醇精馏工艺优化措施

本章介绍了粗甲醇精馏中的传统三塔工艺流程。针对传统三塔精馏工艺的特点，为了进一步提升产品质量、降低精馏工艺能耗，结合国内外三塔精馏的工艺特点，可以从不同的角度优化精馏工艺，以改善粗甲醇精馏效果。

1. 合理利用隔塔板

传统的三塔精馏工艺存在着以下不足：

① 预精馏塔塔底温度低于常压塔塔底温度，而常压塔塔顶利用塔顶蒸汽作为热源，预精馏塔选择低压蒸汽作为热源；

② 三塔精馏能耗较高，回收利用效率不高。

针对三塔精馏工艺，在精馏塔内设置垂直隔板，从而节省冷凝器、精馏塔和再沸器等设备的投入，减少生产成本。隔塔板适用于三元或多元体系的分离，可用于粗甲醇精馏工艺。在粗甲醇精馏过程中使用隔塔板，可以利用隔塔板的作用减少浓度返混，并且充分利用能源，提升能源利用效率。利用隔塔板降低能量损耗，也减少了设备投入，能够达到提升精馏效率，节能降耗的目的。

2. 多效精馏技术

多效精馏技术是通过扩展工艺流程，利用多塔代替单塔，从而实现不同能级之间精馏塔的能量传递，达到节能的目的。精馏塔之间存在一定的压力梯度和温度梯度，利用多效精馏技术，按照压力高低顺序进行排列，可以用相邻塔之间的高压蒸汽对低压塔底的再沸器进行加热，从而实现热量传递。多效精馏技术使用冷凝器和再沸器的热量传递，从而达到节能的效果。多效精馏技术可以合理利用蒸汽的热传导效应，而且随着效数的增加，能量损耗降低，但是增加效数会增加设备投入。因此在甲醇工业生产中，通常选择双效节能技术，可以通过加压塔再沸器的负荷实现热量传递。

3. 逆流双效技术

根据物料流向和压力梯度之间的关系，可以将双效精馏分为顺流双效、并流双效和逆流双效。根据粗甲醇精馏体系来看，结合经典的三塔精馏工艺，逆流双效的作用效果更加明显。因为在精馏过程中，精馏塔之间的甲醇浓度依次降低，因此在相同压力情况下，沸点温度依次升高。在三塔精馏体系中，将第二精馏塔作为常压塔，所得到的塔釜温度低于传统三塔精馏的塔釜温度，因此可以降低加热源的蒸汽要求，从而提升能量利用效率，具有节能的效果。

思考题

1. 在实际生产中怎样调节回流比？
2. 怎样进行塔底、塔顶温度调节？
3. 温度压力是怎样影响精甲醇质量的？
4. 精甲醇初馏点低、干馏点高说明什么问题？如何调整？
5. 简述本工序的巡检路线。

综合练习题

一、判断题

1. 全回流在刚开工或生产不正常时采用。（ ）
2. 粗甲醇槽的液位控制在50%以上时向预塔进料。（ ）
3. 粗甲醇中水是一种特殊的杂质，它的含量仅次于甲醇。（ ）
4. 三塔精馏工艺流程中粗甲醇依次经过包括预精馏塔、常压精馏塔和加压精馏塔。（ ）
5. 遇到爆炸着火、管道断裂、设备损坏严重，造成跑液漏气情况严重，操作人员需近前处理，并紧急停车。（ ）

二、填空题

1. 粗甲醇的主要成分有_____。

2. 甲醇分离器的液位一般控制在_____。
3. 全回流是指_____。
4. 塔顶回流的目的是_____。
5. 常压塔的塔顶温度一般控制在_____。
6. 加压塔的工作压力为_____。
7. 加碱槽中的稀释水来自_____。
8. 再沸器的工作原理为_____。
9. 液泛是指_____。
10. 预塔的作用是_____。
11. 加压塔、常压塔的作用是_____。
12. 通常将原料进入的那层塔板称为_____。
13. 在甲醇合成反应的同时还伴随着一系列的副反应，由_____组成的混合溶液称为粗甲醇。
14. 精馏系统停车要_____保护，防止停车后塔内蒸气冷凝而形成负压，损坏设备及管道。

三、选择题

1. 短期停车时，应向系统中适量补充（　　）。
   A. 低压蒸汽　　　　　　B. 氮气　　　　　　　C. 焦炉煤气
2. 精馏操作是维持系统的物料、气液、热量平衡，每次调节流量的变化幅度应小于（　　）。
   A. 1%　　　　　　　　B. 2%　　　　　　　　C. 1.5%
3. 预精馏塔的塔顶温度控制在（　　）℃。
   A. 75　　　　　　　　B. 134　　　　　　　　C. 105
4. 加压塔的塔底温度为（　　）℃。
   A. 75　　　　　　　　B. 134　　　　　　　　C. 105
5. 加压塔的液位一般控制在（　　）。
   A. 50%　　　　　　　B. 60%～90%　　　　　C. 90%
6. 粗甲醇冷却器的类型（　　）。
   A. 固定管板式　　　　　B. 浮头式　　　　　　C. U形管板式
7. 常压塔的塔底温度一般控制在（　　）℃。
   A. 122　　　　　　　　B. 85　　　　　　　　C. 105
8. 预精馏塔加碱液的浓度控制在（　　）。
   A. ≤5%　　　　　　　B. ≥10%　　　　　　　C. ≤5%～10%
9. 甲醇三塔精馏工序中塔设备常采用（　　）。
   A. 泡罩塔　　　　　　　B. 浮法塔　　　　　　C. 筛板塔
10. 进入工序粗甲醇温度指标是（　　）℃。
    A. 120　　　　　　　　B. 40　　　　　　　　C. 80
11. 预精馏塔回流槽加水的目的是（　　）。
    A. 萃取　　　　　　　　B. 稀释　　　　　　　C. 增大回流量
12. 开车时应向系统中通入（　　）置换、吹扫。
    A. 水蒸气　　　　　　　B. 氮气　　　　　　　C. 焦炉煤气

四、简答题

1. 精甲醇水分高的原因及处理办法是什么？
2. 如何控制粗甲醇中杂质的生成？
3. 精馏塔开车前要做哪些准备工作？

4. 控制精馏塔的液位有什么意义？
5. 在精馏操作中，有时釜温升不起来的原因是什么？
6. 在精馏操作中如何调整进料口位置？
7. 在精馏塔中怎样调节塔顶温度？
8. 精馏操作中怎样调节塔的压力？影响塔压变化的因素是什么？
9. 精馏操作中出现液泛现象应如何处理？

模块七

甲醇质量检验与生产监控

单元 1 甲醇成品分析

M7-1 甲醇成品分析

甲醇的取样方法：采样按照《化工产品采样总则》（GB/T 6678—2003）和《液体化工产品采样通则》（GB/T 6680—2003）常温下流动态液体的规定进行。所采样品总量不得少于 2L，将样品充分混匀后，分装于两个干净清洁带有磨口塞的玻璃瓶中。一瓶作为分析用，一瓶备查。

《工业用甲醇》（GB/T 338—2011）中规定了甲醇产品的质量技术指标（详见表 6-2）。工业甲醇为无特殊异臭气味、无色透明液体，无可见杂质。

知识点 1 色度的测定

1. 方法提要

色度的测定依据《液体化学产品颜色测定法（Hazen 单位-铂-钴色号）》（GB/T 3143—1982）。甲醇试样与标准铂-钴色度比色液的颜色目视比较，并以 Hazen（铂-钴）颜色单位表示结果。Hazen（铂-钴）颜色单位即：每升溶液含有 1mg 铂和 2mg 六水合氯化钴溶液的颜色。

2. 仪器和试剂

① 纳氏比色管：带刻度，容量 100mL，无色玻璃制品并带玻璃磨口塞。

② 比色管架：一般比色管架，底部衬白色底板，底部也可安反光镜，以提高颜色的观察效果。

③ 盐酸：$c(HCl)=0.1mol/L$；$c(HCl)=6mol/L$。

④ 氯铂酸钾（K_2PtCl_6）：分析纯。

⑤ 氯铂酸（H_2PtCl_6）：分析纯。

⑥ 分光光度计：7230G。

3. 准备工作

① 标准比色母液的制备（500Hazen 单位）。在 1000mL 容量瓶中溶解 1.245g 氯铂酸钾

(K_2PtCl_6，分析纯）和 1.000g 氯化钴（$CoCl_2 \cdot 6H_2O$ 分析纯）于水中，加入 100mL 6mol/L 的盐酸，用水稀释至刻度，并混合均匀。

② 标准铂-钴对比溶液的配制。在 10 个 500mL 及 13 个 250mL 的两组容量瓶中，分别加入如表 7-1 所示的标准比色母液的体积数，用蒸馏水稀释到刻线并混匀。

表 7-1 标准铂-钴对比溶液的配制

500mL 容量瓶		250mL 容量瓶	
标准比色母液的体积 mL	相应颜色 Hazen 单位铂-钴色号	标准比色母液的体积 mL	相应颜色 Hazen 单位铂-钴色号
5	5	30	60
10	10	35	70
15	15	40	80
20	20	45	90
25	25	50	100
30	30	62.5	125
35	35	75	150
40	40	87.5	175
45	45	100	200
50	50	125	250
		175	350
		200	400
		225	450

③ 储存。标准比色母液和稀释溶液放入带塞棕色玻璃瓶中，置于暗处，标准比色母液可以保存 1 年，稀释溶液可以保存 1 个月，但最好用新鲜配制的。

4. 测定步骤

① 向一支纳氏比色管中注入一定量的试样，注满到刻线处，同样向另一支纳氏比色管中注入具有类似颜色的标准铂-钴对比溶液注满到刻线处。

② 比较试样与标准铂-钴对比溶液的颜色，比色时在白天或日光灯照明下，正对白色背景，从上往下观察，避免侧面观察，提出接近的颜色。

5. 结果报告

试样的颜色以最接近于试样的标准铂-钴对比溶液的 Hazen 铂-钴颜色单位表示。如果试样的颜色与任何标准铂-钴对比溶液不相符合，则根据可能估计一个接近的铂-钴色号，并描述观察到的颜色。

6. 允许差

平行测定结果的差值不超过 2 个号数，取平均值为测定结果。

知识点 2 密度的测定

1. 方法提要

密度的测定依据《化工产品密度、相对密度的测定》（GB/T 4472—2011）。在规定温度范围内（15～35℃）测定甲醇密度（单位体积内所含甲醇的质量，其单位 kg/m³），由视密度换算为 20℃ 的密度。

2. 仪器

① 密度计：0.700～0.800g/cm³，分刻度 0.001g/cm³，经过校正。
② 温度计：0～100℃ 水银温度计，分刻度为 0.5℃。
③ 量筒：容量 0～250mL。

3. 测定步骤

取适量的甲醇试样置于洁净、干燥的量筒内，调节试样温度为 15～35℃ 范围内，准确至 0.2℃，将干净的密度计慢慢地放入，使其下端距离量筒底部 20mm 以上，待其稳定后，记录试样温度。按甲醇试样液面水平线与密度计管径相交处读取视密度，读数时需注意密度计不应与量筒接触，视线与液面成水平线。

4. 分析结果的计算

20℃ 时的密度 $\rho(\text{g/cm}^3)$ 按下式计算：

$$\rho = \rho_t + 0.00093 \times (t - 20)$$

式中　ρ_t——甲醇试样在 t℃ 时的视密度，g/cm³；
　　　t——测定时甲醇试样的温度，℃；
　0.00093——密度系数。

5. 允许差

两次平行测定结果的差值不大于 0.0005g/cm³，取两次平行测定结果的算术平均值为测定结果。

知识点 3　沸程的测定

1. 方法提要

沸程的测定依据《工业用挥发性有机液体 沸程的测定》（GB/T 7534—2004）。在规定条件下，对 100mL 甲醇试样进行蒸馏，有规律地观察温度计读数和冷凝液体积，从温度计上读取初馏点和终馏点（干点），观测数据经计算得到被测试样的沸程，结果校正到标准状况下。

初馏点：在标准条件下蒸馏，第一滴冷凝液从冷凝器末端滴下时观察到的瞬间温度（必要时进行校正）。

终馏点：在标准条件下蒸馏，蒸馏瓶底部最后一滴液体蒸发时观察到的瞬间温度，忽略不计蒸馏瓶壁和温度计上的任何液体（必要时进行校正）。

沸程：初馏点与终馏点之间的温度间隔。

2. 仪器

① 主温度计：棒状水银温度计，50～70℃，分刻度 0.1℃，储液泡与中间泡的距离不超过 5mm，全浸式并经过校正。感温泡顶端距第一条刻度线至少 100mm。
② 辅助温度计：棒状水银温度计，0～50℃，分刻度 1℃，全浸式。
③ 支管蒸馏瓶：容量为 100mL 或 200mL 耐热玻璃制品。

④ 冷凝器：硼硅酸盐玻璃制造，冷凝器内管：内径（14.0±1.0）mm；壁厚：1.0~1.5mm；直管部分长度：（600±10）mm；尾部弯管长度：（55±5）mm；弯管角度：（97±3）°；冷凝器水夹套长度（450±10）mm；水夹套外径：（35±3）mm。

⑤ 接收器：容积100mL量筒，分刻度1mL。

⑥ 屏蔽罩：用0.7mm金属板制成，无底无盖截面为矩形的罩。

⑦ 石棉板：放在屏蔽罩内，两块，其尺寸为270mm×200mm×6mm，上块开直径为50mm圆孔，下块开直径为110mm圆孔，两孔在同一圆心上。

⑧ 气压计：挂式，动槽水银气压计。

⑨ 热源：酒精灯或煤气灯。

⑩ 冷却水：水温不超过20℃，应能保证蒸馏开始时和蒸馏过程中的冷却水温度符合表7-2的要求。

表7-2 冷却水温度和试样温度

初馏点/℃	冷却水温度/℃	试样温度/℃	初馏点/℃	冷却水温度/℃	试样温度/℃
50以下	0~3	0~3	70~150	25~30	20~30
50~70	0~10	10~20	150以上	35~50	20~30

3. 测定步骤

① 用清洁干燥的100mL量筒量取（100±0.5）mL按表7-2调节好温度的试样，倒入蒸馏烧瓶中，将量筒沥干15~20s，对于黏稠液体，应使量筒沥干时间更长，但不应超过5min，避免试样流入蒸馏烧瓶支管。

② 将蒸馏烧瓶和冷凝器连接好，插好温度计，取样量筒不需要干燥直接放在冷凝管下端作为接收器。冷凝管末端进入量筒的长度不应少于25mm，也不低于100mL刻度线。量筒口应加适当材料的盖子，以减少液体的挥发或潮气进入，若样品的沸点在70℃以下，将量筒放在透明水浴中，并保持温度。

③ 对于不同馏出温度的试样，需经判断选择最佳操作条件以得到可接受的精密度。一般情况下，初馏点低于150℃的试样，可选用孔径为32mm的耐热板，从开始加热到馏出第一滴液体的时间为5~10min。记录馏出第一滴蒸馏液体时的温度（校正到标准状态）为初馏点。移动量筒，使量筒内壁接触冷凝管末端，使馏出液沿着量筒壁流下。适当调节热源，使蒸馏速度为4~5mL/min。如有需要，记录不同温度下的馏出体积或不同馏出体积下的温度。记录蒸馏瓶底最后一滴液体汽化时的瞬间温度（校正到标准状态）为终馏点。立即停止加热。

如不能获得终馏点（在达到终馏点前试样就发生分解，即有蒸气或浓烟雾逸出，或在温度计上已观察到最高温度而在烧瓶的底部尚有液体残留）记录此现象。

④ 当不能获得终馏点时，将所观察到温度计最高温度作为终点报告。在试样发生分解时，随着蒸气和浓烟雾的迅速逸出，蒸馏温度常会有缓慢地下降，记录温度并以分解点报告。如未发生降温，则达到馏出95%（体积分数）点后5min，记录观察到最高温度，并以终点5min报告，表明在给定的时间限度内不能达到真实的终点。终点不得超过达到馏出95%（体积分数）点后5min。

⑤ 读取和记录大气压，精确到0.1kPa。同时记录室温。

⑥ 对不黏稠的沸程小于10℃的液体，所获得的馏出液总回收率应不少于97%（体积分数），而对黏稠且沸程大于10℃的液体，应达到馏出液95%（体积分数）的收率，如果收率达不到以上要求，应重复试验。

⑦ 如有任何残液存在，冷至室温，将残液倒入一个具有0.1mL分刻度的量筒中，量取体积作为残留记录。在冷凝管已沥干后，读取馏出液的总体积作为回收记录。100mL减去残液及回收量所得的差作为蒸馏损耗。

4. 计算结果

① 按照一定的标准方法或经有关鉴定部门对温度计内径和水银球收缩进行校正。

② 按照下式对温度计读数进行气压偏离标准大气压校正，取温度计读数和校正值的代数和为测定结果。校正值（δ_t）的计算如下：

$$(\delta_t) = K(101.3 - p)$$

式中　K——沸点随压力的变化率，单位为摄氏度每千帕（℃/kPa）；

　　　p——0℃的试验大气压，单位为千帕（kPa）。

5. 允许误差

平行测定结果的差值不超过0.2℃，取两次测定结果算术平均值为测定结果。

知识点4　高锰酸钾试验

1. 方法提要

高锰酸钾试验依据《有机化工产品试验方法 第3部分：还原高锰酸钾物质的测定》（GB/T 6324.3—2011）。在规定条件下，将高锰酸钾溶液加入被测试样中，观察试验溶液褪色所需的时间，通常用标准比色溶液进行对比。

2. 试剂和溶液

① 水的制备：取适量的水加入足够的稀高锰酸钾溶液，并使溶液呈稳定的粉红色，煮沸30min，若粉红色消失，补加高锰酸钾溶液再呈粉红色，放冷备用。此液用时制备。

② 高锰酸钾溶液（0.2g/L）的配制：准确称取0.200g高锰酸钾置于1000mL棕色容量瓶中，加水溶解，并稀释至刻度摇匀。密封存放于暗处，使用期一周。

③ 色标的配制：称取2.5000g氯化钴和2.8000g硝酸铀酰溶解于水，定量移入1000mL容量瓶中加入10mL硝酸溶液（2mol/L）用水稀释至刻度，摇匀备用，此溶液使用期为三个月。

3. 仪器和设备

① 恒温水浴：控制温度为（15±0.5）℃，KF-4型低温恒温水浴或相当精度的仪器。

② 比色管：50mL或100mL，无色玻璃制品带玻璃磨口塞。

③ 移液管：2mL。

④ 滴定管：容量10mL，分刻度为0.1mL。

4. 试样的制备

液体样品：直接注入比色管中至规定刻度。

固体样品：配制一定浓度的试样溶液，置于比色管中至规定刻度。

5. 分析步骤

① 将盛有试样的比色管置于温度控制在 (15±0.5)℃或 (25±0.5)℃的水浴中。15min 后从水浴中取出比色管，加入规定体积的高锰酸钾溶液（从开始加入时记录时间），立即加塞，摇匀，再放回水浴中。

② 经常将比色管从水浴中取出，以白色背景为衬底，轴向观察，并可与同体积的标准比色溶液进行比较，接近测定结果时，每分钟比较一次，记录试液颜色与标准比色溶液一致时的时间。

注意：避免试液直接暴露在强光下。

6. 分析结果的表述

高锰酸钾褪色时间：从加入高锰酸钾溶液起到试液中高锰酸钾颜色褪色或试液颜色达到与标准比色溶液一致时的时间，以分钟计。

取两次平行测定结果的算术平均值为测定结果。

两次平行测定结果 100min 以下的相对偏差不大于 5%；100min 以上的相对偏差不大于 10%。

知识点 5 水溶性试验

1. 方法提要

水溶性试验依据《有机化工产品试验方法 第 1 部分：液体有机化工产品水混溶性试验》(GB/T 6324.1—2004)。按确定比例量取一定体积的样品于比色管中，加水至 100mL，检查混合溶液是否澄明或混浊。

2. 仪器

① 比色管：容量 100mL，无色玻璃制品，带玻璃磨口塞。

② 恒温装置：温度控制在 (20±1)℃。

3. 测定步骤

取 25mL 甲醇试样注入洁净、干燥的比色管中，再缓缓地注入 75mL 水，塞紧塞子，摇匀。置于 (20±1)℃恒温装置里同时记录时间。经 30min 后取出比色管与另一支已注入 100mL 水的比色管一起在黑色背景下轴向观察，与水一样澄清为优等品，一等品则取 10mL 试样注入 90mL 水，其他操作相同，与水一样澄清为一等品。

知识点 6 水分的测定

1. 方法提要

水分的测定依据《化工产品中水分含量的测定 卡尔·费休法（通用方法）》(GB/T 6283—2008)。存在于试样中的水分，与已知水当量的卡尔·费休试剂进行定量反应，反应式如下。

$$H_2O + I_2 + SO_2 + 3C_5H_5N \longrightarrow 2C_5H_5N \cdot HI + C_5H_5N \cdot SO_3$$

$$C_5H_5N \cdot SO_3 + CH_3OH \longrightarrow C_5H_5NH \cdot OSO_2OCH_3$$

本项目采用直接电量滴定法,此法系在两电极间施加恒定的电位差,测定过程中,测定电流强度变化的电流计上的指针会从一端偏到另一端而不再变动,即所谓"永停"来表示滴定终点。

2. 试剂

① 卡尔·费休试剂（含碘、二氧化硫、吡啶和甲醇组成的溶液）。

② 甲醇,分析纯水分≤0.05%:由于甲醇在放置储存过程中易吸潮,如试剂水含量大于0.05%,需在500mL甲醇中加入550℃活化过的5A分子筛约50g进行脱水处理,塞上瓶塞,放置过夜,吸取上层清液使用。

③ 活性硅胶:用作填充干燥剂（各干燥管的变色硅胶应经常保持蓝色,一旦变成红色,应及时更换）。

3. 仪器设备

① KF-1自动水分测定仪。

② 微量注射器（10μL）,体积进行校正。

③ 所使用的玻璃仪器均是洁净、干燥的。

4. 分析步骤

① 卡尔·费休试剂的标定:取一定量的甲醇于滴定容器中,其用量应足够淹没电极。接通电源,开动电磁搅拌器,仪器左侧控制旋钮打到测定挡,然后用卡尔·费休试剂滴定到电流计上指针产生较大的偏转,并保持1min不变。此时记录卡尔·费休试剂体积,用注射器迅速加入10μL纯水于滴定容器中,用待标定的卡尔·费休试剂滴定至电流计指针达到与前次空白滴定同样的偏转度,并保持1min不变。记录消耗卡尔·费休试剂的体积V_1。

卡尔·费休试剂对水的滴定度: $T=m_1/V_1$

式中 T——滴定度,mg/mL;

m_1——标定时加入纯水的质量,mg;

V_1——标定时消耗卡尔·费休试剂的体积,mL。

② 测定步骤。取定量的甲醇于滴定容器中,用卡尔·费休试剂滴定至电流计指针产生与标定时同样大小的偏转,不记录体积,立即用吸管迅速加入10mL甲醇试样,同时测定甲醇试样的视密度,用卡尔·费休试剂滴定至电流计指针产生与标定时同样大小的偏转并保持1min稳定不变,即为终点。

5. 结果计算

水分含量:

$$w(H_2O) = V_1 \times T/V \times \rho_t \times 1000$$

式中 V_1——试样消耗卡尔·费休试剂的体积,mL;

T——卡尔·费休试剂的滴定度,mg/mL;

V——甲醇试样的体积,mL;

ρ_t——在t℃时甲醇试样的密度,g/mL。

6. 允许误差

平行测定的结果允许相对偏差不超过0.001%,取平均值为测定结果。

知识点 7　酸度或碱度的测定

1. 方法提要

酸度或碱度的测定依据《工业用甲醇》（GB/T 338—2011）。甲醇试样用不含二氧化碳的水稀释，加入溴百里香酚蓝指示剂鉴别，试样呈酸性则用氢氧化钠标准溶液滴定游离酸，试验呈碱性则用硫酸标准溶液滴定游离碱。

2. 仪器

① 滴定管：容量 10mL，分刻度 0.05mL。
② 三角瓶：容量 0~250mL。

3. 试剂和溶液

① 氢氧化钠标准溶液：$c(NaOH)=0.01mol/L$。
② 硫酸标准溶液：$c(1/2H_2SO_4)=0.01mol/L$。
③ 溴百里香酚蓝溶液（1g/L）：称取 0.1g 溴百里香酚蓝溶解于 100mL 95％乙醇中。
④ 不含二氧化碳水的制备：将蒸馏水放在烧瓶中煮沸 10min 立即将装有碱石棉玻璃管的塞子塞紧，放冷后使用。

4. 测定步骤

① 甲醇试样用等体积不含二氧化碳水稀释，加入 4~5 滴溴百里香酚蓝溶液鉴别，呈黄色则为酸性反应，测定酸度；呈蓝色则为碱性反应，测定碱度。

② 取 50mL 不含二氧化碳水注入 250mL 三角瓶中，加入 4~5 滴溴百里香酚蓝溶液。测定游离酸时用氢氧化钠标准溶液滴定至呈浅蓝色，然后用移液管加入 50.00mL 甲醇试样，再用氢氧化钠标准溶液滴定至溶液由黄色变为浅蓝色，在 30s 不褪色即为终点；测定游离碱时，用硫酸标准溶液滴定溶液由蓝色变为黄色（不计体积），然后用移液管加入 50.00mL 甲醇试样，用硫酸标准溶液滴定至溶液由蓝色变为黄色，在 30s 后不褪色即为终点。

5. 结果的计算

以质量百分数表示的酸度 X_1（以 HCOOH 计）或碱度 X_2（以 NH_3 计）分别按下式计算：

$$X_1=c_1V_1\times 0.046\times 100/50\rho_t$$

式中　c_1——氢氧化钠标准溶液物质的量浓度，mol/L；
　　　V_1——试样消耗氢氧化钠标准溶液的体积，mL；
　　　ρ_t——在 t℃时甲醇试样的密度，g/mL；
　　　0.046——与 1.00mL 氢氧化钠标准滴定溶液相当的以克表示甲酸的质量，g。

$$X_2=c_2V_2\times 0.017\times 100/50\rho_t$$

式中　c_2——硫酸标准溶液物质的量浓度，mol/L；
　　　V_2——试样消耗硫酸标准溶液的体积，mL；
　　　ρ_t——在 t℃时甲醇试样的密度，g/mL；
　　　0.017——与 1.00mL 硫酸标准滴定溶液相当的以克表示氨的质量，g。

6. 允许误差

取两次平行测定结果的算术平均值为报告结果。两次平行测定结果的绝对差值不大于这两个测定值的算术平均值的 30%。

知识点 8 羰基化合物含量的测定

1. 方法提要

羰基化合物含量的测定依据为《有机化工产品试验方法 第 5 部分：有机化工产品中羰基化合物含量的测定》（GB/T 6324.5—2008）中规定的分光光度法。甲醇试样中的羰基化合物在酸性介质中与 2,4-二硝基苯肼发生化学反应，生成 2,4-二硝基苯腙。将溶液转化成碱性即呈红色，用分光光度计在波长为 480nm 处进行测量。

2. 试剂和溶液

① 盐酸。

② 无羰基甲醇的制备：取 1000mL 工业甲醇放入 2000mL 蒸馏瓶中，加入 6g 2,4-二硝基苯肼，10 滴浓盐酸，将蒸馏瓶放在水浴中，装上回流冷凝器回流 4h，放置过夜，装上适宜的分馏柱和冷凝器进行缓缓蒸馏，弃去初馏液 75mL 左右，接收随后馏出液约 850mL，余下的弃去；最好充氮密封于棕色瓶内。蒸馏液应清澈透明、无色，否则应重新蒸馏。

③ 氢氧化钾-甲醇溶液：100g/L。

称取 100g 氢氧化钾，溶解于 200mL 水中，冷却后加入无羰基甲醇稀释至 1000mL，混合均匀，当日配制。

④ 2,4-二硝基苯肼：1g/L。

⑤ 羰基化合物标准溶液（以 CO 计）：2.5mg/mL。

称取 0.643g 2-丁酮溶于约 50mL 无羰基甲醇中，转移至 100mL 容量瓶中，用无羰基甲醇稀释至刻度，摇匀。

⑥ 羰基化合物标准溶液（以 CO 计）：0.25mg/mL。

移取 10.00mL 羰基化合物标准溶液（⑤），置于 100mL 容量瓶，用无羰基甲醇稀释至刻度，摇匀。该溶液使用前配制。

⑦ 标准曲线的绘制。

标准比色溶液的配制：分别移取 [0.0（为补偿溶液），2.0，4.0，6.0，8.0，10.0]mL 羰基化合物标准溶液（⑥）置于 6 个 100mL 容量瓶中，用无羰基的甲醇稀释至刻度，摇匀。每 2.0mL 此标准溶液分别含有 (0，10，20，30，40，50)μg 羰基化合物。

吸光度的测定：向 6 个 25mL 容瓶中分别取 2.0mL 上述溶液，各加入 2.0mL 2,4-二硝基苯肼溶液，盖塞，在室温下反应 (30 ± 2)min，用氢氧化钾-甲醇溶液稀释至刻度，加塞摇匀，放 (12 ± 1)min。用 1cm 光程的比色皿，在 480nm 处，以水调整分光光度计零点，测定上述溶液的吸光度。

绘制标准曲线：用标准比色溶液的吸光度减去补偿溶液的吸光度为纵坐标，以相对应的标准比色溶液中羰基化合物的质量（μg）为横坐标，绘制标准曲线。

3. 仪器

分光光度计：带有光程为 1cm 的比色皿，吸光率精度为 ± 0.004(A)。

4. 分析步骤

按"吸光度的测定"进行操作，同时移取 2.0mL 无羰基甲醇进行空白试验。

5. 结果的计算

羰基化合物的质量分数 w 以羰基（CO）计，数值以％表示，按下式计算：

$$w = \frac{(m_1 - m_2) \times 10^{-6}}{m} \times 100$$

式中 m_1——与试料吸光度相对应的由标准曲线上查得的羰基化合物质量的数值，μg；
m_0——与空白吸光度相对应的由标准曲线上查得的羰基化合物的质量的数值，μg；
m——试料的质量的数值，g。

知识点 9　甲醇中乙醇含量的测定

1. 方法原理

甲醇中乙醇含量的测定依据《工业用甲醇》（GB/T 338—2011）。利用色谱柱对甲醇和乙醇及其他醇类物质的分离效率，来分析出甲醇中乙醇组分含量。

2. 分析仪器

① 检测器：毛细管柱。
② 使用气源：H_2、N_2、空气。
③ 微量注射器：$1\mu L$。

3. 操作条件

本标准中推荐的色谱柱及典型工作条件见表 7-3，典型保留时间见表 7-4，能达到同等分离程度的其他色谱柱及工作条件也可采用。

表 7-3　色谱柱及典型工作条件

项　目	指　标	项　目	指　标
色谱柱长/柱内径/液膜厚度	25m×0.32mm×7μm	氢气流量/(mL/min)	30
柱温/℃	初温:110℃,升温速率 10℃/min,终温:160℃	空气流量/(mL/min)	300
汽化室温度/℃	150	载气(氮气)柱流量/(mL/min)	1.0
检测器温度/℃	200	进样量/μL	1

表 7-4　典型保留时间

组分	二甲醚	甲酸甲酯	丙酮	异丙醇	乙醇
保留时间/min	2.3	3.0	3.5	4.9	6.8

4. 操作步骤

在各种色谱条件具备的前提下先将 $1\mu L$ 的注射器用样品冲洗三遍，然后立即取小于 $1\mu L$ 的样品注入色谱仪（注射器中禁止有气泡），几分钟后出峰，即可得出甲醇中乙醇的含量。

5. 气相色谱分析操作注意事项

① 色谱分析仪应安装在平稳的工作台上，不得有强烈的机械振动，工作台应远离暖气、风扇、门、窗及空调机等，室内不得有易燃、易爆及腐蚀气体，不得有强烈的气流冲动，环境温度为10～35℃，相对湿度≤85%。

② 分析中各类气体钢瓶要低温，隔离存放，远离热源。防阳光直射，钢瓶要用链条或皮带固定好。

③ 各种气源如 H_2、N_2 用前需用脱水装置硅胶、分子筛或活性炭等进行净化处理，空气应无腐蚀杂质，使用前需进行脱油、脱水处理。

④ 气路系统连接好后要查漏，采用 H_2 时管道应无渗漏，仪器操作场所不能有明火。色谱柱出口气体必须排放在室外或通风处。

⑤ 调节温度和流量需缓慢进行，防止过高。

⑥ 进样硅胶密封垫片应注意及时更换，一般可进样20～30次。

⑦ 使用热导检测器（TCD）时，需先开载气后再开TCD电源；关闭时，先关电源。后关载气。

⑧ 使用氢火焰检测器（FID）时，不点火时严禁通 H_2，通 H_2 后要及时点火，并保证火是点着的，以免引起爆炸。

【知识拓展】 常见的甲醇检测方法

随着科技的进步，我国现如今已有多种测定甲醇的方法。但是，由于不同的方法对甲醇的检验精度不同，所需的检测费用也各不相同，因此需要根据具体的检测环境及不同的检测需求，科学、合理地选择甲醇的检测方法及技术。下面简单介绍我国目前常用的几种甲醇检测方法。

1. 气相色谱法

气相色谱法具有应用范围广泛、分离效果好、操作简单以及检测精准度较高等特点，是甲醇检测的常见方法。气相色谱法主要以气体为流动相（载气），当气体携带需要分离的混合物进入固定相时，由于不同混合物对于固定相作用力的大小不同，各组分在流动相与固定相之间的分配系数以及在固定相中停留的时间也不同。在此期间，与固定相作用力较小的组分会先流出色谱柱，与固定相作用力较大的组分后流出色谱柱，从而实现各组分之间的分离。在色谱柱后面接一个检测器，可将每个化学组分转化为电信号的形式，记录仪把电信号记录下来，就可以得到一个色谱图。

2. 高效液相色谱法

高效液相色谱法在检测前需要做好充分的准备工作，增加了操作的难度，且需要更高的技术含量，从而大大提高了检测的费用。从技术发展的角度来说，这种检测技术还不够成熟，各种技术模型还有待改进。相信随着检测技术的进步，智能化的检测仪器将会更加普及，从而降低检测工作的成本。

3. 比色法

比色法具有操作复杂、稳定性较差以及检测结果不准确等缺陷，更容易受到其他试剂的影响。但是，在最近几年，随着科技水平的不断进步，比色法中存在的缺陷也得到了改进，从而提高了检测结果的准确性。

4. 其他方法

除上述方法外,还有其他方法用于检测甲醇,如固定化酶-流动注射分析法、酶电极法、折射法、极光拉曼光谱法和蒸馏法等。在这些方法中,气相色谱法、高效液相色谱法和极光拉曼光谱法具有更高的检测准确率,但由于所需的准备工作较多,仪器成本较高,不利于快速检测。蒸馏法方法简便,易于实施,但精确度不高,难以达到更高的应用需求。固定化酶技术具有自动化检测的优点。酶电极法具有操作简便、仪器简便等优点,两者相比于色谱法有较大的进步,有望在未来成为甲醇检测的国家标准检测方法。

单元2　甲醇生产中的控制分析

知识点1　粗甲醇中甲醇的分析（气相色谱法）

M7-2　甲醇中间品的控制分析

(1) 测定原理　粗甲醇主要由甲醇、水、乙醇、少部分有机杂质等组成的混合液,以色谱法分析出粗甲醇中水、乙醇、微量有机杂质如丙酮、异乙醇、异戊烷、正戊烷、二甲醚、正庚烷、正辛烷等杂质组分含量,从总量中扣除即为工业粗甲醇中甲醇的含量。

(2) 检测器　热导检测器。

(3) 方法　高度校正归一法。

(4) 使用气源　H_2。

(5) 使用条件

载气Ⅰ：0.04MPa；

载气Ⅱ：0.04MPa；

柱温：80℃；

汽化Ⅰ：140℃；

检测Ⅲ：140℃；

桥流：120。

分析成分：① 粗甲醇中醇含量及水分含量；

② 残液中甲醇含量；

③ 排放槽中甲醇含量分析。

注意：结果为质量百分数（%）。

(6) 方法步骤　在各种色谱条件具备的前提下先将1μL的注射器用样品冲洗三遍,然后立即取1μL的样品注入色谱仪（注射器中禁止有气泡）,几分钟后出峰,加载正确的标准曲线,即可得出甲醇的含量。

知识点2　粗甲醇中水分的测定

(1) 卡尔·费休法　除进样体积为0.5mL以外,其他一切同精甲醇中水分的测定。

注：进样体积可根据粗甲醇中水分含量灵活确定。一般取样量以消耗卡尔·费休试剂体积不小于 0.5mL，不大于滴定管最大刻度 10mL 为宜。

(2) 色谱法

① 方法提要：利用色谱柱对甲醇和水的分离，通过热导检测器检测，测出水分含量。

② 仪器和试剂。

a. 气相色谱仪：具有热导池检测器。

b. 微量注射器：$10\mu L$。

③ 分析步骤：在各种色谱条件具备的前提下先将 $1\mu L$ 的注射器用样品冲洗三遍，然后立即取 $10\mu L$ 的样品注入色谱仪（注射器中禁止有气泡），几分钟后出峰，加载正确的标准曲线，即可得出水分的含量。

知识点 3　pH 测定（适用于预精馏塔、闪蒸槽、粗甲醇槽）

(1) 方法原理　以玻璃电极为指示电极，饱和甘汞电极为参比电极，以 pH 为 6.86 的标准缓冲溶液定位，测定样品中 pH 值。

(2) 仪器

① 酸度计：测量范围 pH 为 0~14，读数精度 pH<0.02。

② pH 玻璃电极：等电位点在 pH=7 左右。

③ 饱和甘汞电极。

④ 温度计：测量范围为 0~100℃。

⑤ 磁力搅拌器。

(3) 试剂和溶液

① pH=4 标准缓冲溶液；

② pH=6.86 标准缓冲溶液；

③ pH=9.18 标准缓冲溶液。

(4) 分析步骤

① 电极的准备。

a. 新玻璃电极或久置不用的玻璃电极，应预先置于蒸馏水中浸泡 24h，使用完毕亦应放在蒸馏水中浸泡。

b. 饱和氯化钾电极使用前最好浸泡在饱和氯化钾溶液稀释 10 倍的稀溶液中，储存时把上端的注入口塞紧，使用前应启开，应经常注意从入口注入氯化钾饱和溶液至一定液位。

② 仪器校正。仪器开启半小时后，按仪器说明书的规定，进行调零、温度补偿和满刻度校正等操作步骤。

③ pH 定位。定位前用蒸馏水冲洗电极及烧杯 2~3 次，然后用干净滤纸将电极底部水轻轻吸干（勿用滤纸去擦拭，以免电极底部带静电导致读数不稳定）。

④ 样品的测定。将电极烧杯用蒸馏水洗净后，再用被测样品冲洗 2~3 次，然后浸入电极并进行搅拌，测定 pH 值，记下 pH 值。

标准缓冲溶液在不同温度下的 pH 值见表 7-5。

表 7-5 标准缓冲溶液在不同温度下的 pH 值

温度/℃	邻苯二甲酸氢钾	中性磷酸盐	硼砂
10	4.00	6.92	9.33
15	4.00	6.90	9.27
20	4.00	6.88	9.22
25	4.01	6.86	9.18
30	4.01	6.85	9.14
35	4.02	6.84	9.10
40	4.03	6.84	9.07
45	4.04	6.83	9.04
50	4.06	6.83	9.01
55	4.07	6.84	8.99
60	4.09	6.84	8.96

单元 3 气体中微量总硫和形态硫的测定

M7-3 气体中微量总硫和形态硫的测定

知识点 1 测定微量硫的方法

微量硫测定方法分为两类：一类为化学分析法，另一类为仪器法。化学分析法中有碘量法与汞量法。碘量法是经典的方法，但当 H_2S 含量小于 $5mg/m^3$（标准状况，下同）时测定误差较大；汞量法灵敏度高一些，但当 H_2S 或 COS 含量小于 $0.5mg/m^3$ 时因测定误差大很难应用。总之化学分析方法对微量硫测定不宜采用。

仪器法中有微库仑法和特种色谱法。微库仑法只能测定含量在 $0.5mL/m^3$ 以上的总硫，不能测定形态硫。而特种色谱法可测定形态硫，且灵敏度高可达 $0.01\sim0.05mL/m^3$，快速简便，易于操作，是目前测定化工原料气中微量硫的好方法。

知识点 2 色谱法微量硫的测定

(1) 适用范围 适用于焦炉煤气、合成气、净化气、转化气中微量总硫和形态硫的测定，测定范围为 S 含量 $0.02\sim20mg/m^3$。

(2) 方法概述 利用色谱分离柱将硫化物分离后，各组分按不同的保留时间从色谱柱中依次流出。硫化物在富氢火焰中能够裂解生成一定数量的硫分子，并且能在该火焰条件下发出 394nm 的特征光谱，经干涉滤光片除去其他波长的光线后，用光电倍增管把光信号转换成电信号并加以放大，然后经微机根据峰面积和校正系数计算出分析结果并打印。

(3) 仪器及测定条件

① WDL-94 微机多功能硫分析仪，带火焰光度检测器。

② 打印机：EPSON LQ-300A。

③ 硫色谱柱。

TCD 柱：$\phi 4mm \times 0.5mm$ 聚四氟乙烯管，1.5m，20% TCP，白色 101 担体，60～

80 目；

　　GDX 柱：$\phi 4mm \times 0.5mm$ 聚四氟乙烯管，1.5m，GDX301，60～80 目。

④ 硫化物渗透标样源。

⑤ 100mL 全玻璃注射器。

⑥ 柱温：60℃。

⑦ 载气：氮气 0.04MPa（40～60mL/min）（用 40～60 目 5A 分子筛脱硫）；

燃气：氢气 0.04MPa（60～65mL/min）；

助燃气：氧气 0.04MPa（13～15mL/min）。

⑧ 自动气体六通进样阀，5mL 定量进样管。

（4）操作步骤

① 定性、定量方法。对无机硫和低沸点有机硫采用纯样品对照，对高沸点有机硫采用反吹法分析总硫，基于峰面积的标准样定量。

② 开启仪器。

③ 标定仪器。

④ 样品分析。

a."00"方式。H_2S、COS 及其他硫化物总硫含量测定在执行安装步骤或结束其他分析程序后，使仪器改为"00"方式、使用 GDX 柱，分析样品中的 H_2S、COS 及其他硫化物总硫含量，并打印谱图、结果。

b."06"方式。在执行安装步骤或结束其他分析程序后，使仪器改为"06"方式、使用 GDX 柱，分析样品中总硫含量，并打印谱图、结果。

c."04"方式。在执行安装步骤或结束其他分析程序后，使仪器改为"04"方式、使用 TCP 柱，分析样品中的有机硫化物含量，并打印谱图、结果。

出峰顺序：甲硫醇、甲硫醚、二硫化碳、二氧化硫、乙硫醚、二硫化物。

⑤ 关机。

（5）分析误差　平行测定样结果之差不大于$\pm 0.02mg/m^3$。

单元 4　甲醇生产分析室中的安全规则

M7-4　甲醇生产分析室中的安全规则

1. 一般规则

① 要熟悉仪器、设备的性能和使用方法，按规定要求进行操作。在做未知物料或性能不明的试验时，应从小量开始，并采取一定防护措施。

② 工作完毕后要进行安全检查，无异常现象方可离开。

③ 实验室内不准进食，不准用试验器皿做饮具和餐具，不准用马弗炉、烘箱、冰箱处理食物。

④ 凡能产生刺激性、腐蚀性、有毒或恶臭气体的操作，必须在通风柜进行。

⑤ 发生事故，发现隐患等不正常现象应采取紧急措施，并向有关单位报告，不得隐瞒和延误。

⑥ 化验室配备适宜的消防器材，化验人员要会使用这些消防器材，并掌握一定的灭火

知识。

2. 采样规则

① 采样时必须站在上风位置，排放样品时应注意不能对准任何人。

② 禁止猛开、猛关取样阀。

③ 采取煤样、焦样时必须与铲车司机协调好，在铲车停止时进行采样；在火车上采样时，注意火车停稳时采样。

④ 采取腐蚀性样品，一定穿好劳保用品，戴好手套。

3. 药品及试剂的使用规则

① 所有剧毒药品，要严格管理，小心使用，切勿触及伤口或误入口内，操作结束后，必须仔细洗手。

② 严禁用口吸取有毒有害的试剂，酸或碱被吸入口内会引起化学烧伤。

③ 所有药品、试剂、溶液以及盛样瓶必须有完整清晰的试样标签，禁止使用无标签或与标签不相符的试剂。

④ 加热易燃试剂时，必须用水浴、油浴、砂浴或电热套，绝不能用明火，如果加热温度有可能达到被加热物质的沸点，则必须加沸石，防止爆沸。

⑤ 凡装过强腐蚀性、易爆或有毒药品的容器，应由操作者及时、亲自清洗，装过浓硫酸的瓶子，如还再用，一般不要洗。

⑥ 试剂落在桌椅或地板上应采用适当方法处理，如邻联甲苯胺在使用后应以次氯酸钠溶液处理，勿污染环境。

⑦ 稀释浓硫酸时，必须将浓硫酸沿玻璃棒慢慢导入水中，要边加边搅拌，如发现温度过高，应等降温冷却后再继续稀释。

⑧ 开启易挥发的试剂瓶（如盐酸、氨水）不能将瓶口对着自己和他人，以防气液冲出伤人。夏季温度较高时，应将试剂瓶外部用流水冷却，盖上湿布后打开。

⑨ 进行有毒物质的试验时，必须穿工作服、戴口罩或面罩、手套，实验人员应在饭前和试验后洗手，试验中禁止饮食、吸烟。禁止用试验容器盛装食品。

4. 用电设备使用规则

① 在使用电气设备时，必须事先检查开关、电机以及机械设备，确认各部分是否安置妥当。

② 所有用电仪器。设备均须接地良好，电源线干燥，不得受潮、受腐蚀。

③ 禁止用湿手去开电源，禁止用湿布擦电源。

④ 用电设备开启后不准离人，使用完毕后必须切断电源。

⑤ 用电设备出现异常现象，应立即停机。

⑥ 设备利用气源时必须注意气源的压力变化，按照先通气，后通电，先断电，后停气的原则进行操作。

5. 防火规则

分析室万一着火，一定要保持冷静，准确判断失火的原因与火势大小，并采取以下措施。

① 立即关掉电源、气源。

② 将室内易燃、易爆物小心地搬运离开火源，注意别因碰撞而引起更大火灾。

③ 迅速选择适当的灭火器进行灭火。

④ 身上衣服着火时，可用薄毯裹住身上，隔绝空气灭火，也可以就地躺下打滚灭火，切不可随意乱跑动，造成火势更大。

⑤ 当电器着火时，应先切断电源，然后用干粉灭火器或二氧化碳灭火器扑救，以免触电。

6. 一般事故急救方法

① 当眼睛或皮肤上溅有酸、碱时，立即用大量的流水进行冲洗，冲洗眼睛水压不能太大，以免眼球受伤。

② 人体触电时应立即切断电源或用非导体物质使触电者脱离电源。如触电者休克，应将其移到新鲜空气处，立即进行口对口的人工呼吸，并请医务人员现场抢救。

③ 凡各种气体中毒者，应使其迅速离开现场，移至通风处，解开衣领、皮带，注意头部不能后仰，脖子不能弯曲，以靠背式坐下，身体下垫衣褥，使中毒者保温，血液流通，同时清除口腔、鼻腔中黏液和呕吐物，用棉花和毛巾浸稀氨水使中毒者嗅闻，如有条件，给予氧气或浓茶等兴奋剂。

综合练习题

一、判断题

1. 吸光度的大小与溶液的浓度有关，而与被测溶液的液层厚度无关。（   ）
2. 采样按照《化工产品采样总则》(GB/T 6678—2003) 和《液体化工产品采样通则》(GB/T 6680—2003) 进行甲醇取样。（   ）
3. 以铂-钴比色法测色度时，如果试样的颜色与任何标准铂-钴对比溶液不相符合，则需重新取样测色度。（   ）
4. pH 定位前用蒸馏水冲洗电极及烧杯 2～3 次，然后用干净滤纸擦拭电极底部。（   ）
5. 在测定粗甲醇样品中 pH 值时，以玻璃电极为指示电极，饱和甘汞电极为参比电极，以 pH=9.18 标准缓冲溶液定位。（   ）
6. 粗甲醇样品中水分含量采用卡尔·费休法测定时，除进样体积为 0.5mL 以外，其他一切同精甲醇中水分的测定，而且进样体积可根据粗甲醇中水分含量灵活确定。（   ）
7. 化学分析法中的碘量法比汞量法的灵敏度更高。（   ）
8. 微库仑法只能测定含量在 0.5mL/m^3 以上的总硫，不能测定形态硫。（   ）
9. 原料气中微量总硫和形态硫的含量极少，所以在甲醇质量检验与生产监控中对其的测定没有必要。（   ）

二、填空题

1. 工业甲醇为_____、_____液体，无可见杂质。
2. 利用校准曲线的响应值推测样品的浓度时，其浓度应在所做校准曲线的_____，不得将校准曲线任意外延。
3. 在规定温度范围内（15～35℃）测定甲醇密度，需将密度换算为_____℃的密度。
4. 在甲醇中间品的控制分析中，常用的粗甲醇中水分测定方法有_____和_____两种。
5. 粗甲醇中甲醇的分析（气相色谱法）使用的气源是_____。

6. pH 测定的分析步骤包括电极的准备、_____、_____ 和样品的测定。

7. 原料气体中硫的测定,分为_____ 和_____ 的测定两大类。

8. 微量硫测定的方法有_____ 和_____ 两大类。

9. 特种色谱法可测定_____,且灵敏度高可达_____,是目前测定化工原料气中微量硫的好方法。

10. 凡能产生刺激性、腐蚀性、有毒或恶臭气体的操作,必须在_____ 进行。

三、选择题

1. 依据《工业用挥发性有机液体 沸程的测定》(GB/T 7534—2004),在规定条件下对( ) mL 甲醇试样进行蒸馏。

   A. 50　　　　　　　　B. 100　　　　　　　　C. 200

2. 依据《有机化工产品试验方法 第 3 部分:还原高锰酸钾物质的测定》(GB/T 6324.3—2011),在规定条件下将高锰酸钾溶液加入被测试样中,观察试验溶液( ),通常用标准比色溶液进行对比。

   A. 颜色　　　　　　　B. 颜色的深浅　　　　C. 褪色所需的时间

3. 测定羰基化合物的含量时,分光光度计在波长为( )nm 处进行测量。

   A. 320　　　　　　　　B. 380　　　　　　　　C. 480

4. 在采用色谱法进行粗甲醇中水分的测定时,在各种色谱条件具备的前提下先将 1μL 的注射器用样品冲洗( )遍,然后立即取 10μL 的样品注入色谱仪,几分钟后出峰,加载正确的标准曲线,即可得出水分的含量。

   A. 1　　　　　　　　　B. 2　　　　　　　　　C. 3

5. 新玻璃电极或久置不用的玻璃电极,应预先置于蒸馏水中浸泡( )h,使用完毕亦应放在蒸馏水中浸泡。

   A. 6　　　　　　　　　B. 12　　　　　　　　C. 24

6. 粗甲醇中甲醇的分析(气相色谱法)方法为( )。

   A. 高度校正归一法　　B. 外标法　　　　　　C. 主成分自身对照法

7. 精脱硫煤气出口总硫含量( )。

   A. <0.1μL/L　　　　　B. <1μL/L　　　　　　C. <0.01μL/L

8. 当煤中全硫的含量超过( ),就应当做各种形态硫的测定。

   A. 1%　　　　　　　　B. 2%　　　　　　　　C. 3%

9. 色谱法微量硫测定中的平行测定样结果之差不大于( )mg/m³。

   A. ±0.2　　　　　　　B. ±0.02　　　　　　　C. ±0.01

10. 关于分析室内采样规则,下列说法错误的是( )。

    A. 采样时必须站在下风位置,排放样品时应注意不能对准任何人。

    B. 禁止猛开、猛关取样阀。

    C. 采取煤样、焦样时必须与铲车司机协调好,在铲车停止时进行采样;在火车上采样时,注意火车停稳时采样。

    D. 采取腐蚀性样品,一定穿好劳保用品,戴好手套。

11. 关于分析室内防火规则,下列说法错误的是( )。

    A. 立即关掉电源、气源。

    B. 当电器着火时,应立即用干粉灭火器或二氧化碳灭火器扑救。

    C. 迅速选择适当的灭火器进行灭火。

    D. 身上衣服着火时,可用薄毯裹住身上,隔绝空气灭火,也可以就地躺下打滚灭火,切不可随意乱跑动,造成火势更大。

四、简答题

1. 简述利用卡尔·费休法测定甲醇中水分含量的原理是什么?
2. 测定甲醇密度时,为什么需要将甲醇的密度换算到20℃时的密度?
3. 使用分光光度法测定羰基时,为什么要制备无羰基甲醇?
4. 粗甲醇中甲醇的分析(气相色谱法)的工作原理是什么?
5. pH测定的操作步骤是什么?
6. 色谱法的工作原理是什么?
7. 色谱法微量硫测定的适用范围是多少?
8. 色谱法微量硫测定的操作步骤是什么?

模块八

甲醇清洁生产与安全

根据《中华人民共和国清洁生产促进法》，清洁生产，是指不断采取改进设计、使用清洁的能源和原料、采用先进的工艺技术与设备、改善管理、综合利用等措施，从源头削减污染，提高资源利用效率，减少或者避免生产、服务和产品使用过程中污染物的产生和排放，以减轻或者消除对人类健康和环境的危害。

甲醇在《化学品分类和危险性公示　通则》（GB 13690—2009）中划分为第3.3类中闪点易燃液体，甲醇有毒、易燃、易爆。而依据国家相关的法规，针对甲醇的特性，采取相应的安全生产、排放、防范及治理措施，可以做到甲醇清洁生产与安全生产。

单元1　甲醇清洁生产

M8-1　甲醇清洁生产

知识点1　甲醇清洁生产的途径

1. 工艺路线设计与选择

工艺路线的设计与选择是从源头上杜绝和减少甲醇生产中污染物产生的首要环节。

我国甲醇生产的原料以煤为主，设计以煤为原料的、节能减排、先进的甲醇生产工艺路线，是我国甲醇行业清洁生产的主要课题。

2. 采用新技术

针对关键设备和工序存在的污染源及时采用新技术，是解决甲醇生产过程污染治理的又一重要环节。

3. 针对污染源正确选择治理方案与措施

针对污染源正确选择治理方案与措施是做到甲醇生产过程降低污染的重要环节。

治理甲醇生产过程的污染：主要是针对污染源项、源种、源强用物理方法、化学方法、生物方法进行治理。由于甲醇生产的原料路线、采用的工艺技术路线不同，所以只有针对具体情况制定不同的治理方案，才可以达到最佳治理效果。

知识点 2　甲醇生产的"三废"排放及噪声

1. 废气污染物排放

甲醇生产过程中的废气主要来源于转化系统预热炉烟道气、合成系统弛放气和储罐气、精馏系统精馏塔尾气，其排放情况如下：

① 燃气加热炉烟道气中污染物主要含有：N_2、CO_2、O_2；
② 精馏塔尾气中污染物主要含有：H_2、CO、N_2、CO_2、CH_4；
③ 储罐气中污染物主要含有：H_2、CO、N_2、CO_2、CH_4、CH_3OH；
④ 合成弛放气主要含有：H_2、CO、N_2、CO_2、CH_4、CH_3OH。

2. 废水污染物排放

生产过程中废水主要来源于气柜水封排污水和甲醇精馏系统精馏残液等，其排放情况如下：

① 精馏残液中主要污染物组成为 CH_3OH、高沸点醇、H_2O；
② 汽包锅炉排污水，主要含盐类；
③ 循环水排污水。

3. 固体废弃物排放

① 精脱硫。精脱硫在脱硫过程中产生的废转化剂情况：铁钼催化剂产生量为 17t/a；中温铁锰脱硫剂产生量为 206t/a；氧化铁产生量为 40t/a；氧化锌脱硫剂为 4.5t/a。
② 转化。转化工段产生的废氧化锌脱硫剂，产生量为 2t/a，转化催化剂，产生量为 9.4t/a。
③ 甲醇合成。甲醇合成过程中产生的废旧催化剂，产生量为 46.4t/a。

4. 噪声污染

噪声主要来源于压缩、脱硫溶液循环泵及各种风机、循环泵等，为连续噪声源。另外，安全阀泄压等气体放空为间断噪声源。

全厂"三废"排放状况见表 8-1。

表 8-1　"三废"污染物排放一览表

序号	污染源名称	排放量/(m^3/h)	治理措施	主要污染物组成	排放高度/m	排放规律	排放去向
1	预热炉烟道气	8785	烟囱放空	N_2:68.3% O_2:4.1% CO_2:3.4% H_2O:24.2%	39	连续	大气
2	合成弛放气	12000	用水洗涤回收甲醇后，与储罐气混合，一部分作转化预热炉的燃气，其余送锅炉燃烧	H_2:77.03% CH_4:2.20% CO:6.87% CO_2:3.51% CH_3OH:0.67% N_2:9.65% H_2O:0.67%		连续	

续表

序号	污染源名称	排放量/(m³/h)	治理措施	主要污染物组成	排放高度/m	排放规律	排放去向
3	闪蒸槽储罐气	115	与弛放气混合作燃料	H_2:55.42% CO:8.79% CO_2:19.37% CH_4:4.05% CH_3OH:6.05% N_2:5.89%		连续	
4	预精馏塔不凝气	166	软水吸收后装置内放空	H_2:4.4% CO:1.3% CO_2:28.6% CH_4:1.0% CH_3OH:58.8% N_2:0.40% CH_3CH_2OH:5.6%	40	连续	大气
5	汽包连排污水	5	经排污膨胀器减温降压直接外排	pH10~12 溶解固形物<100mg/L		连续	
6	甲醇精馏残液	3115kg/h	送生化处理	CH_3OH:0.40% 高沸点醇:1.10% H_2O:98.50%		连续	
7	循环水排污水	45	送复用水系统	pH、盐类		间断	
8	废氧化铁脱硫剂	40t/a	厂家回收	氧化铁、硫化铁			
9	废铁钼催化剂	17t/a	厂家回收	氧化铁、氧化钼			
10	废中温铁锰脱硫剂	206t/a	厂家回收	氧化铁、硫化铁			
11	废氧化锌脱硫剂	6.5t/a	厂家回收	氧化锌、硫化锌			
12	废转化催化剂	9.4t/a	厂家回收	氧化镍、氧化铁			
13	废合成催化剂	46.4t/a	厂家回收	$CuZnO$ $Cr_2O_3Al_2$		间断（两年一换）	

生产工艺及污染源分布流程如图 8-1 所示。

知识点 3　生产运行中的清洁生产

1. 废气治理措施

① 甲醇精馏不凝气。甲醇精馏不凝废气，主要污染物为 CO、CO_2、CH_4、N_2、CH_3OH、C_2H_5OH，采用软水吸收甲醇，吸收后甲醇浓度降为 0.95kg/h，小于 40m 高度排放的标准值 50kg/h。

② 转化预热炉烟道气。转化预热炉烟道废气，主要成分为 N_2、CO_2 等，主要污染物为 N_2、CO_2。预热炉烟道气采用 40m 烟囱排入大气。

③ 储罐气。闪蒸槽排放的储罐废气，主要含有 H_2、CO、N_2、CO_2、CH_4 等，减压后送转化工段作预热炉的燃料气，从 40m 烟囱排入大气。

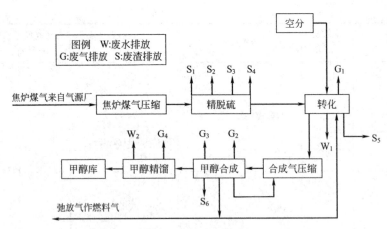

图 8-1 生产工艺及污染源分布流程

④ 合成弛放气。甲醇合成弛放气，主要含有 H_2、CO、N_2、CO_2、CH_4 等，在用水洗涤回收甲醇后与储罐气混合，一部分作转化预热炉的燃气，其余送锅炉燃烧。

⑤ 非正常情况下废气排放。在非正常生产情况下如转化装置紧急停车排气、合成装置出现故障系统压力超过规定限值时各生产设备、压力容器、管线系统废气将通过放空管排入大气，其特点是瞬时高浓度排放，对环境将造成短时间不利影响。对这类非正常情况下排放的废气将引入火炬系统燃烧后排放，以减轻对环境的污染。

2. 废水治理措施

① 汽包连排污水。经排污膨胀器减温减压后直接外排。

② 精馏残液。甲醇精馏系统精馏残液，主要污染物组成为 CH_3OH、高沸点醇、H_2O，送焦化厂生化装置处理。

③ 循环水排污水直接送复用水系统。

④ 生化处理。甲醇废水与焦化废水混合后能改善废水的可生化性，大大提高废水的处理效果。其处理工艺流程：生产废水进入斜管隔油池进行隔油处理，去除重焦油及轻焦油后，进入气浮池进行气浮处理，去除水中的乳化油及胶状油，然后同生活污水一起进入调节池，调节池并预曝气后进入缺氧池及好氧池进行生化处理，去除氨氮及大部分 COD、BOD 等。出水经沉淀后进入接触氧化池做进一步处理，去除水中的有害物质，好氧池及接触氧化池内鼓入足够的空气以满足生化处理的需要，最后出水经沉淀并加压后作为熄焦补充水。剩余污泥经压滤机脱水后掺入煤中炼焦。具体流程见图 8-2。

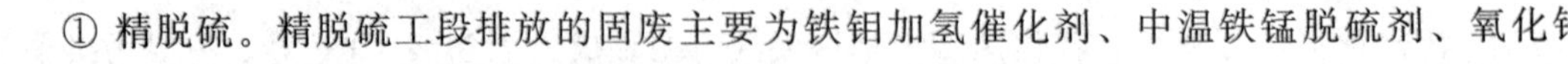

污水 → 斜管隔油池 → 气浮池 → 调节池 → 缺氧池 → 好氧池 → 中间沉淀池 → 接触氧化池 → 最终沉淀池 → 回用

图 8-2 生化处理流程

3. 固体废物治理措施

① 精脱硫。精脱硫工段排放的固废主要为铁钼加氢催化剂、中温铁锰脱硫剂、氧化锌脱硫剂、预脱硫槽氧化铁，均由厂家回收。

② 转化。转化催化剂和脱硫槽的氧化锌脱硫剂，均由厂家回收。

③ 甲醇合成。甲醇合成工段排放的废旧催化剂排放量为 46.4t/a，送催化剂厂回收。

4. 噪声治理

对产生高噪声的压缩机、鼓风机、泵类等振动、转动设备，在设备选型时选用低噪声设备，并加设消声器及隔音操作室，使噪声值降到70dB以下，执行《工业企业厂界环境噪声排放标准》（GB 12348—2008），使噪声对环境影响减至最低程度。

单元2　甲醇安全生产

M8-2　甲醇安全生产（一）

甲醇生产车间的主要危险危害因素分为两类：其一为自然因素形成的危害或不利影响，一般包括地震、雷击、不良地质等因素；其二为生产过程中产生的危害，如火灾爆炸、中毒、噪声、机械伤害、高温辐射等。

火灾爆炸：焦炉煤气、合成气等均为易燃物质，生产过程中易发生火灾爆炸事故。

超压爆炸：废热锅炉、汽包、合成塔、闪蒸槽等高压的压力容器和管道在生产过程中若无泄压设施，易发生超压爆炸事故。

中毒：甲醇、一氧化碳等有毒物质在生产过程中发生泄漏，易造成操作人员中毒事故。

噪声：压缩机组、泵、空气鼓风机等高噪声的设备在运转过程中产生的噪声会对操作人员造成危害。

灼伤烫伤：盐酸、氢氧化钠等具有极强的腐蚀性，容易造成人体灼伤，也会给生产设备造成腐蚀。预热炉、转化炉、废热锅炉等高温的设备和管道，若无适当的防烫保温措施，会造成高温烫伤事故。

触电：电气设备的绝缘老化、酸碱的腐蚀均能造成漏电而发生触电事故。

此外，机械伤害、物体打击、高处坠落等，也是生产作业过程中极易遇到的危险因素。

知识点1　甲醇的危险性及预防措施

1. 甲醇的火灾、爆炸危险性

（1）挥发性　甲醇的温度愈高，蒸气压愈高，挥发性越强。即使在常温下甲醇也很容易挥发，而挥发产生的甲醇蒸气就是造成火灾和爆炸的危险源之一。

（2）流动/扩散性　甲醇的黏度随温度升高而降低，有较强的流动性。同时，由于甲醇蒸气的密度比空气密度略大（约10%），有风时会随风飘散，即使无风时，也能沿着地面向外扩散，并易积聚在地势低洼地带。因此，在甲醇储存过程中，如发生溢流、泄漏等现象，物料就会很快向四周扩散，特别是甲醇储罐一旦破裂，又突遇明火，就可能导致火灾。

（3）高易燃性　甲醇属中闪点、甲类火灾危险性可燃液体。可燃液体的闪点越低，越易燃烧，火灾危险性就越大。由于可燃液体的燃烧是通过其挥发的蒸气与空气形成可燃性混合物，在一定的浓度范围内遇火源而发生的，因此液体的燃烧是其蒸气与空气中的氧进行的剧烈和快速的反应。所谓液体易燃，实质上就是指其蒸气极易被引燃。甲醇的沸点为64.5℃，自燃点为473℃（空气中）、461℃（氧气中），开杯实验闪点为16℃。应当指出，罐区中常见的潜在点火源，如机械火星、烟囱飞火、电器火花和汽车排气管火星等的温度及能量都大大超过甲醇的最小引燃能量。

（4）蒸气的易爆性　由于甲醇具有较强的挥发性，在甲醇罐区通常都存在一定量的甲醇蒸气。当罐区内甲醇蒸气与空气混合达到甲醇的爆炸浓度范围 6.0%～36.5% 时，遇火源就会发生爆炸。此外，由于甲醇的引爆能量小，罐区内绝大多数的潜在引爆源，如明火、电器设备点火源、静电火花放电、雷电和金属撞击火花等，具有的能量一般都大于该值，因此决定了甲醇蒸气的易爆性。

(5) 热膨胀性　甲醇和其他大多数液体一样，具有受热膨胀性。若储罐内甲醇装料过满，当体系受热时，甲醇的体积增加，密度变小的同时会使蒸气压升高，当超过容器的承受能力时（对密闭容器而言），储罐就易破裂。如气温骤变，储罐呼吸阀由于某种原因来不及开启或开启不够，就易造成储罐损坏或被吸瘪。对于没有泄压装置的罐区地上管道，物料输送后不及时部分放空，当温度升高时，也可能发生胀裂事故。另外，在火灾现场附近的储罐受到热辐射的传温作用，如不及时冷却，也可能因膨胀破裂，增大火灾危险性。

(6) 聚积静电荷性　静电产生和聚积与物质的导电性能相关。甲醇在管道输送和灌装过程中能产生静电，当静电荷聚积到一定程度则会放电，故有着火或爆炸的危险。

2. 预防甲醇火灾、爆炸的措施

(1) 严禁明火　甲醇的生产和使用区域严禁吸烟和带入火种，杜绝一切潜在点火源的存在，如机械火星、烟囱飞火、电器火花和汽车排气管火星等，当汽车进入禁火区域时，必须按规定在排气口安装防火罩。

(2) 规范进行动火　在生产和使用甲醇的区域进行必需的设备检修和其他动火作业，应严格遵守国家关于生产区域动火作业安全规范的有关规定。例如，凡盛有或盛装过甲醇的容器、设备、管道等生产、储存装置，必须在动火作业前进行清洗置换，经分析合格后方可动火作业（取样分析与动火间隔不得超 30min，超过 30min 要重新取样分析），办理相应级别的动火安全作业证等。

(3) 防静电　甲醇在管内流动摩擦会产生静电，一般静电虽然电量不大，但电压很高，会因放电而产生电火花，甲醇的电阻率较低，一般情况下是不容易产生静电的，尽管如此，甲醇在生产和储运过程中，应防止一旦产生和积蓄静电可能造成的火灾和爆炸危险，防静电措施主要有：接地、控制流速、延长静置时间、改进灌注方式和防雷。

① 接地。接地是消除静电危害的最常见的措施，车间的金属设备和管路应当接地，设备和管路的法兰应在螺栓处另加导电良好的金属片（铜或铝）来消除静电。

② 控制流速。产生静电荷的数量与物料流动速度有关，流动的速度越大，产生的静电荷越多，所以要控制甲醇的流速，以限制静电的产生。允许流速取决于液体的性质、管径和管内壁光滑的程度等条件，控制流速一般可通过选配合适的管道口径和输送泵来实现。

③ 延长静置时间。甲醇等液体注入储槽时会产生一定的静电荷。液体内的电荷将向器壁和液面集中并可慢慢泄漏消散，完成这一过程需要一定时间。因此可采取适当增加静置时间的办法来消除静电。

④ 改进灌注方式。为了减少从储槽顶部灌注液体时因冲击而产生的静电。通常都是将甲醇进液管延伸至靠近储槽底部或有利于减轻储槽底部沉淀物搅动的部位。

⑤ 防雷。雷电可造成停电甚至火灾、爆炸、触电等事故。防雷装置就是利用高出被保护物的突出地位，把雷引向自身，然后通过引下线和接地装置，把雷电泄入大地，以保护建筑物及生产设备免受雷电袭击。一般采用避雷针、避雷线、避雷器等防雷装置。防雷装置应

定期检查，并做好防腐蚀工作，以防接地引下线腐蚀中断。由于甲醇的易燃易爆性，故应加强甲醇装置的防雷工作。针对甲醇罐区不同的储罐型式（如固定顶、浮顶），防雷设施的设置也各异。

（4）消防措施　甲醇生产和使用场所必须按规定配置品种和数量齐全的消防器材，如二氧化碳、干粉、1211、抗乳泡沫灭火器和雾状水灭火措施。从事甲醇生产和使用的人员要经过消防知识和实际操作培训，懂得防火知识和会使用灭火器扑灭初期小火。消防人员必须配备和穿戴防护服和防毒面具。

（5）泄漏处理　遇到泄漏须穿戴防护用具进入现场，排除一切火情隐患，保持现场通风，用干沙、泥土等收集泄漏液，置于封闭容器内，不得将泄漏物排入下水道，以免爆炸。

3. 装置周围环境对劳动安全的影响和防范措施

甲醇车间建有精脱硫、转化、甲醇精馏、中间储罐、甲醇合成、焦炉煤气及合成气压缩、空分、脱氧站、综合罐区等装置。

辅助生产设施包括：空压站、新鲜水系统、消防水系统、循环水系统、（甲醇）车间办公室（包括中控、化验）等。危害性大的生产装置的布局对全厂安全卫生的影响及防范措施见表8-2。

表8-2　危害性大的生产装置的布局对全厂安全卫生的影响及防范措施

序号	装置名称	对劳动安全卫生的影响	采取的防范措施
1	压缩厂房	合成气、焦炉煤气的泄漏引起中毒和火灾爆炸事故	(1)压缩厂房设置可燃气体浓度检测报警装置 (2)设置轴流风机对有害气体进行强制通风 (3)电气设备选用防爆型，并进行可靠的防静电接地
2	综合罐区	(1)甲醇、粗苯的泄漏会造成中毒灼伤和火灾爆炸事故 (2)杂醇、焦油的泄漏造成火灾事故	(1)综合罐区布置在厂区的边缘,设置有不低于1m的防火堤,四周设有环形消防通道 (2)甲醇罐区设有泡沫消防系统 (3)与周围装置的距离符合防火间距要求 (4)各储罐设置高低液位检测的高液位报警系统
3	甲醇精馏中间罐区	甲醇的泄漏会造成火灾爆炸事故和中毒灼伤事故	(1)与周围甲醇合成、气柜的距离符合建设规定要求 (2)罐区四周设置防火围堤,储罐设置液位检测报警系统,并按规范设置泡沫灭火装置

知识点2　甲醇生产过程中的危险性及防范措施

M8-3　甲醇安全生产（二）

1. 生产过程中使用或产生的危险物料

（1）生产过程中使用或产生的易燃易爆物料的危险性分析

① 煤气：无色有特臭的易燃气体，剧毒，主要成分为烷烃、烯烃、一氧化碳、氢气等。

② 氢气（H_2）：属甲级危险物，与空气混合时爆炸极限为4.1%～7.1%。

③ 甲醇（CH_3OH）：CH_3OH属中度危害物，对呼吸道及胃肠黏膜有刺激作用，对血管神经有毒害作用，引起血管痉挛，对视神经和视网膜有特殊的选择作用，使视网膜因缺乏营养而坏死，空气中甲醇的最高容许浓度为$50mg/m^3$。

甲醇中毒一般有两个途径：一是职业性甲醇中毒，是指从业人员由于生产中吸入甲醇蒸气所致；二是误服含甲醇的酒或饮料引起急性甲醇中毒，这是近年来引发甲醇中毒事件的主要原因。

④ 甲烷：属甲级危险物。与空气混合能形成爆炸性混合物，遇明火高热能引起燃烧爆炸。爆炸极限为12.5%～74.2%。

⑤ 一氧化碳（CO）：CO属高度危害物。一般情况下，CO是通过呼吸道进入人体，阻止了人体内的氧与血红蛋白的结合，阻碍血液输氧，造成组织缺氧而引起中毒。车间空气中CO的最高容许浓度不得超过$30mg/m^3$。

（2）生产过程中使用或产生的有毒物料的危害性分析

① 一氧化碳：属Ⅱ级危害毒物。一氧化碳在血液中与血红蛋白结合而造成组织缺氧。长期反复吸入一定量的一氧化碳可致神经和心血管系统损害。车间空气中一氧化碳的最高容许浓度为$30mg/m^3$。

② 甲醇：属Ⅲ级危害毒物。对呼吸道及胃肠道黏膜有刺激作用，对血管神经有毒害作用，引起血管痉挛，形成瘀血或出血；对神经和视网膜有特殊的选择作用，使视网膜因缺乏营养而坏死。车间空气中甲醇的最高容许浓度为$50mg/m^3$。

③ 甲烷：甲烷属窒息性气体。当空气中甲烷浓度过高，能使人窒息。当空气中甲烷达到25%～30%时，可引起头痛、头晕、注意力不集中、精细动作障碍等症状，甚至因缺氧而窒息、昏迷。

（3）其他的危害因素

① 噪声：除损害听觉器官外，对神经系统、心血管系统亦有不良影响，长时间接触，出现头痛、头晕、易疲劳、记忆力减退等现象。本工程的噪声主要产生在压缩机、鼓风机、泵等设备处。《工业企业噪声控制设计规范》（GB/T 50087—2013）规定工作场所的噪声不得超过85dB(A)。

② 高温烫伤：锅炉、换热器等均属高温设备，人体接触高温蒸汽及输送蒸汽的管道或设备有引起烫伤的危险。

2. 生产过程中的高温、高压、易燃、易爆、有毒、有害、噪声等有害作业的产生部位、程度

① 有害作业的产生部位及程度见表8-3。

表8-3 有害作业的产生部位及程度

主项名称	危险物质	有害因素	产生部位
焦炉煤气压缩	焦炉煤气	火灾、爆炸、中毒、噪声、机械伤害	压缩机、管道等处
精脱硫	焦炉煤气	火灾、爆炸、中毒、高温烫伤	转化器、脱硫槽等设备及管道等处
转化	甲烷、氢气、一氧化碳	火灾、爆炸、中毒、高温烫伤	转化炉、汽包、换热器、脱硫槽等处
合成气压缩	一氧化碳、氢气	火灾、爆炸、中毒、噪声、机械伤害	压缩机、管道等处
甲醇合成	一氧化碳、氢气、甲醇	火灾、爆炸、中毒、高温烫伤	合成塔、洗醇塔、闪蒸槽、换热器等处
甲醇精馏	甲醇	火灾、爆炸、中毒	精馏塔、管道等
罐区	甲醇、杂醇	火灾、爆炸、中毒	甲醇罐、杂醇罐

② 生产过程中危险因素较大的设备种类见表8-4。

表 8-4 生产过程中危险因素较大的设备种类

主项名称	设备名称	种类
罐区	甲醇储罐	容器
焦炉煤气压缩	压缩机	转动设备
合成气压缩	压缩机	转动设备
转化	转化炉	反应器
转化	预热炉	
转化	汽包	容器
甲醇合成	合成塔	槽器
甲醇合成	闪蒸槽	
甲醇精馏	精馏塔	塔器

③ 可能受到职业危险危害的人数及受害程度见表 8-5。

表 8-5 可能受到职业危险危害的人数及受害程度

主项名称	可能受害人	受害程度
焦炉煤气压缩	操作工、巡检工、取样工	受伤、致病,严重者致死亡
精脱硫	操作工、巡检工、取样工	受伤、致病,严重者致死亡
转化	操作工、巡检工、取样工	受伤、致病,严重者致死亡
合成气压缩	操作工、巡检工、取样工	受伤、致病,严重者致死亡
甲醇合成	操作工、巡检工、取样工	受伤、致病,严重者致死亡
甲醇精馏	操作工、巡检工、取样工	受伤、致病,严重者致死亡
罐区	操作工、巡检工、取样工	受伤、致病,严重者致死亡

3. 劳动安全设计中采用的主要防范措施

① 工艺和装置中选用的防火防爆等安全设施和必要的监控、检测、检验设施。

所有易燃易爆物均在密闭的设备和管道中运行,以防易燃易爆物的泄漏。

焦炉煤气柜的进出口分别设置水封,并设高低位容积报警和高高位容积联锁。

甲醇储罐采用内浮顶罐,减少甲醇的挥发。

罐区四周设防火围堤,储罐上设有泡沫灭火系统和高高液位、高液位、低液位报警及联锁系统。甲醇储罐设置冷却水喷淋系统,当相邻储罐发生火灾时,用于冷却储罐。

火车装卸台、汽车装卸设置流量联锁,当静电超标时,紧急切断装车阀。

转化炉设置有水夹套冷却系统,并设多点温度测量报警系统。进入转化炉的氧气中加入安全蒸汽,防止转化炉的回火引发火灾爆炸。设置转化炉出口温度的报警联锁停车系统,当反应温度过低时,立即切断氧气进线,并加入水蒸气进行密封切断。

转化工段的汽包设置安全阀,防止汽包超压引起爆炸;并设置液位高低报警系统及压力调节联锁系统。

转化炉设置煤气与氧气进料调节联锁装置,防止煤气与氧气的混合物达爆炸极限。转化炉设置有防爆板。

预热炉点火前,必须先用惰性气体或蒸汽吹扫炉膛后,先点火,后开燃料气;熄火时,先关燃料气阀门，然后再关闭空气阀。

预热炉设置燃气压力监测装置，当主管压力降低或波动危及安全加热时，立即停止燃气供应，防止煤气回火引发爆炸。

甲醇合成装置的汽包、闪蒸槽设置安全阀，防止超压，汽包还设有压力调节报警系统。

安全阀、呼吸阀排出气送入燃料气系统。

合成压缩机采用蒸汽驱动，蒸汽管线上均设置有安全阀，防止蒸汽超压。

压缩机组均设置有超温、超压、机组润滑故障报警等保护系统。

甲醇合成塔、汽包、换热器等所有压力容器的设计、制造均遵照执行《压力容器安全技术监察规程》的规定，从本质上保证压力容器的安全运行。

甲醇精馏装置的预精馏塔、加压塔、常压塔的塔顶或蒸汽管线均设置安全阀，安全阀的放空气体排入火炬。

甲醇储槽设置呼吸阀，采用氮封，防止爆炸性混合物的形成。

焦炉煤气压缩、转化、甲醇合成、甲醇精馏和罐区设置可燃气体浓度检测报警装置，随时检测空气中可燃气的含量。并设置火灾探测及报警系统，设置感温感烟探测器，厂区通道等处以设火灾报警手动按钮为主。

压缩厂房为防爆厂房，为排除厂房内的有害物焦炉煤气，采用自然进风、防爆轴流风机机械排风的通风方式，通风次数每小时 10 次。

② 根据爆炸和火灾危险类别、等级、范围选择电气设备、防雷、防静电等设施。

电气设备的选择。在爆炸和火灾危险场所严格按《爆炸危险环境电力装置设计规范》(GB 50058—2014) 的有关要求进行设计，避免电气火花引发的火灾。焦炉煤气柜、焦炉煤气压缩、精脱硫、转化、甲醇合成、甲醇精馏、罐区、合成气压缩为易燃易爆危险场所，防爆区域为二级，易爆介质为焦炉煤气，所有电气设备的选择均需满足装置的防爆要求。

防雷防静电。所有工艺生产装置及其管线，按工艺及管道要求做防静电接地。接地点一般不少于两点。

屋面采用避雷带或避雷针作为防雷直击措施。屋内分级采用电涌保护器作为防感应雷及操作过电压措施。接地系统采用 TN-S 系统，电气设备的工作接地、保护接地以及防雷接地共用接地极，接地电阻≤4Ω。仪表 DCS 的接地单独设置，接地电阻≤1Ω。

4. 生产过程中的自动控制系统及安全联锁系统

（1）自动控制系统　工艺装置内设有中央控制室（甲醇化产装置控制室），用于对整个装置进行监视、控制及操作。空分空压站、压缩工段分别设有就地控制室，采用 DCS 监控，并与中央控制室联网。当操作条件不正常时，可自动调节并报警。

（2）安全联锁系统　转化炉出口转化气温度设高低位联锁，当超过联锁值时，切断入转化炉氧气，打开氧气放空阀和蒸汽密封；汽包压力设低位联锁；压缩机组设超温、超压、油压过低、轴承温度过高联锁停车系统；锅炉设置超温、超压、液位安全联锁系统。

5. 工业卫生设计中采取的防范措施

有毒有害物、高温、噪声、粉尘等有害作业的生产部位及危害特性如前所述。

设计中采取的防范措施：

在正常的操作条件和设备、管道及其附件完好无损的情况下，有毒有害物均在密闭的设备或管道中，不会对操作人员造成危害，但在长期的生产过程中，设备、管道、密封法兰的损坏都有可能产生有害物的泄漏,有可能引起中毒或灼伤事件的发生。因此,在设计中需采取必要的防范措施。

生产装置设计密闭的排液及排气系统,防止有毒有害介质的外泄。

对设备、管道、法兰的密封性经常进行检查,防止跑、冒、滴、漏现象的发生。

甲醇合成、甲醇精馏采用框架结构,脱硫、转化露天布置,有利于有毒有害物的扩散。

设计中尽量选用低噪声、少振动的设备,对产生较大噪声和振动的设备,采取消声、吸声、隔声及减振、防振措施,使操作环境中的噪声值达到规范要求。空分设备放空处设置消音器,锅炉房、压缩工段设置操作室。

对输送高温蒸汽等有可能与人体接触的高温设备和管道采取防烫保温绝热措施,避免人体接触而引起烫伤。

接触有毒有害物的工作岗位配备空气呼吸器及防毒面具等防护器材,接触甲醇和盐酸的岗位设事故冲洗装置,事故状态时保证操作工的安全。

6. 急性中毒事故

在事故和非正常操作状态可能会产生有毒物料的泄漏而造成操作人员的急性中毒,本工程生产过程中的有毒有害物是煤气、甲醇。

(1) 甲醇中毒的抢救和应急措施

① 急救:迅速脱离现场至空气新鲜处。必要时进行人工呼吸;眼睛受污染,立即用洗眼器冲洗及2%的碳酸氢钠溶液冲洗;根据二氧化碳结合力,用碳酸氢钠或乳酸钠纠正酸中毒,就医。

② 防护:可能接触毒物时,应佩戴防毒面具、戴化学安全防护眼镜、穿相应的防护服、戴防护手套。

泄漏处置:隔离泄漏污染区,切断火源。不要直接接触泄漏物,用沙土或其他不燃性吸附剂混合吸收,然后送废物处理场所处置。

(2) 煤气中毒的急救和防护措施

① 急救:迅速脱离现场至空气新鲜处。呼吸困难时给输氧,呼吸停止者立即进行人工呼吸。严重时立即送医院抢救。

② 防护:处理事故和抢救人员需佩戴防毒面具或空气呼吸器进入有毒现场。

③ 泄漏处置:迅速撤离污染区人员至上风处,切断火源和气源,对泄漏区(室内)进行抽排或强力通风,直至气体散尽。

(3) 事故的疏散方式 厂区主要生产厂房设置两个以上的安全出口,厂房每层的疏散楼梯、走道门的宽度、厂房内最远工作地点到外部出口或楼梯的距离均执行《建筑设计防火规范》(GB 50016—2014)的相应规定。

(4) 事故的应急措施

① 在重要生产岗位及车间附属的配电室及安全出口处均设置事故照明设施,便于发生事故时人员疏散及救助。

② 在可能散发有毒有害气体的工作岗位配备防毒面具、空气呼吸器等事故应急器具。

③ 在接触甲醇介质的工段设置洗眼器。

④ 自动控制的阀门、调节器均设置相应的手动控制,以防自控装置出现故障时应急手动操作。

【知识拓展】 甲醇、煤气、一氧化碳和硫酸的安全技术说明

甲醇

标识	中文名:甲醇	英文名:methanol	
	分子式:CH_3OH	分子量:32.04	UN 编号:1230
	危险性类别:第 2.1 类易燃气体		CAS 号:67-56-1
理化性质	性状:无色液体。		
	熔点(℃):-97.8	溶解性:溶于水,可混溶于醇类、乙醚等多数有机溶剂	
	沸点(℃):64.8	相对密度(水=1):0.79	
	饱和蒸气压(kPa):12.3	临界温度(℃):240	
	燃烧热(kJ/mol):-723	临界压力(MPa):7.95	
燃烧爆炸危险性	燃烧性:高度易燃液体和蒸气	燃烧分解产物:水和二氧化碳	
	闪点(℃):12	聚合危害:不聚合	
	爆炸极限(体积分数%):6~36.5	稳定性:稳定	
	自燃温度(℃):464		
	危险特性:易燃易爆气体,与空气混合能形成爆炸性混合物,遇明火、高热能引起燃烧爆炸		
	灭火方法:尽可能将容器从火场移至空旷处。喷水保持火场容器冷却,直至灭火结束。处在火场中的容器若已变色或从安全泄压装置中产生声音,人员必须马上撤离		
对人体危害	身体危害:对中枢神经系统有麻醉作用;对视神经和视网膜有特殊选择作用,引起病变;可致代谢性酸中毒。		
	急性中毒:短时大量吸入出现轻度眼上呼吸道刺激症状(口服有胃肠道刺激症状);经一段时间潜伏期后出现头痛、头晕、乏力、眩晕、酒醉感、意识蒙眬、谵妄,甚至昏迷。视神经及视网膜病变,可有视物模糊、复视等,重者失明。代谢性酸中毒时出现二氧化碳结合力下降、呼吸加速等。		
	慢性影响:神经衰弱综合征,植物神经功能失调,黏膜刺激,视力减退等。皮肤出现脱脂、皮炎等		
防护	皮肤接触:脱去污染的衣着,用肥皂水和清水彻底冲洗皮肤。		
	眼睛接触:提起眼睑,用流动清水或生理盐水冲洗,就医。		
	吸入:迅速脱离现场至空气新鲜处。保持呼吸道通畅。如呼吸困难,给输氧。如呼吸停止,立即进行人工呼吸,就医。		
	食入:饮足量温水,催吐或用清水或 1% 硫代硫酸钠溶液洗胃,就医。		
	甲醇中毒者,可以通过饮用烈性酒(酒精度通常在 60 度以上)的方式来缓解甲醇代谢,进而使之排出体外。而甲醇已经代谢产生的甲酸,可以通过服用小苏打(碳酸氢钠)的方式来中和		
泄漏处理	迅速撤离泄漏污染区人员至安全区,并进行隔离,严格限制出入,切断火源。建议应急处理人员戴自给正压式呼吸器,穿防静电工作服,不要直接接触泄漏物,尽可能切断泄漏源。防止流入下水道、排洪沟等限制性空间。小量泄漏:用砂土或其他不燃材料吸附或吸收,也可以用大量水冲洗,洗水稀释后放入废水系统。大量泄漏:构筑围堤或挖坑收容,用泡沫覆盖,降低蒸气灾害。用防爆泵转移至槽车或专用收集器内,回收或运至废物处理场所处置		
贮存	储存于阴凉、通风良好的专用库房内,远离火种、热源。库温不宜超过 37℃,保持容器密封。应与氧化剂、酸类、碱金属等分开存放,切忌混储。采用防爆型照明、通风设施。禁止使用易产生火花的机械设备和工具。储区应备有泄漏应急处理设备和合适的收容材料		

煤气

标识	中文名:煤气		英文名:coal gas	
	危险性类别:第3.2类中闪点易燃液体			
理化性质	性状:无色有特殊臭味的气体			危险货物编号:23030
	相对密度(空气=1):0.4~0.6		溶解性:不溶于水	
	自燃温度(℃):648		相对密度(水=1):	
	燃烧热(kJ/m^3):1256~2512		爆炸极限(体积分数%):4.5~40	
	燃烧性:易燃		燃烧分解产物:一氧化碳、二氧化碳、水	
	稳定性:稳定		聚合危害:不聚合	
	危险特性:易燃气体,与空气可形成爆炸性混合物。如果扩散到火源处,会立即回燃			
	灭火方法:切断气源,若不能切断气源,则不允许熄灭泄漏处的火焰,消防人员必须佩戴空气呼吸器,穿全身防火防毒服,在上风灭火。灭火剂:用泡沫、二氧化碳、干粉灭火			
人体危害	侵入途径:吸入。 健康危害:高毒,煤气中一氧化碳能与人体中的血红蛋白结合,造成缺氧,使人昏迷不醒,在低浓度中停留,也能产生头晕、恶心及虚脱等			
急救措施	将中毒人员移至空气新鲜处,保持呼吸道通畅。如呼吸困难,给输氧。呼吸心跳停止时,立即进行心肺复苏术,就医			
防护	工程控制:生产过程密闭,加强通风。 呼吸系统防护:空气中浓度超标时,佩戴自吸过滤式防毒面具(半面罩)。紧急事态抢救或撤离时,应该佩戴空气呼吸器或氧气呼吸器。 眼睛防护:一般不需要特殊防护。 身体防护:穿防静电工作服。 手防护:戴一般作业的防护手套。 其他:工作现场禁止吸烟。实行就业前和定期的体检。避免高浓度吸入。进入罐、限制性空间或其他高浓度区作业,须有人监护			
泄漏处理	消除所有点火源,根据气体扩散的影响区域划定警戒区,无关人员从侧风、上风向撤离至安全区。建议应急处理人员戴自给正压式呼吸器,穿防静电工作服。作业时使用的所有设备应接地,尽可能地切断所有泄漏源			
操作注意事项	严格密闭,提供充足的局部排风和全面排风。操作人员必须经过专门培训,严格遵守操作规程。建议操作人员佩戴自吸过滤式防毒面具(半面罩),穿防静电工作服。远离火种、热源。工作现场禁止吸烟。使用防爆型的通风系统和设备。防止气体泄漏到工作场所空气中。避免与氧化剂、碱类接触。在传送过程中,钢瓶和容器必须接地和跨接,防止产生静电。搬运时轻装轻卸,防止钢瓶及附件破损。配备相应品种和数量的消防器材及泄漏应急处理设备			
贮运	远离火种、热源。采用防爆型照明、通风设施。禁止使用易产生火花的机械设备和工具。储区应备有泄漏应急处理设备			

一氧化碳

标识	中文名:一氧化碳	英文名:carbon monoxide	
	分子式:CO	分子量:28.01	UN编号:1016
	危险性类别:第2.1类易燃气体		CAS号:630-08-0
理化性质	性状:无色无臭气体		
	熔点(℃):−199.1	溶解性:微溶于水,溶于乙醇、苯等多种有机溶剂	
	沸点(℃):−191.4	相对密度(水=1):0.79	
	饱和蒸气压(kPa):	相对密度(空气=1):0.97	
	临界温度(℃):−140.2	燃烧热(kJ/mol):12.746×10^3	
	临界压力(MPa):3.50		
燃烧爆炸危险性	燃烧性:易燃	燃烧分解产物:二氧化碳	
	闪点(℃):<−50	聚合危害:不聚合	
	爆炸极限(体积分数%):12.5~74.2	稳定性:稳定	
	自燃温度(℃):610	禁忌物:强氧化剂、碱类	
	危险特性:易燃易爆气体,与空气混合能形成爆炸性混合物,遇明火、高热能引起燃烧爆炸		
	灭火方法:切断气源,若切不断气源,则不允许熄灭燃烧气体,水喷容器冷却。灭火剂:雾状水、泡沫、二氧化碳、干粉		
毒性	接触限值:中国 MAC:$30mg/m^3$		
对人体危害	吸入的一氧化碳在血液中与血红蛋白结合而造成组织缺氧。 急性中毒:轻度中毒者出现头痛、头晕、耳鸣、心悸、恶心、呕吐、无力,血液碳氧血红蛋白浓度可高于10%;中度中毒者除上述症状外,还有皮肤黏膜呈樱红色、脉快、烦躁、步态不稳,甚至中度昏迷,血液碳氧血红蛋白浓度可高于30%;重度患者深度昏迷、瞳孔缩小、肌张力增强、频繁抽搐、大小便失禁、休克、肺水肿、严重心肌损害等,血液碳氧血红蛋白可高于50%。部分患者昏迷苏醒后,约经2~60天的症状缓解期后,又可能出现迟发性脑病,以意识精神障碍、锥体系或锥体外系损害为主。 慢性影响:能否造成慢性中毒及对心血管影响无定论		
防护	工程控制:严加密闭,提供充分的局部排风和全面通风。生产生活用气必须分路。 呼吸系统防护:空气中浓度超标时,佩戴自吸过滤式防毒面具(半面罩)。紧急事态抢救或撤离时,建议佩戴空气呼吸器、一氧化碳过滤式自救器。 其他:工作现场严禁吸烟。实行就业前和定期的体检。避免高浓度吸入。进入罐、限制性空间或其他高浓度区作业,须有人监护		
泄漏处理	迅速撤离泄漏污染区人员至上风处,并立即隔离150m,严格限制出入。切断火源。建议应急处理人员戴自给正压式呼吸器,穿消防防护服。尽可能切断泄漏源。合理通风,加速扩散。喷雾状水稀释、溶解。建筑围堤或挖坑收容产生的大量废水。如有可能,将漏出气用排风机送至空旷地方或装设适当喷头烧掉。也可以用管路导致炉中、凹地焚之。漏气容器要妥善处理,修复、检验后再用		
贮运	易燃有毒的压缩气体。储存于阴凉、通风仓间内。仓内温度不宜超过30℃。远离火种、热源,防止阳光直射。应与氧气、压缩空气、氧化剂等分开存放。切忌混储混运。储存间内的照明、通风等设施应采用防爆型,开关设在仓外。配备相应品种和数量的消防器材。禁止使用易产生火花的机械设备和工具。验收时要注意品名,注意验瓶日期,先进仓的先发用。搬运时轻装轻卸,防止钢瓶及附件破损。运输按规定路线行驶,严禁在居民区和人口稠密区停留		

硫酸

标识	中文名:硫酸		英文名:sulfuric acid	
	分子式:H_2SO_4	分子量:98.08		CAS号:7664-93-9
	危险性类别:第8.1类酸性腐蚀品			

理化性质	性状:纯品,为无色透明油状液体,无臭 含量:工业级92.5%或98%	
	熔点(℃):10.5	溶解性:与水混溶
	沸点(℃):330.0	相对密度(水=1):1.83
	饱和蒸气压(kPa): 0.13(145.8℃)	相对密度(空气=1):3.4

燃烧爆炸危险性	燃烧性:不燃	燃烧分解产物:氧化硫
	稳定性:稳定	禁忌物:碱类、碱金属、水、强还原剂、易燃可燃物
	危险特性:遇水大量放热,可发生沸溅。与易燃物(如苯)和可燃物(如糖、纤维素等)接触会发生剧烈反应,甚至引起燃烧。遇电石、高氯酸盐、雷酸盐、硝酸盐、苦味酸盐、金属粉末等猛烈反应,发生爆炸或燃烧。有强烈的腐蚀性和吸水性	
	灭火方法:消防人员必须穿全身耐酸碱消防服。灭火剂:干粉、二氧化碳、砂土。避免水流冲击物品,以免遇水会放出大量热量发生喷溅而灼伤	

毒性	接触限值:中国MAC $2mg/m^3$

对人体危害	侵入途径:吸入、食入。 健康危害:对皮肤、黏膜等组织有强烈的刺激和腐蚀作用。蒸气或雾可引起结膜炎、结膜水肿、角膜混浊,以致失明;引起呼吸道刺激,重者发生呼吸困难和肺水肿;高浓度引起喉痉挛或声门水肿而窒息死亡。口服后引起消化道灼伤以致溃疡形成;严重者可能有胃穿孔、腹膜炎、肾损害、休克等。皮肤灼伤轻者出现红斑,重者形成溃疡,愈后瘢痕收缩影响功能。溅入眼内可造成灼伤,甚至角膜穿孔、全眼炎以致失明

防护	工程控制:密闭操作,注意通风。尽可能机械化、自动化。提供安全淋浴和洗眼设备。 呼吸系统防护:可能接触其烟雾时,佩戴自吸过滤式防毒面具(全面罩)或空气呼吸器。紧急事态抢救或撤离时,建议佩戴氧气呼吸器。 眼睛防护:呼吸系统防护中已作防护。 身体防护:穿橡胶耐酸碱服。 手防护:戴橡胶耐酸碱手套。 其他:工作现场禁止吸烟、进食和饮水。工作毕,淋浴更衣。单独存放被毒物污染的衣服,洗后备用。保持良好的卫生习惯

泄漏处理	迅速撤离泄漏污染区人员至安全区,并进行隔离,严格限制出入。建议应急处理人员戴自给正压式呼吸器,穿防酸碱工作服。不要直接接触泄漏物。尽可能切断泄漏源。防止进入下水道、排洪沟等限制性空间。小量泄漏:用砂土、干燥石灰或苏打灰混合。也可以用大量水冲洗,洗水稀释后放入废水系统。大量泄漏:构筑围堤或挖坑收容;用泵转移至槽车或专用收集器内,回收或运至废物处理场所处置

贮运	储存于阴凉、干燥、通风良好的仓间。应与易燃或可燃物、碱类、金属粉末等分开存放。不可混储混运。搬运时要轻装轻卸,防止包装及容器损坏。分装和搬运作业要注意个人防护

综合练习题

一、填空题

1. 甲醇生产过程中的废气主要来源于转化系统预热炉烟道气、_____、_____。
2. 合成弛放气主要含有：H_2、CO、N_2、CO_2、_____、_____。
3. 安全阀泄压等气体放空为_____。
4. 非正常情况下排放的废气将引入_____燃烧后排放，以减轻对环境的污染。
5. 汽包连排污水，经_____减温减压后直接外排。
6. 甲醇的火灾、爆炸危险性有：挥发性、流动性、高易燃性、蒸气易爆性、_____和_____。
7. 甲醇储罐采用_____，减少甲醇的挥发。
8. 甲醇储槽设置呼吸阀，采用_____，防止爆炸性混合物的形成。

二、选择题

1. 废水污染物排放主要包括（　　）。
    A. 精馏残液　　　　　　　　　　B. 汽包锅炉排污水
    C. 循环水排污水　　　　　　　　D. 精馏残液、汽包锅炉排污水和循环水排污水
2. 固体废弃物排放主要包括（　　）。
    A. 精脱硫过程　　　　　　　　　B. 转化工段
    C. 甲醇合成工段　　　　　　　　D. 以上都包括
3. 预热炉烟道气采用（　　）烟囱排入大气。
    A. 30m　　　　B. 40m　　　　C. 50m　　　　D. 60m
4. 甲醇精馏不凝气，主要污染物为（　　）。
    A. CO、CO_2、CH_4、N_2、CH_3OH、C_2H_5OH
    B. CH_4、N_2、CH_3OH、C_2H_5OH
    C. CO、CO_2、CH_4、N_2
    D. CO、CO_2、CH_3OH、C_2H_5OH
5. 甲醇的温度越高，则（　　）。
    A. 挥发性越强，流动性越强　　　B. 挥发性越差，流动性越强
    C. 挥发性越强，流动性越差　　　D. 挥发性越差，流动性越差
6. 甲醇生产的压缩厂房对劳动安全卫生的影响有（　　）。
    A. 甲醇、粗苯的泄漏会造成中毒灼伤和火灾爆炸事故
    B. 杂醇、焦油的泄漏造成火灾事故
    C. 合成气、焦炉煤气的泄漏引起中毒和火灾爆炸事故
    D. 甲醇的泄漏会造成火灾爆炸事故和中毒灼伤事故
7. 甲醇精馏工段产生的主要危险物质为（　　）。
    A. 焦炉煤气　　B. 甲醇　　C. 甲烷　　D. 一氧化碳、氢气
8. 甲醇生产的转化工段，产生危险因素较大的设备为（　　）。
    A. 转化炉、压缩机　　　　　　　B. 甲醇储罐
    C. 转化炉、预热炉、汽包　　　　D. 合成塔、闪蒸槽

三、简答题

1. 简述甲醇清洁生产的途径。
2. 甲醇车间的防静电措施有哪些？
3. 简述甲醇中毒的抢救和应急措施。

附 录

附录1 焦炉煤气压缩机岗位操作法

1. 目的

将气柜来的焦炉煤气增压至 2.6MPa（绝压）送至净化车间。

2. 范围

适用于本岗位所有员工。

3. 职责

① 在车间主任、班长、组长的直接领导下工作，在中控人员的指令下操作。

② 熟练掌握焦炉煤气压缩系统工艺流程及设备性能，严格执行安全操作规程和交接班制度。

③ 维护和保养本岗位所属设备的加油、紧固及设备清扫和卫生。

④ 以本岗位所辖区环境卫生，保持清洁干净。

⑤ 做好设备检修前的工艺处理及检修后的验收工作。

⑥ 严格执行操作规程，不违章指挥、不违章作业、不简化操作。

⑦ 认真做好设备点巡检工作。

⑧ 及时发现跑、冒、滴、漏及安全隐患，做到早汇报早处理。

⑨ 认真填写生产记录，字迹要求清晰，记录要准确。

4. 工作原理及流程简述

4M50焦炉煤气压缩机为四列三级对称平衡型少油润滑往复活塞式压缩机。由同步电机直接驱动，最大活塞推力为50t。

(1) 活塞式压缩机工作原理　气体依靠在汽缸内做往复运动的活塞来进行压缩。

(2) 工艺流程简述　由外管来的焦炉煤气进入焦炉煤气压缩工段。压力为0.11MPa（绝压），温度≤40℃，同时经过一级前缓冲器进入一段缸，经一级压缩后气体压力0.32MPa（绝压），温度＜160℃，经缓冲后进入一段冷却器、一段油水分离器。温度降至≤

40℃，进入二段汽缸，经二段压缩后的气体压力为 0.957MPa（绝压），温度＜160℃。进入二段冷却器，油水分离器，温度降至≤40℃。再进入三段汽缸，压缩后的气体压力为 2.6MPa（绝压），温度 139℃，经三段单向阀，去精脱硫工序。

5. 正常操作要点

（1）稳定各段压力和温度

① 经常检查各段进口气体压力和温度的变化情况，加减负荷时应加强与有关岗位的联系。

② 根据各段压力和温度的变化情况，分析判断活塞、阀门等有无异常情况，如经判断有泄漏或损坏，应及时维修或更换。

（2）输出量的调节

① 压缩机开车正常运行后，向外工序送气时，必须待出口压力略高于系统时，才能开启出口阀门。

② 压缩机在停车过程中当出口阀尚未完全关闭时，应注意出口管回路阀的开启度，不能开得过猛，防止气液倒流回压缩机或出口压力超指标。

③ 加减负荷要缓慢，有利于各工段的稳定生产。一般用一段近路阀来调节气量，生产稳定时应尽量做到不开一段近路阀，使压缩机满负荷生产以降低电耗。

（3）防止抽负压及带水

① 加强与前工序联系，注意压缩机一段进口气体压力变化，防止压缩机抽负压。

② 及时排放各段出口油水分离器的油水，以防气体带液。

（4）注意异常响声和保证良好润滑

① 经常用看、听、摸的方法检查压缩机传动部件的运转情况，如发现敲击声等异常响声时，应立即分析判断查明原因，及时处理。

② 经常检查各润滑点的润滑和注油情况，保证曲轴箱和注油器的润滑油质量、油位及油泵压力，做到三级过滤。符合工艺指标要求，保证良好的润滑。

（5）巡回检查

① 根据操作要求，每小时做一次岗位记录，做到认真、准时、无误。

② 每 15min 检查一次系统各点压力和温度。

③ 每 30min 检查一次压缩机的运转情况及其活门、汽缸、活塞环、填料函等有无异常情况。

④ 每小时检查一次系统放空阀、近路阀、排油阀的关闭情况。

⑤ 各段油水分离器，每 30min 排放一次。

⑥ 每 4h 检查一次各段冷却器溢流情况及汽缸冷却夹套冷却水溢流情况。

⑦ 每班检查一次系统设备、管道等泄漏振动情况。

6. 开车前的准备

（1）压缩机试车　全面检查压缩机内、外侧，确认所有紧固件均已紧固，现场（机器）无影响机器运行的各种非所需工具、物品，再次校验压缩系统的安装精度。合格后才可进行分阶段试车。

（2）电系统试运行　按电器、仪控说明书及有关规定进行。

（3）冷却水系统试运行　开启进、排水总阀及支管阀门，在低压下仔细观察和检查管路是否泄漏堵塞等现象，观察水流指示器或溢水槽。逐渐增加水压至正常供水压力≥

0.1MPa。再次检查上述项目，同时观察电气联锁系统是否正常工作。

（4）循环润滑油路试运行　循环润滑的试车应在管路及附件经彻底清洗的条件下进行，先将各进油点接头松开，使油不进入各摩擦面，即回机身。此时并用木槌轻击管道各处，连续时间不少于4h，确认油冷却管道清洁后停车。然后清洁过滤器及进油粗滤器，并换上新油。

（5）循环润滑路线试运行的要求　将油压调至管路工作压力（0.45MPa），检查油路系统有无泄漏、堵塞现象，并加以清除。检查齿轮油泵的输油能力、温升、响声有无泄漏等情况，并调至正常。检查油过滤器工作情况，油过滤器的正常压力降在0.1MPa以下。调整油压电气联锁的工作情况，一般循环润滑油路经4~6h的单独运转。润滑油为N150机械油，油箱油温保持在35~50℃。

（6）汽缸、填料润滑油系统试运行　按要求加入汽缸、填料润滑油HS-19压缩机油。在注油点止逆阀侧，暂时将油管路拆下，开启注油器电机，让润滑油将管内气体排净，直至清洁油流出，然后再将管路装于注油点止逆阀侧，观察各单点单柱动作是否良好，确认各注油点的润滑油，再调节注油器滴油速度，观察其变化是否正常，否则应予以排除。同时检查注油器、电动机、减速器运转振动情况，运转30min停机备用。

7. 正常开车

（1）电机单机试运行　拆卸压缩机和电机的联轴器螺栓和垫片，即可进行电机单机试车，注意观察电机的振动、噪声、电流、温度、电机主轴瓦温度及电机旋转方向、运转时间不少于8h。

（2）压缩机无负荷试车

① 油、水、电机、电气等均已正常单独运行。

② 拆去各缸进排气阀和进气管，并在汽缸进气口装上金属丝网。

③ 启动循环润滑油系统并调至工作压力（0.45MPa），启动汽缸填料润滑油系统，连续运转不少于4h。

④ 开动盘车器电机，进行盘车3~5min。

⑤ 各项准备工作就绪，启动压缩机主机，检查各项传动部件，润滑部分是否正常，油压保持正常范围内，空转8h。

注意：各主轴承温度不超过65℃，各填料处活塞杆表面温度在80℃左右，十字头滑道主受力温度不超过60℃，油压0.45MPa，电机的电流、电压、温度，不应超过规定值。

（3）管线吹扫　吹扫介质为空气。在吹扫进气管道时，采用外部压缩空气首先把压缩机进气法兰松开，管口引向外边，不能使吹扫气进入汽缸，吹除工作在0.2MPa压力下边吹边用木槌打击管壁，确认管内清洁为止。吹除结束后，重新接好进气管与汽缸的法兰，并装上该段进气阀。关闭PG62101a、b、c管上进装置阀门，打开端头法兰盖作空气吸入口，开压缩机。以此逐级吹扫进排气管间设备及管道，严防污物吹入下一级汽缸，吹扫过程要求不越过一个设备，一个阀门，顺流程依次进行。

（4）压缩机负荷试车（本系统内试压）

① 注意观察不正常或异常的压力、温度、噪声及其他项目，机器运行时，要严格监视各种仪表及仪表盘所有读数，确保机组正常工作。

② 在启动主电机以前，启动循环润滑系统及注油器，并调至正常油压（0.45MPa），开启冷却水系统，并打开各段回路阀、放空阀，然后启动盘车电机盘车数转。确认无敲击声

后，脱开盘车齿轮，油压系统在 0.45MPa 下，开动 3~5min 后，然后正式启动主电机，并关闭放空阀，一回一、二回一、三回一，三段出口压力控制在正常工作压力。

③ 备注：负荷试车最好以工作介质运行，也可以用氮气或空气代替，当用氮气试车时，试车时间不应大于 4h。

(5) 压缩机启动前应具备的条件
① 确认压缩机及附属设备处于正常备用状态。
② 对机组所属设备、管道、阀门、仪表、报警联锁系统等进行全面检查，消除缺陷。
③ 润滑油系统、冷却水系统处于正常备用状态。
④ 焦炉煤气压缩机具备接气条件。
⑤ 各段气体冷却器、汽缸夹套冷却水进水阀门，回水阀开，通冷却水。
⑥ 循环润滑油冷却器、旁路冷却器进水，回水阀开，通冷却水。
⑦ 放空阀，一回一阀，三回一阀打开。

8. 开车

启动循环油泵、注油器泵。
① 盘车，当各项功能都达到要求时关闭盘车电机，将手柄置在"不盘车"位置。
② 启动主电机，观察电机电流及压缩机运转情况。
③ 关闭放空阀、回路阀，一回一阀、三回一阀，待三段出口压力稍高于系统压力时，打开出口阀门，这一过程要缓慢。

9. 正常停车

① 稍开放空阀，三回一阀、一回一阀。
② 关闭三段出口阀门。
③ 停止主电机运转。
④ 关闭一段进口阀，全开放空阀。
⑤ 关闭冷却水系统，停循环油泵、注油器泵。

备注：开关阀门时应注意各段压力变化，严防超压，卸压应从高压段向低压段进行，不得过快，开启阀门要缓慢。

10. 紧急停车

① 立即按停车按钮，停止压缩机的运转。
② 迅速切断与系统联系阀门，开启放空阀进行卸压。
③ 按正常停车方法处理。

11. 生产中不正常现象的判断和处理

现象	原因	处理方法
排气量不足	活塞环磨损严重,气体泄漏量大	更换活塞环
	活塞环卡住或断裂	更换活塞环
	进排气阀片断裂或阀座密封损坏	更换进排气阀
	填料函严重漏气	更换填料
	汽缸余隙过大造成气量不足	调整余隙

续表

现　象	原　因	处　理　方　法
排气温度高	进口气温度过高或阻力过大	降低气体温度和阻力
	本级气阀安装不严漏气	检查更换气阀
	汽缸水夹套积垢	清理设备结垢、调节水量
汽缸温度过高	冷却水供应不足	调整供水量
	进气温度太高水夹套结垢	降低气体温度,清除水垢
	管道堵塞阻力大	疏通管道
	汽缸与滑道同轴度偏差大,活塞磨偏、活塞环装配不当或断裂	调整同轴度,检修更换活塞环
	活塞与汽缸径向间隙太小	检修活塞调整间隙
	进排气阀门损坏	修换阀门
供油压力降低及油温过高	油管接头松开或油管破裂	紧固或更换油管
	油泵损坏	修理油泵
	润滑部位间隙过大	调整润滑部位间隙
	滤油网堵塞	清洗滤网
	油泵回油阀泄漏	修理更换回油阀
	润滑油变质	更换新油
活塞杆及填料发热漏气	活塞杆与填料接触部分磨损严重或拉伤	更换活塞杆
	密封环、节流环磨损严重失去密封阻流作用	更换密封环、节流环重新组装填料部件
	密封环、节流环在填料盒中的轴向间隙不合适	调整间隙重新组装填料
	密封环拉簧过紧	调整或更换拉簧
传动机构发出异常响声	连杆螺栓螺母松动或断裂	更换螺栓或紧固螺母
	连杆大小头瓦间隙过大或烧坏	调整间隙或更换轴瓦
	十字头与活塞杆连接螺母松动	紧固连杆螺母
	十字头与滑道配合间隙过大	修补十字头调整间隙
轴承十字头滑道发热或烧坏	装配间隙不符合要求	调整间隙
	润滑油温过高	降低油温
	润滑油供应不足或油质不合格	调整供油量或更换新油
汽缸内发生异常响声	气阀损坏或有异物掉入缸内	检查、修换气阀、清理异物
	进排气阀松动	检查原因、紧固压紧螺钉或更换气阀
	汽缸余隙过小	调整余隙
	活塞环断裂或活塞损坏	检查修换零部件
	气体带液发生液击,此时压缩机剧烈振动	紧急停车,查明原因消除设备故障,及时排放油水
机身振动	地脚螺栓松动	调整紧固
	基础有缺陷	消除缺陷
	超负荷或超压过大	调整负荷或压力
	连接部位松动	重新紧固连接螺栓

12. 控制指标

(1) 压力

一段入口≤0.10MPa　　一段出口≤0.32MPa

二段出口≤1.05MPa

三段出口≤2.6MPa

(2) 温度

一段入口≤40℃　出口≤160℃

二段入口≤40℃　出口≤160℃

三段入口≤40℃　出口≤135℃

(3) 联锁保护

① 压缩机一级压力低于0.099kPa（表压）时报警，低于0.089kPa时主电机自动停车。

② 循环油压低于0.25MPa（表压）时报警，同时启动备用油泵，低于0.2MPa（表压）时，电机自动停车，当油压＞0.5MPa（表压）时，手动停辅助油泵。

③ 压缩机及主电机的主轴承温度高于65℃时报警，70℃时主电机自动停车。

(4) 其他

① 润滑油压力0.45MPa。油箱油位1/2～2/3。

② 各轴瓦及摩擦部位温度＜60℃。

③ 填料温度＜60℃。

④ 电机温度≤110℃ 电机额定电流184A。

⑤ 冷却水压0.2～0.35MPa。

附录2　合成气压缩机岗位操作法

1. 目的

转化来的新鲜原料气增压至6MPa，将合成塔出口循环气体增加至6MPa。

2. 范围

本岗位所有员工。

3. 职责

① 在车间主任、班长、组长的直接领导下工作，在中控人员的指令下操作。

② 熟悉掌握合成气压缩系统工艺流程及设备性能，严格执行安全操作规程和交接班制度。

③ 按规定的操作指标进行操作。

④ 维护和保养本岗位所属设备加油、紧固及设备清扫和卫生。

⑤ 以本岗位所辖区环境卫生，保持清洁干净。

⑥ 严格执行操作规程，不违章指挥、不违章作业、不简化操作。

⑦ 认真做好设备点巡检工作。

⑧ 及时发现跑、冒、滴、漏及安全隐患，做到早汇报早处理。

⑨ 认真填写生产记录，字迹要求清晰，记录要准确。

4. 工艺流程简述

（1）汽轮机　由锅炉来的 MS 中压蒸汽（压力 3.45MPa，温度 390℃）进入汽轮机，经汽轮机叶轮对蒸汽做功减压后，第一调整级 LS 低压蒸汽（压力 0.6MPa，温度 160℃）送回低压蒸汽系统，末级蒸汽经汽轮机低压缸（压力 12kPa，温度 49℃）排出。

（2）压缩机　来自转化的新鲜原料气（压力 2.0MPa，温度≤40℃）进入二合一合成气压缩机组，经一段压缩后，与甲醇塔未反应的循环气（压力 5.4MPa，温度≤40℃）混合，再经过二段压缩（压力 5.9MPa，温度≤71℃），出压缩机的混合气体去甲醇合成工段。

5. 开车前的准备

① 确认透平压缩机及附属设备处于正常备用状态。
② 对机组所属设备、管道、阀门等进行安全检查，消除缺陷。
③ 确认透平和压缩机所使用各压力表、压差计、流量计、监视测量仪表和各自动调节、安全保护、报警装置等仪表都调试合格，正常备用状态。
④ 锅炉脱盐水，循环冷却水系统全部进入正常运行状态。
⑤ 所有仪表阀及其根部阀全部打开，通仪表空气。
⑥ 生产管路阀关闭，缸体吹扫，N_2 置换后，排放阀关闭。
⑦ 干气密封投入 N_2 压力为 0.45~0.6MPa。
⑧ 压缩机缸体内 N_2 充压 0.35~0.7MPa。
⑨ 与主汽有关的阀门关闭。
⑩ 防喘振回路阀 FV63002，FV63001 打开，避免喘振。

6. 开车步骤

（1）润滑油泵启动前的确认
① 大油箱 F63001 液位 80%，温度 35~50℃，油箱温度低于 32℃启动电加热器。
② 检查油泵电机转动方向正确后，将油泵 J63004，J63005 启动转换开关至手动位置。
③ 通知电气：油泵电机送电。

（2）润滑油泵启动
① 按油泵启动按钮。以听、摸、看的方法监视油泵运行情况。
② 逐渐全开油泵旁路阀，并同时调整压力控制阀，使润滑油供给压力为 0.14MPa。控制油压力为 0.85MPa。
③ 确认各轴承、润滑油高位槽的回油情况。
④ 检查油冷器出口温度在 35~45℃。
⑤ 过滤器压差小于 0.035MPa。压差大，进行切换清洗。
⑥ 油泵作自启动试验后，备用泵切自动，运行泵手动位置。
⑦ 检查整个油泵系统法兰等连接处无泄漏，发现问题及时处理。

（3）盘车投入
① 确认汽轮机转子完全处于停止状态。
② 卸去主轴盖，在蜗杆端轴的末端装上刺轮扳手。
③ 推动蜗杆，使蜗杆与蜗轮接触，逆时针转动刺轮扳手，使杆与蜗轮完全齿合。
④ 卸去刺轮扳手，在确认已经齿合后装上盘车用主轴盖。

⑤ 向箱体供油口供油。

⑥ 解除切断盘车电机电源用的行程开关，启动盘车电机，使转子顺气流方向看顺时针连续转动。

（4）透平准备

启动主表面冷凝器系统过程如下。

① 主表面冷凝器系统阀门确认如下。

• 表面冷凝器 C63003 冷却水出口阀门全开，入口阀稍开通冷却水，排气阀排气后关，检查冷凝液泵启动开关在手动位置。

• 脱盐水阀开，表面冷凝器热水井排污后排放阀关。液位计 LI63001，LIC63001 至高限 70%。

• 冷凝液泵 J63003A，B 入口阀门开，出口阀关，平衡阀开。

• 抽气冷凝器 C63004 冷凝器出入口阀全开。

• 自动循环阀 LCV63001 前后阀开，旁路阀关。

• 自动输出阀 LCV63002 前后阀开，旁路阀关。

② 启动冷凝液泵如下。

• 手动启动按钮，然后立即停止，确认泵转动方向无误后，再重新启动，并以听、摸、看的方法检查运行情况。

• 缓开泵出口阀，确认泵出口压力 0.6MPa。

• 注意 LI63001 液位，调节控制脱盐水阀开度，等液位稳定后。缓慢将 LIC63001 液位设定降至。

• 全开备用泵出口阀，冷凝液泵做自启试验合格后，备用泵投自动、运行泵打到手动位置。

③ 建立真空如下。

• 主冷凝器真空的建立。

• 启动抽气器空气阀打开，抽气冷却器疏水阀前后阀开，导淋阀关。

• 密封蒸汽供给阀 VT-513 打开，保持密封压力 PI63017 15～20kPa。

• 打开启动抽气器动力蒸汽阀 PL6304 0.6MPa，打开抽气阀，检查启动抽气器工作情况，真空达 0.01MPa。

• 打开抽气冷凝器空气阀，主抽气器抽气阀，并同时打开动力蒸汽供给阀压力 0.6MPa。

• 检查抽气冷凝器工作情况，回水疏水阀工作情况。

• 关启动抽气器抽气阀、空气阀，关启动抽气器动力蒸汽供给阀。

• 表面冷凝器真空控制在 PI63013 0.012MPa。

④ 气封冷凝器真空的建立如下。

• 打开气封冷凝器冷却水进出口阀，水箱放风阀、排气后关闭。

• 打开喷射动力蒸汽阀，使缸体压力或密封套泄漏蒸汽压力 PI63015 200mmH$_2$O（真空）。

• 检查汽封冷凝器 U 形管充满密封水。

（5）暖管

① 暖管前应具备的条件如下。

• 油系统及盘车运转正常。

- 真空系统已正常运行。
- 一级抽气调速系统调试合格。
- 主汽阀调节阀关闭。
- 一级抽气止逆阀调试正常，抽气切换阀关。

② 阀门确认如下。
- 主蒸汽放空阀少开，疏水阀开。
- 一级抽气止逆阀疏水阀开。
- 主汽进汽、抽汽压力表阀开。

③ 主汽管道预热如下。
- 微开蒸汽进气切换阀旁路阀，根据温度显示 TI63012 2～3℃/min，升压速度 PI63012 0.1～0.2MPa/min 进行。
- 旁路阀全开后，温度达到300℃以上后，缓开主汽切换阀，压力达 3.45MPa。
- 主蒸汽切换阀全开后，关旁路阀，关主汽管放风阀，保持排水阀完全开启直到汽轮机已完全启动。

④ 抽汽管道预热如下。
- 抽汽暖管工作在冲动后即可进行。
- 暖管温度在100℃以上，全开抽汽切换阀，等抽汽正常后关疏水阀。

⑤ 暖管注意事项如下。
- 暖管时要以控制温升速度为主。
- 及时对各排水管进行检查，发现堵塞等问题及时吹通。
- 各蒸汽管道热膨胀均匀，无异常振动。
- 随着管内压力升高，应逐渐关小主汽管放空阀，避免关阀过快，保持温度稳步升高。

(6) 停止盘车

① 停止转动盘车电机，然后拆下盘车主轴盖，手动使蜗轮离开齿合状态，将蜗杆轴退回非盘车位置，拧紧主轴盖。

② 压上切断电机电源的行程开关。

③ 停止向盘车装置供油。

(7) 汽轮机的预热（暖机）

① 启动前的再确认如下。
- 油系统运行正常，备用泵自动位置，油温 TI63005 35～45℃润滑油压 0.16～0.25MPa。
- 真空系统运行正常，密封系统真空 200mmH$_2$O。主冷凝器真空 0.012MPa。冷凝液系统运行正常，备用泵自动位置。
- 暖管工作结束，主蒸汽管压力 3.1～3.45MPa。温度300℃以上。
- 压缩机内充压 0.35～0.7MPa。并置换合格，回流阀打开。
- 压缩机组仪表、报警、联锁调试合格。
- 调速装置上的"跳车复位钮"拉出，脱扣主汽阀的油缸已经上油。
- 通知中控、锅炉注意蒸汽系统压力，并做好接收冷凝液准备。

② 冲转过程如下。

慢慢打开脱扣主汽阀，冲转汽轮机在 1000r/min 左右。

③ 手动脱扣试验如下。

- 拍打调速装置上的脱扣按钮，检查脱扣主汽阀完全关闭。
- 将复位按钮拉至正常位置。
- 转动脱扣主汽阀上的复位手柄。
- 核实复位手柄在正常位置上。
- 重新启动汽轮机，使转速达到1000r/min左右。

④ 自动脱扣试验。

如果一切正常，再次开启脱扣主汽阀，使汽轮机转速800～1200r/min，进行暖机，暖机30min。

(8) 升速到运行速度（按升速曲线进行）

① 检查如下。
- 蒸汽进汽压力3.1～3.45MPa，温度390℃。
- 蒸汽主冷凝器真空0.012MPa。
- 汽轮机排汽温度49℃，压力0.012MPa。
- 润滑油给油温度35～45℃。
- 每一轴承瓦块温度≤105℃。
- 轴振动值≤35μm。轴位移≤0.5mm。
- 润滑油压力≥0.14MPa，调控制油压力0.85MPa。
- 润滑油回油情况。
- 主冷凝器液位362～562mm。

② 升速过程中注意事项如下。
- 检查机组有无杂音、摩擦碰撞声和异常现象。
- 检查机组振动，位移是否正常，若升速过程中发生异常振动，应降低转速至振动正常为止。
- 每次升速前加强与中控联系。
- 平稳迅速地通过临界转速。
- 注意轴端密封压力。
- 检查各轴承温度、油压、油温。
- 逐渐关小主蒸汽进汽管放空阀。
- 打开抽汽切换阀，关抽汽放空阀，由抽汽自动调节阀控制。
- 注意调整密封蒸汽自动控制阀的密封压力。
- 注意检查冷凝器的真空度。

③ 升速至2500r/min。
- 逐渐开启主汽阀。
- 关主蒸汽放空阀。
- 停留5min。

④ 升速到5500r/min。
- 逐渐开启主汽阀。
- 关主汽阀疏水阀，关抽汽疏水阀。
- 临界转速不得停留，压缩机一阶临界转速4500r/min。汽轮机一阶临界转速5710r/min。
- 停留5min。

⑤ 升速到 8620r/min（最小工作转速）。
- 全开主汽阀，由 505 调速系统接管，继续升速。
- 关缸体疏水阀。
- 关脱盐水补水阀。
⑥ 升速到 12300r/min（正常工作转速）。
由自动调节汽阀控制转速。

（9）压缩机升压操作
① 联系转化岗位，合成岗位。
② 缓开一段入口合成气旁路阀，打开循环段出口放空阀进行置换。
③ 置换合格，关放空阀，关一入旁路阀，缓开一入合成气主气阀，手动缓慢关 FV63001、FV63002 防喘振阀，待压力稍高于系统压力开循环段出口阀，压缩机正常运转后防喘振回流阀切自动。
④ 注意防喘振裕量不大于该转速下的 120%。
⑤ 系统全面检查。

7. 停车步骤

（1）停车前的准备工作及注意事项
① 与锅炉、转化、合成中控联系，做好停车准备。
② 注意检查机组轴振动，轴位移、油温、表面冷凝器等参数稳定。
③ 减速先降压。

（2）压缩机的切气　接到停机通知后，将 FV63001、FV63002 回流自动控制阀拨到"手动"位置，现场手动打开 FV63001、FV63002 回流阀，少开放空阀，关闭送气阀，使压缩机与工艺系统切断，全部进行自循环。

（3）汽轮机停车
① 逐渐减小设定点抽汽压力到最小设定点抽汽压力，此时抽汽压力由工艺管线来控制。
② 转速缓慢降到最小调速器设定值 8610r/min。
③ 开高低缸缸体疏水阀，主蒸汽放空阀，疏水阀稍开。
④ 开启密封蒸汽供汽阀，保持密封套压力 0.02MPa。
⑤ 开脱盐水补水阀，注意调节主冷凝器液位，润滑油温。
⑥ 继续缓慢关闭主气阀，通过临界转速不得停留，直到将其关严。
⑦ 当转速降至 1000r/min 以下时，手动按紧急脱扣按钮。
⑧ 关闭进汽切换阀，关抽汽切换阀。

（4）消除汽轮机和冷凝器真空
① 停止主冷凝器的抽真空装置，观察汽轮机主冷凝器上的真空表，真空下降到零后，关闭密封蒸汽供给阀。
② 完全打开主汽管排水阀，主汽管上放风阀，缸体排水阀，抽汽管线排水阀。

（5）盘车启动
① 当确定汽轮机转子完全停止状态，盘车启动。
② 密封蒸汽冷凝器停用。
③ 全部关闭用于空气抽起器上的动力蒸汽阀。

④ 关闭密封冷凝器冷却水的进出口阀。

(6) 盘车停止　确认汽轮机入口温度<80℃，汽缸膨胀在1.0mm以下。

(7) 冷凝液系统停车

① 确认汽轮机入口温度<50℃，泵连续运转12h。

② 将备用泵切手动，停运转泵。

③ 脱盐水补水阀关闭，水井液位放空，冷却水进出口阀关，循环水排放。

(8) 润滑油系统停车

① 确认各轴承温度在45℃以下。

② 备用泵切手动停运转泵。

③ 全部关闭密封气体。

④ 油冷器，回流冷却器，冷却水进出口阀关，循环水排放。

(9) 全部关闭各排水阀

8. 正常工艺指标

(1) 汽轮机

名　称	控　制　指　标	温　度/℃
进汽	3.1～3.55MPa	390～420
抽汽	0.7MPa	160
润滑油	0.14～0.24MPa	35～50
控制油	0.7～0.95MPa	35～50
正常转速	12300r/min	
跳车转速	14206r/min	
正常功率	3176kW	
最大连续转速	12915r/min	
密封蒸汽压力	0.02MPa	
各轴承温度		<105℃
轴位移	<0.5mm	
轴振动	<50μm	
一级临界转速	5040r/min	

(2) 压缩机

名　称	参　数	名　称	参　数
一段入口流量	44692m³/h	干气压力	0.4MPa
循环段出口流量	222128m³/h	一段入口温度	≤45℃
一段入口压力	2.0MPa	循环段入口温度	≤40℃
循环段入口压力	5.4MPa	循环段出口温度	≤75℃
循环段出口压力	5.9MPa		

9. 事故判断与处理

(1) 振动

可能的原因	检 查 点	措 施
检测系统不正常	检测点各仪表	检查和更换损坏的仪表
不恰当的预热	缸体振动 轴振动	频谱分析 降低转速到300r/min左右,并继续预热
不对中	联轴节基础管线	检查各个零件的温度对照中记录数据 停机,进行检查 校正冷对中 检查基础变形 检查由于热膨胀导致管道移动
被驱动机组振动的传导	被驱动机组的振动	检查振动源 执行压缩机说明书的措施 汽轮机和压缩机分开检查,并确定措施
轴承损坏	轴承温度	停机 如轴承损坏严重,检查轴承和汽轮机内部
由于外面带来的颗粒或蒸汽管线来的污物导致汽轮机内部零件损坏	汽轮机内部	停机 向制造厂咨询
由于叶片损坏导致不平衡	转子	停机 仔细检查并用备件来替换
检测系统不正常	检测各仪表	检查和更换损坏的仪表
联轴节损坏	联轴节	停机 检查联轴节零件的磨损与损坏,检查汽缸、固定环、锁紧螺母等
转子不平衡	转子	检查转子平衡并再次平衡
其他振动	转子	提供分析数据和记录向制造厂咨询

(2) 轴承温度升高

可能的原因	检查点	措 施
温度计发生故障	温度计 热电偶或记录仪	检查和校准仪器 与另一轴承比较
仪器失灵/或油流控制失灵	温度计 油控制标尺	检查热电偶套管的安装 检查推力轴承油控制标尺长度并放松以增加油流量
供油温度高	油冷器 油箱	检查冷却水压力和流量 改用备用冷却器 检查油箱油位
润滑油变质	润滑油	检查油的特性,如黏度、泡沫和含水等
润滑油压力和流量低	润滑油系统	检查润滑供油压力表 检查润滑泵 检查滤油器的压差、换用备用滤油器 检查油箱情况 检查油的泄漏和系统中阀门的开启情况

续表

可能的原因	检查点	措施
轴承金属损坏	轴承	当感到轴承似有损坏的情况即停车检查并检修轴承 更换备件 清洗轴承内部并检查运行有可能发生的损坏 调查事故原因 油系统的故障,取出外来的颗粒 金属的磨损 轴承拆卸 排水携带进入汽轮机缸体 突然的负荷变化 压缩机喘振 联轴节膜盘破损 高振动
由于高振值引起轴承高的应力	振动监测仪	查找振动源
负荷变动	压缩机和汽轮机的流量计	尽可能使负荷变动慢些
热绝缘引起(从汽轮机缸来的热传导)	热绝缘	检查汽轮机的热绝缘,并按卖方的说明书进行

(3) 水雾的携带

检查点	措施
从主汽阀、调节汽阀和缸体密封的漏气处	当发觉有漏汽时,停机并盘车预热机器,再启动机器,增加转速和负荷,并观察漏汽,当漏汽没有停止时,停机再紧一下法兰螺栓
推力轴承	检查推力轴承的温度记录 如有必要,检查轴承
汽轮机振动	故障后立即检查振动的变化 将停车与启动中的振幅与先前的记录作比较 当有必要时,检修缸体和检查内件

(4) 冷凝器内真空下降

可能的原因	检查点	措施
喷射空气少	喷射泵或真空泵	有关详细内容请参阅真空泵或喷射泵说明书
冷凝器热井的水位升高	液位计	检查冷凝泵 检查液位控制仪表和控制阀 检查在冷凝器管线上的过滤器的堵塞
冷却管内结垢 (在双层分格型情况)	冷凝器	减小汽轮机负荷,并使用冷凝器的一个水箱继续进行,打开一端的水箱盖,检查水箱内部 清洗冷却水管和水箱内部 在备有一套清洗系统的情况下,在它运行期间清洗冷却管
喷射泵 驱动蒸汽量和压力减小	用于驱动蒸汽的压力表	将驱动蒸汽的压力提高到设计压力 增加或减小阀的开度,检查真空度的变化

续表

可能的原因	检 查 点	措 施
喷射器过滤器堵塞	用于主蒸汽压力表	比较过滤器前后压力,如果压力降低超过20%,而阀又全开,应该认为堵塞了,检修喷射泵并清洗过滤器
喷射器过滤器堵塞	用于主蒸汽压力表	当喷嘴堵塞,扩大压器出口侧的温度低于进口侧温度所以可用温度计检查进口和出口温度并判断喷嘴是否堵塞 如果认为喷嘴为漏液所腐蚀,检修喷射泵,并修理喷嘴或更换备件
管板法兰表面外漏气	管板	再拧紧管板固定螺栓 更换密封
冷凝器空气射气器冷却少	冷凝泵	检查冷凝泵的输出压力,并确认泵无故障
冷却器内部排水的排放不充分	排水管 放水槽	检查排水管堵塞 检查排水收集器的运行情况
空气抽气器的冷凝管堵塞和漏气	空气抽气器 冷凝器管	拧紧人孔、仪表和密封接头,检查阀开启度和空气抽气器冷凝管是否堵塞
从人孔、仪表接头和其他密封面漏气	人孔、仪表密封接头	拧紧人孔、仪表和密封接头
阀门漏气	真空工作(大于2英寸)	检查水封

(5) 冷凝液纯度的降低

可能的原因	检 查 点	措 施
主凝汽器的冷却水渗漏	冷凝器冷却管	进行水质分析,在它的基础上分析渗漏的程度和探讨对应措施,在使用双分格型冷凝器的情况下降低负荷,并用冷凝器的一个水箱继续运行 在停机后,用气压试验查找出渗漏的管子,并更换损坏的管子,或用木塞堵住。参看冷凝器维修手册
冷凝器管线上排入管排水的抽吸	排放阀	检查排水管末端是否浸入排水坑中,放水阀是否全开

(6) 压缩机流量和排出压力不足

通流量有问题	比较排放压力、流量与压缩机特性曲线
压缩机逆转	旋转方向应与机体上的箭头标志方向一致
吸气压力低	和说明书对照,查明原因
分子量不符	检查实际气体的分子量和化学成分的组成,和说明书的规定值对照
运行转速低	与说明书对照,如转速低,应提升原动机转速
自排气侧向吸气侧的循环量增大	检查循环气量、外部配管、循环气阀开度
压力计或流量计故障	检查计量仪表,发现问题及时调校、修理或更换

(7) 压缩机的异常振动和异常噪音

机组找正精度被破坏,不对中	应重新找正
转子不平衡	检查振动情况
转子叶轮的摩擦与损坏	检查修复与更换
主轴弯曲	检查主轴是否弯曲,校正直轴
联轴器的故障或不平衡	检查联轴器并拆下,检查动平衡情况,加以修复
轴承不正常	检查轴承径向间隙,并进行调整,检查轴承盖与轴承瓦之间的过盈量,如过小则应加大;若轴承合金损坏,则换瓦
密封不良	密封片摩擦,振动图线不规律,启动或停机时能听到金属磨声修复或更换密封环
齿轮增速器齿轮啮合不良	检查齿轮增速器齿轮啮合情况,若振动较小,但振动频率高,是齿数的倍数
地脚螺栓松动,地基不坚	修补地基,拧紧地脚螺栓
油压、油温不正常	检查各油系统的油压、油温和工作情况,发现异常进行调整;若油温低则加热润滑油
油中有污垢,不清洁,使轴承发生磨损	检查油质,加强过滤,定期换油。检查轴承,必要时给以更换
机内侵入或附着夹杂物	检查转子和汽缸气流通道,清除杂物
机内侵入冷凝水	检查压缩机内部,清除冷凝水
压缩机喘振	检查压缩机运行时是否远离喘振点,检查防喘振装置是否正常工作
气体管道对机壳有附加应力	气体管路应很好固定,防止有过大的应力作用在压缩机上;管路应有足够的弹性补偿,以应对热膨胀
压缩机附近有机器工作	将它的基础、机座相互分离,并增加联结管的弹性
压缩机负荷急剧变化	调节节流阀开度
部件松动	紧固零部件,增加防松设施

(8) 压缩机喘振

工况点落入喘振区或距离喘振边界太近	检查压缩机运行工况点在特性曲线上的位置,如距喘振边界太近或落入喘振区,应及时脱离并消除喘振
裕度设定不够	预先设定好的各种工况下的防喘度应控制在1.03~1.05,不可过小
流量不足	进气阀开度不够,滤芯太脏或结冰,进气通道阻塞,入口气源减少或切断
机出口气体系统压力超高	压缩机减速或停机时气体未放空或未回流,出口止逆阀损坏
变化时放空阀或回流阀未及时打开	进口流量减少或转速下降,或转速急速升高时,应查明特性线,及时打开防喘的放空阀或回流阀
装置未投自动	正常运行时,防喘装置应投自动
装置或机构工作失准或失灵	定期检查防喘装置的工作情况,发现失灵、失准或卡涩、动作不灵,及时修理调整

续表

整定植不准	严格整定防喘数值,并定期试验,发现数值不准,及时矫正
升压过快	运行工况变化,升速、升压不可过快,应缓慢进行
降速未先降压	降速之前先降压,合理操作才可避免发生喘振
气体性质改变或者气体状态严重改变	当气体性质或状态发生改变之前,应换算特性曲线,根据改变后的特性线整定防喘振值
压缩机部件破损脱落	级间密封、平衡盘密封、O形圈破损脱落,会诱发喘振。经常检查,修理
压缩机出口止逆阀不灵	经常检查,保持灵活、可靠

参考文献

[1] 冯元琦,李关云.甲醇生产操作问答.2版.北京:化学工业出版社,2008.
[2] 赵建军.甲醇生产工艺.北京:化学工业出版社,2013.
[3] 彭建喜.焦炉煤气制甲醇技术.北京:化学工业出版社,2010.
[4] 刘勇,许祥静.煤气化生产技术.北京:化学工业出版社,2022.
[5] 王立科,殷志涛.焦炉气生产甲醇精脱硫工艺优化改进.化工管理,2017(29):51.
[6] 邓万里,杨静,李霁.焦炉煤气精脱硫工艺分析及设计优化.冶金动力,2023(03):15-21+25.
[7] 何佳,曹欣川洲,刘自民,等.焦炉煤气精脱硫工艺方案比选研究.冶金动力,2022(05):29-33+45.
[8] 杨猛,安忠义,龙志峰,等.焦炉煤气精脱硫工艺方案比选和优化设计.冶金能源,2022,41(02):53-57.
[9] 何建平.炼焦化学产品回收与加工.北京:化学工业出版社,2005.
[10] 张子峰,张凡军.甲醇生产技术.北京:化学工业出版社,2008.
[11] 贺永德.现代煤化工技术手册.3版.北京:化学工业出版社,2020.
[12] 赵忠尧,张军.甲醇生产工业.北京:化学工业出版社,2013.
[13] 彭德厚.甲醇装置操作工.北京:化学工业出版社,2013.
[14] 张庆庚,李凡,李好管.煤化工设计基础.北京:化学工业出版社,2012.
[15] 谭天恩,窦梅.化工原理.4版.北京:化学工业出版社,2017.
[16] 申峻.煤化工工艺学.北京:化学工业出版社,2020.
[17] 马兵超.甲醇精馏的工艺优化和节能分析.现代化工,2023,43(05):210-213+219.
[18] 梅利.白酒中甲醇检验方法.食品安全导刊,2022(31):169-171.